制导炮弹
空中对准和组合导航技术

陈　凯　宋金龙　樊朋飞　著

国防工业出版社
·北京·

内 容 简 介

本书是作者团队在制导炮弹导航方向科研实践的基础上，结合申请的相关专利和发表的相关论文撰写而成的，介绍了发射坐标系导航理论框架下的空中对准和组合导航技术。全书共8章，内容包括制导炮弹系统综述，导航算法基础知识，发射坐标系捷联惯导算法、空中对准算法、组合导航算法，当地水平系下组合导航算法，制导炮弹组合导航试验，制导炮弹弹道重构和精度评估技术等。

本书可作为高等院校飞行器控制与信息工程、导航制导与控制、仪器仪表及相关专业的高年级本科生、研究生的教学用书和参考书，也可供从事相关专业的科研和工作人员阅读参考。

图书在版编目（CIP）数据

制导炮弹空中对准和组合导航技术 / 陈凯，宋金龙，樊朋飞著. —北京：国防工业出版社，2024.1
 ISBN 978-7-118-13008-9

Ⅰ.①制… Ⅱ.①陈… ②宋… ③樊… Ⅲ.①制导炮弹—组合制导—精度控制 Ⅳ.①TJ413

中国国家版本馆 CIP 数据核字（2023）第 164316 号

※

国防工业出版社出版发行

（北京市海淀区紫竹院南路23号 邮政编码100048）
北京凌奇印刷有限责任公司印刷
新华书店经售

*

开本 710×1000 1/16 印张 14 字数 256 千字
2024年1月第1版第1次印刷 印数 1—1500 册 定价 118.00 元

（本书如有印装错误，我社负责调换）

国防书店：（010）88540777　　书店传真：（010）88540776
发行业务：（010）88540717　　发行传真：（010）88540762

前　言

近年来，制导弹药异军突起，填补了传统弹药与导弹之间的空白。从海湾战争、科索沃战争、伊拉克战争、阿富汗战争、俄乌冲突等近几次高技术局部战争可以看出，制导弹药极大地提高了作战效能和效费比，大大降低了战争成本及作战人员的伤亡率，形成了一种新的纵深精确打击作战概念。制导炮弹是一种典型的制导弹药，关键技术主要包括总体技术、发射方式、环境适应性、导航制导控制技术等。

导航系统是制导炮弹的一个关键组成部分，初始对准和组合导航是制导炮弹导航系统的关键技术。发射坐标系（简称发射系）是制导炮弹制导控制算法使用的一种经典坐标系，然而，作为导航系统的参考坐标系，却是一种新型的导航坐标系。发射系与地球固联，其位置、速度和姿态等导航参数是相对于地球的，与制导炮弹制导控制系统需求的导航信息一致；与发射惯性坐标系导航参数相比，发射系导航参数有利于人的直观描述和理解；在垂直发射情况下，发射系的姿态角不会奇异，而这种情况下当地水平坐标系的姿态角存在奇异现象；发射系采用 J_{2n} 重力模型，考虑了当地水平的南北向重力影响，适用于飞行高度大于 20km 的正常重力计算；因此，发射系导航特别适合于在射面内飞行的中近程飞行器。

作者团队在发射系导航研究方向申请了多项专利和发表了多篇论文，本书是发射系导航理论在制导炮弹导航中的推广应用。本书针对三轴稳定制导炮弹对准和导航需求，详细介绍了发射系下的捷联惯导算法、空中对准算法、组合导航算法、仿真验证、弹道重构和精度评估等内容。本书为制导炮弹提供了一种新的导航算法方案，可以为科研工作者的工程应用提供理论参考。

本书共 8 章，主要内容如下：第 1 章，介绍了制导炮弹系统总体情况，制导炮弹导航系统工作流程和关键技术，对制导炮弹组合导航技术和空中对准技术进行了综述。第 2 章，介绍了导航算法中需要的数学基础知识，包括矢量、矩阵、四元数、捷联惯导微分方程、地球几何学等内容，特别介绍了各坐标系之间的转换关系，为后续章节的展开奠定了数学基础。第 3 章，将发射系导航理论应用到制导炮弹导航算法中，系统地推导了发射系的捷联惯导机械编排，发射系捷联惯导姿态、速度和位置数值更新算法，以及发射系数值更新简化算法，并进行了发射系制导炮弹纯惯性导航数字仿真。第4章，在发射系导航理论的框架下，介绍了制导炮弹利用陀螺仪、加速度计、卫星接收机数据进行空中对准的几种算法，特别介绍了针对惯组误差较大情况下的滚转角估计算法。第5章，在发射系导航理论的框架下，系统地推导了发射系捷联惯导误差方程、制导炮弹松耦合状态方程和量测方程、紧耦合状态方程和量测方程，并且推导了发射系导航参数到当地水平坐标系导航参数的转换算法。第6章，介绍了当地水平坐标系下制导炮弹松耦合组合导航算法，给出了飞行高度大于20km时的正常重力模型，推导了当地水平坐标系导航参数到发射系导航参数的转换关系。第7章，介绍了发射系下制导炮弹组合导航系统的半实物仿真试验方案和跑车试验方案，并给出了相关结果。第8章，在发射系导航理论的框架下，介绍了制导炮弹导航数据后处理方法，建立制导炮弹的精确弹道和对惯组数据精度分析方法。

本书力求逻辑严谨，思路清晰，所涉及的数学基础知识在书中均有介绍，所介绍的导航算法也均有详细的数学公式推导过程，并且给出了相关算法的仿真结果，另外，注重理论与实际相结合，不仅有详尽的理论推导，还介绍了半实物仿真验证和跑车试验。本书既适用于初学者系统性地学习理论知识，也适用于指导工程实践。

本书编写期间，西北工业大学严恭敏、中国空空导弹研究院鲁浩、航天科工四院九部刘明、西南技术工程研究所程炀和高伟审阅了全书，给出了具体的意见与建议。博士生梁文超和硕士生曾诚之、裴森森、皇甫逸伦、房琰、杨睿华、王志颖、冉志强、李振毫等做了大量文档和编程工作，在此表示衷心感谢。本书出版得到了2023年度西北工业大学精品学术著作培育项目的资助，本书的部分研究工作得到国家自然科学基金（62373303）资助，在此一并致谢。

由于作者水平和实践经验的限制，书中难免有错误和不当之处，敬请读者批评指正。联系邮箱：chenkai@ nwpu. edu. cn。

陈凯

2023年12月

目 录

第1章
制导炮弹系统综述

精确制导武器具有反应时间快、效费比高和持续作战时间长等优势，能够显著提高杀伤能力和生存能力、减少附带损害和非战斗人员伤亡，是远程化、信息化、精确化和高消耗性武器，成为现代战场上不可或缺的武器装备。各军事强国根据在军事战争中的经验和需求，积极开展精确制导武器的研制。

1.1 研究背景与意义

精确制导武器是一种在复杂环境中探测、识别、跟踪和打击目标的武器装备，制导炮弹作为典型的精确制导武器，通过火炮平台高速发射，空中飞行时利用弹载制导控制部件引导弹体寻找目标、跟踪目标并进行攻击，实现远程压制、精确打击和高效损伤。自20世纪80年代精确制导炮弹诞生以来，以美国和俄罗斯为首的军事强国在制导炮弹方面的研究一直处于世界领先的地位，成功定型的多款精确制导炮弹在海湾战争、阿富汗战争、伊拉克战争、俄乌冲突中均进行了实弹投射，并取得了令人瞩目的战绩。据统计，制导炮弹的作战效能是普通炮弹作战效能的15~20倍，在战场上表现出的火力反应速度快、对点目标攻击能力强、打击成本低廉、附带损伤少等特点，让世界各国意识到精确制导炮弹对于现代战场的重要性，同时，这也预示着常规武器制导化是未来武器发展的必然趋势。

制导炮弹的制导方式主要分为激光制导和捷联惯性导航系统（SINS）/全球导航卫星系统（GNSS）组合制导等方式。在制导炮弹发展初期，主要通过激光制导方式来实现精确打击。这种制导炮弹在使用时，需要由操作人员持激光照射设备在距离目标大约3~5km内对目标进行持续照射，指引制导炮弹通过追踪激光标记来实现精确打击。在炮弹发射后，仍需要人员对其进行引导，没有做到“发射后不管”；在战场环境下，也难以保证人员在近距离对目标进行持续的追踪；因此，该制导方式无法满足复杂战场条件的需求。为解决上述制导方式存在的问题，随着 GNSS 的逐步成熟应用，SINS/GNSS 组合制导炮弹应运而生。

SINS 和 GNSS 并不是互为冗余的制导方式，而是相互补充的制导方式。SINS 具有自主性高、抗干扰能力强、短时精度高等优点，但是需要初始对准信息，而且导航精度随着时间增长而降低。GNSS 定位精度高，缺点是易受干扰、高动态下可靠性低以及数据输出频率低等。将 GNSS 与 SINS 组合可以使两种制导方式取长补短，构成有机的整体，在制导初始段，GNSS 可为 SINS 辅助校准精度，减小 SINS 零偏误差。在弹道末端，当 GNSS 受到干扰后，SINS 可根据修正后的惯组数据进行纯惯性导航，单独控制炮弹飞行。SINS/GNSS 组合制导炮弹实现了惯性导航和卫星导航的优势互补，满足“发射后不管”的使用条件，且其结构简单、成本低廉，在各种恶劣环境下也能保持较高的精度和可靠性。目前世界各军事强国都在大力发展 SINS/GNSS 组合制导炮弹，并取得了显著成果，其将是未来制导武器的发展趋势。

1.2 制导炮弹研究现状

制导炮弹目前已经发展了两代产品，第一代产品以美国 155mm“铜斑蛇”和苏联 152mm“红土地”为代表，采用激光半主动制导体制，能够对地面定点和慢速移动目标进行打击。第二代以美国 155mm“神剑”系列制导炮弹为代表，采用 SINS/GPS 制导体制和减阻增程技术，实现了打击精度和射程的飞跃。国外主要的制导炮弹如表 1-1 所示。

表 1-1 典型制导炮弹情况表

国家	炮弹型号	发射平台	气动布局	制导方式	射程/km	圆概率误差(CEP)/m
俄罗斯	红土地	152mm/155mm 火炮	鸭式	激光半主动末制导	20	
美国	铜斑蛇	155mm 火炮	正常式	激光半主动末制导	20	
美国	神剑	155mm 火炮+底排+滑翔	鸭式	SINS/GPS	40~60	≤10
美国	EX-171	127mm 舰炮+火箭+滑翔	鸭式	SINS/GPS	110	≤10
美国	LRLAP	155mm AGS+火箭+滑翔	鸭式	SINS/GPS	185	≤10
美国	MS-SGP	127mm 火炮+火箭+滑翔	鸭式	SINS/GPS	100	≤10

续表

国家	炮弹型号	发射平台	气动布局	制导方式	射程/km	圆概率误差（CEP）/m
美国	HVP	电磁炮（次口径）	无翼式	SINS/GPS/指令/末制导	180	≤10
美国	HVP	火炮（次口径）	无翼式	SINS/GPS/指令/末制导	40~70	≤10
法国	鹈鹕	155mm 火炮+火箭+滑翔	鸭式	SINS/GPS	60~85	≤10
意大利	火山	127mm 火炮+火箭+滑翔（次口径）	鸭式	SINS/GPS	90~120	≤20
英国	LCGP	155mm 火炮+火箭+滑翔	鸭式	SINS/GPS	150	≤30

1.2.1　美国制导炮弹研究现状

美国制导炮弹是在传统炮弹基础上加装制导系统而形成的，它大大提高了炮兵对各种点状目标的精确打击能力。美军于 1972 年成功研制了世界上最早的激光半主动末制导炮弹“铜斑蛇”，并于 1982 年列装部队。在之后的几十年中，美军在制导炮弹的制导方式、命中精度、射程等方面不断取得创新和突破，发展并服役了多种制导炮弹。

1. “铜斑蛇”制导炮弹

美国空军的激光制导炸弹在越南战场上获得成功，美国陆军将激光制导技术应用于提高炮弹的射击精度，至此诞生了世界上第一种制导炮弹——M712“铜斑蛇”激光半主动制导炮弹，如图 1-1 所示。“铜斑蛇”弹长 1372mm、弹径 155mm、翼展 459mm、弹重 62kg、装药 6.4kg，射程 3~16km，利用从目标反射回来的激光束进行制导。“铜斑蛇”于 1972 年在美国陆军的白沙导弹靶场进行首次射击试验，于 1975 年开始全面发展，1979 年 2 月开始生产，1982 年 10 月进入部队，1989 年已为美国陆军生产了约 25000 枚。

“铜斑蛇”的末端飞行需要通过目标反射的激光导引，需要发射炮弹的炮兵连与用激光指示器照射目标的前方侦察人员紧密协调，且前方侦察人员必须靠近目标至 3~5km 处。“铜斑蛇”的使用需要末端有晴朗的天气，不但受地面烟、雾等的影响，而且在发射时还要考虑目标上空的云层高度，选择不同的弹道。尽管“铜斑蛇”对静止目标和机动目标的高杀伤概率和对坦克的极高杀伤力得到了认可，但为“铜斑蛇”提供末端导引的地面/车载激光定位指示器或模块化多用激光设备以及这些设备的操作人员易受到敌方火力压制、火炮与激光照射分队之间必须保持双向通信、操作人员必须在炮弹飞行最后 13s 前准确跟踪目标、激光可能被敌方探测到等缺点，给在真实战场上使用它的士兵带来许多不便和负担。

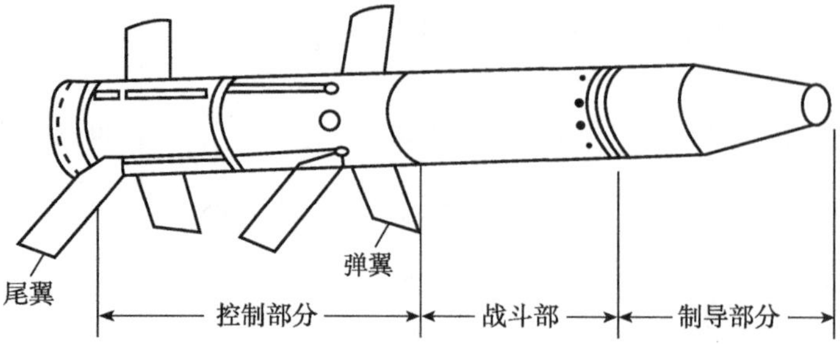

图 1-1　美国 M712 “铜斑蛇” 激光半主动制导炮弹

2. XM982 “神剑” 制导炮弹

美国雷声和 BAE 公司于 1998 年开始联合研制的 M982 “神剑” 155mm 制导炮弹（见图 1-2），采用全程 SINS/GPS 制导方式，是一种 “发射后不管” 的尾翼稳定增程型制导炮弹，也是美军第一种全自主式制导炮弹，可以由目前美国陆军和海军陆战队所有的 155mm 榴弹炮发射，如 M109A6 “帕拉丁” 自行火炮和 M777 轻型牵引火炮，M109、M198、Archer、PzH2000、AS90、K9 和 G6 榴弹炮等。通过采用 SINS/GPS 制导技术后，“神剑” 的 CEP（圆概率误差）从常规炮弹的 336m 减小到 10m 以内，而且它的 CEP 与射程无关，从而更有利于提高制导炮弹的射程。

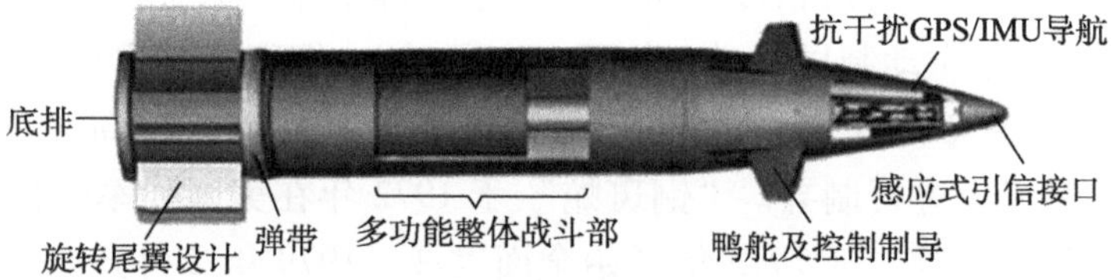

图 1-2　美国 XM982 “神剑” 制导炮弹

“神剑” 的研制经历了多个型号升级，Block IA-1 型 “神剑” 最大射程为 24km，战斗部重 50 磅（约 22.7kg），实战使用可靠性为 85%。加装惯性测量装置和底排装置的改进型 Block IA-2 型 “神剑” 的最大射程增加到 40km，可靠性提高到 98%。截至 2014 年 3 月，美国陆军和海军陆战队已经在伊拉克和阿富汗战场上发射了大约 700 枚 “神剑”，并因其精度高被称为 40km 距离上的 “狙击手”。在 2013 年秋季进行的鉴定发射试验取得成功后，美国陆军于

2013 年 12 月对生产型 Block IB “神剑” 进行了 “检验品试验”，使用 M109A6 和 M777A2 榴弹炮在 7~38km 的距离上发射了 30 枚 “神剑”，以检验其性能和可靠性。在试验加入振动和高温等苛刻条件情况下，30 枚炮弹的平均精度达到 1.6m。雷声公司透露，到 2015 年上半年，已有大约 770 枚 “神剑” 炮弹在实战中进行了作战使用，对精确测定的目标进行打击时，CEP 常常小于 1m。

针对海军应用，雷声和 BAE 公司开发出适用于 127mm 舰炮的 “神剑” N5 制导炮弹，2015 年 9 月，这款炮弹在尤马靶场发射，准确命中了 37km 距离上的目标。“神剑” N5 装有 8 个用于稳定的尾翼和 4 个用于控制的可伸缩鸭舵。弹头安装的引信可被编程为定高炸或近炸模式，而且弹药可使用美国陆军 155mm “神剑” 1B 制导炮弹约 70%的组件和近 100%的软件、制导和导航元件。“神剑” N5 除了目前的 SINS/GPS 制导，针对移动目标，还有两种升级方案：一种是自适应半主动激光末制导（“神剑” S）；另一种是专门为 “神剑” N5 设计的毫米波雷达。

“神剑” 的作战过程为：在弹道初始段，整个炮弹按照无控惯性弹道飞行，在接近弹道顶点时，4 片鸭舵展开，安装在炮弹鼻锥部的卫星接收机开始搜星，完成定位；炮弹开始滑翔，SINS/GPS 组合导航系统实时更新制导炮弹位置信息，并与目标位置进行对比，制导控制系统根据位置偏差控制鸭舵，导引制导炮弹飞向目标。值得说明的是，在末段弹道规划方面，“神剑” 制导炮弹采用非弹道式飞行路线，在弹道终点进行近乎垂直的俯冲打击，以保障最佳毁伤效果。

3. EX-171 远程滑翔增程制导炮弹

早在 1994 年，美国海军开始为 MK45 型 127mm 舰炮研制 EX-171 “增程制导弹药”（ERGM）。EX-171 长 1.55m，重 50kg，图 1-3 为 EX-171 的结构布局图，弹头为卡门曲线，中间段为圆柱段，尾部采用船尾形。内部结构布局方面，头部是近炸引信和制导电子装置，过渡段是控制系统，圆柱段包含战斗部和安保机构，尾部是火箭助推发动机。EX-171 采用 SINS/GPS 复合制导和火箭助推+滑翔增程技术，最大射程可达 110km，精度为 10~20m。EX-171 第一次成功验证了制导炮弹发射 MEMS-INS/GPS 组合导航系统的可行性。

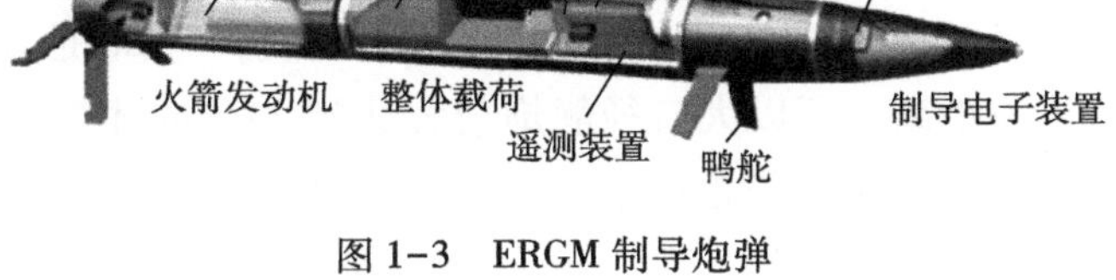

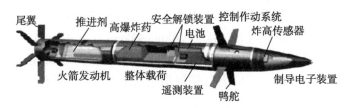

图 1-3　ERGM 制导炮弹

EX-171 的作战过程如图 1-4 所示，描述如下：①发射前完成目标参数和 GPS 星历装订；②以一定射角发射出炮口后，尾翼随即展开，提供飞行升力；③数秒后火箭助推发动机点火，助推炮弹继续飞行，期间 GPS 接收机开始接收信号；④在弹道高点附近，控制系统开始启控，4 片舵面展开，炮弹开始进入滑翔阶段；⑤在炮弹滑翔过程中，SINS/GPS 系统解算炮弹的位置、速度和姿态等参数；制导系统通过装订的目标参数形成制导指令，逐步飞向目标；⑥当飞抵目标上空 250~400m 处时，炮弹以大落角俯冲，对目标进行攻击。

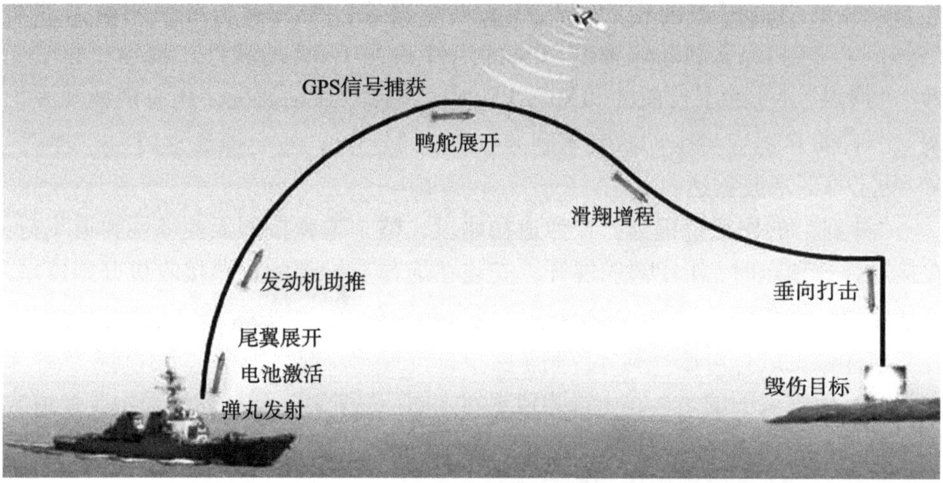

图 1-4　ERGM 制导炮弹的作战流程图

EX-171 于 20 世纪 90 年代进入工程研制阶段，在十余年的研制过程中，雷声公司团队遇到了诸多技术挑战，从初期的发动机点火时间控制、发动机燃烧、尾翼结构形式、抗高过载、舵面展开、弹炮匹配，到后期的外弹道飞行控制、落点精度等可靠性问题。虽然 EX-171 的研制早于陆军的“神剑”，但由于可靠性和效费比问题，在 2010 年后逐步被取消。

4. LRLAP 远程对陆攻击制导弹

美国海军《远征机动作战对火力支援的需求》论证的大口径舰炮对岸攻击所需理想射程为 111km（即 44km+26km+41km），其中，44km 是指己方水面舰艇的离岸距离，26km 是指己方岸上部队推进深度，41km 是敌方地面火炮距我方前线部队的距离，所以大口径舰炮射程达到 111km 才能满足己方水面舰艇安全有效打击敌方炮兵阵地的需求。美军“朱姆沃尔特”级 DDG-1000 驱逐舰上的先进舰炮系统发射的 155mm 远程对陆攻击精确制导弹药 LRLAP，采用火箭助推增程技术，最大射程达到了 185km。如图 1-5 所示，LRLAP 由制导控制系统、战斗部、发动机、尾翼等部分组成，弹长 2.4m，质量 118kg，采用鸭式布局、火箭助推与滑翔复合增程技术，射速达到 12 发/min，采用 SINS/GPS 制导，CEP≤10m，为了打击不同目标，可以配用高爆杀伤型、穿甲爆破型和常规弹药型等战斗部。

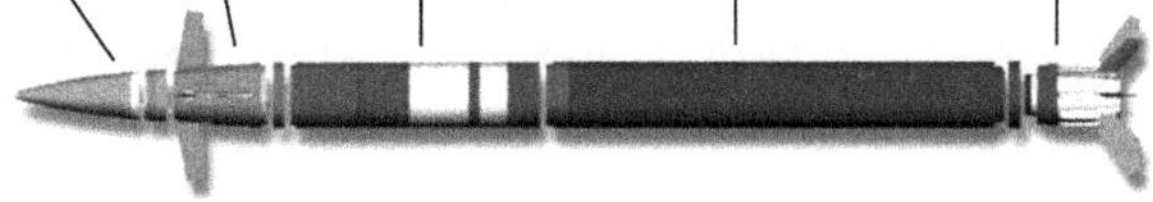

图 1-5　远程对陆攻击炮弹（LRLAP）

5. MS-SGP 多军种标准制导炮弹

美国 BAE 公司研制了“多军种标准制导炮弹”（MS-SGP）。MS-SGP 采用了 LPLAP 的技术，可用 127mm 舰炮发射的同时，加装软壳后还可用 155mm 榴弹炮发射，使用模块化炮兵装药系统 4 号装药时的最大射程达 100km。MS-SGP 弹长 1.5m，重 50kg，采用 SINS/GPS 制导系统，CEP≤10m，配备光电或红外导引头，并装配有数据链，截至 2015 年初已完成 150 多次发射演示试验，技术成熟度达到 7 级，即样弹已在作战环境中进行了演示验证。

6. HVP 超声速制导炮弹

超高速制导炮弹（HVP）是美国海军研发的下一代通用化、低风阻、多任务制导炮弹，可执行海军火力支援、巡航导弹防御、弹道导弹防御及反水面战等多种任务。炮弹采用 SINS/GPS 制导，可从 MK45 型 127mm 舰炮、AGS155、电磁轨道炮及陆军 155mm 榴弹炮等多种平台发射，攻击水面、地面及空中目标，其主要性能参数如表 1-2 所示。

表 1-2　超高速制导炮弹主要性能参数

发射平台	射程/n mile①	炮口初速马赫数	杀伤方式	最大射速/(发/min)
MK45 型 127mm 舰炮	>40	3	高爆杀伤	20
陆军 155mm 榴弹炮	>43	3	高爆杀伤	6
先进舰炮系统（AGS）	>70	3	高爆杀伤	10
20~32MJ 电磁轨道炮	>100	7	动能杀伤	10

① 1n mile=1852m。

HVP具有飞行速度高、效费比高、通用性强等特点（见图1-6），HVP单价约7.5万~10万美元，远低于LRLAP的单枚成本。2018年6月，美国“杜威”号驱逐舰上的MK45 Mod4型127mm舰炮成功发射了20发HVP，证明了传统舰炮采用HVP的可行性。近年来，在电磁轨道技术催化下，美国积极推进超高速炮弹的工程化研究。这种炮弹从发射方式以及总体技术等方面与先前的炮弹有较大的区别，首先，采用次口径发射方式，可适用于127mm、155mm火箭以及电磁轨道炮等各种发射平台；其次，炮弹初速较高，火炮发射初速可达到1300m/s，电磁炮发射初速可达2000m/s；最后，整个炮弹的气动布局完全不同，采用了一种无翼式布局。

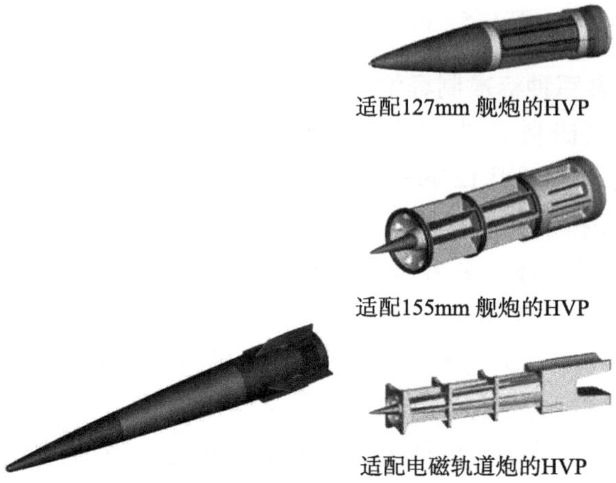

图1-6　超高速制导炮弹（HVP）

1.2.2　其他国家制导炮弹研究现状

俄罗斯、法国、意大利、英国等国家，依据本国国情，都研制了制导炮弹。

1. 俄罗斯的“红土地”制导炮弹

155mm/152mm“红土地”是与美国“铜斑蛇”对应的俄罗斯激光半主动制导炮弹，它所采用的制导技术几乎与“铜斑蛇”一样，用于摧毁坦克、多管火箭、自行火炮、C^4ISR中心等，如图1-7所示。与美国不同的是，俄罗斯在装备152mm“红土地”后，一直没有停止对相关技术的改进，并向其他弹种拓展。为了使炮弹能与长度有限的自行火炮的储弹架兼容，“红土地”被分为两部分，即弹丸部分和控制部分。弹丸部分包括战斗部、火箭助推器和尾翼组件，控制部分包括头罩、导引头、自动驾驶仪等。发射前两部分可快速装配在一起。炮弹的外部表面有 6 个开关用于设定抛掉头罩、滑翔增程、激光闪频和快/延时引信参数。

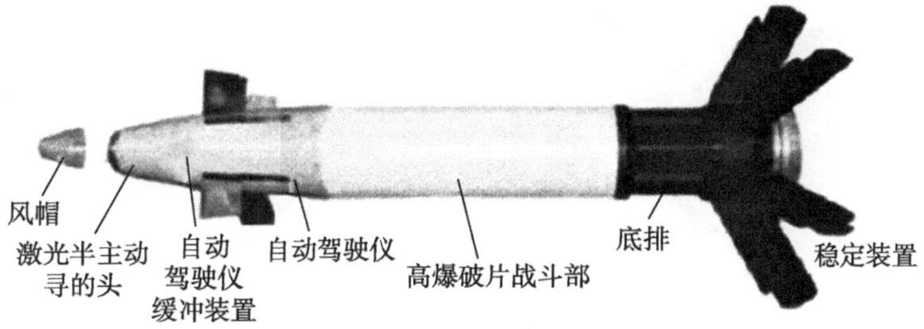

图 1-7 “红土地”制导炮弹

随着技术和工艺的改进，俄罗斯对原型“红土地”实施了改进，即“红土地”-M。这次改进提高了性能，并将弹长 1305mm 的原型“红土地”缩短到 960mm 的标准常规弹药长度，以便“红土地”-M 炮弹整弹放入自行火炮的标准储弹架，与自行火炮的自动装填机构兼容。这次改进源于俄罗斯对激光导引头、陀螺技术和控制设备坚持不懈的改进和小型化，以及底排技术的成熟。改进后的“红土地”-M 拥有较为扁平的弹道，降低了对云层高度的要求，将战场使用率提高了 10%~30%。炮弹的最大射程从原型的 22km 提高到 25km，命中概率从原型的 70%~80%提高到 80%~90%，战斗部和装药均有所增加，而质量从 51.3kg 降至 45kg。

在使用中，“红土地”与“铜斑蛇”的主要缺点一样，都需要用激光束对目标照射 5~15s。长时间的目标照射会被敌方目标上的激光预警探测装置探测到，从而使用反制措施阻止进一步被照射。失去照射，激光制导炮弹的制导就会中断，也就无法命中目标。目前最有效的激光制导弹药的反制手段是激光预警探测器，在探测到激光束 2~3s 内它可以提示榴弹发射器发射多个烟雾榴弹，可以在发射后的 6~8s 内在目标周围形成烟云，烟云会折射或反射激光束为制导炮弹提供错误的寻的点。

2. 法国的“鹈鹕”制导炮弹

法国研制的“鹈鹕”远程制导炮弹，可兼容 155mm 陆基火炮和 155mm 舰炮两种发射平台，有效打击敌方战术纵深内的重要目标，显著提升火力支援能力，如图 1-8 所示。该弹远程型采用底排增程+滑翔增程技术，52 倍口径 155mm 舰炮发射时最大射程达到 60km。超远程型采用火箭助推+滑翔增程技术，使最大射程达到 85km，CEP≤10m。该弹为三段式结构，前部为带有鸭式舵的飞行控制模块，采用 SINS/GPS 制导；中部为战斗部；尾部装置尾翼和底排装置（远程型）或火箭助推发动机（超远程型）。该弹在发射前预装目标位置信息，出炮口后展开弹尾4片尾翼并抛出弹头整流罩，在末制导段展开头部的4片鸭式翼以稳定弹道。

图1-8　法国“鹈鹕”155mm制导炮弹

3. 意大利的“火山”制导炮弹

意大利莱昂纳多电子分部（前身为OTO MELERA公司）和BAE系统公司联合研制的“火山”制导炮弹，通过次口径与尾翼稳定使初速达到1200m/s，射速35发/min，采用SINS/GPS制导，如图1-9所示。“火山”制导炮弹有4种基本型号，即127mm和155mm非制导弹道增程弹，以及127mm和155mm远程制导炮弹。127mm口径远程制导炮弹专为舰炮研制，弹长为1.5m，配用反舰作战的半穿甲战斗部，该弹采用鸭式气动布局，为减小飞行中舵面下洗气流对尾翼的影响，舵面的后部布置了副翼，这是与EX-171、“鹈鹕”和LRLAP的不同之处。同时，“火山”没有使用火箭助推技术，而是采用次口径+尾翼稳定方式来增加射程。当用39倍口径火炮发射时，射程为80km；当用52倍口径火炮发射时，射程超过100km。

图1-9　莱昂纳多“火山”制导炮弹

“火山”制导系统有3种出厂配置，即SINS/GPS型、SINS/GPS+红外末制导型和SINS/GPS+激光半主动末制导型，其中采用SINS/GPS型制导体制时，即使在弹道末段接收GPS信号受到干扰时，其落点精度也能够达到20m；加装末端导引头时，打击精度可提高到3m。

4. 英国的LCGM制导炮弹

英国155mm低成本制导炮弹（LCGM）弹长1.62m，质量45kg，采用火箭助推与滑翔增程，射程大于等于150km，SINS/GPS制导，在100km以外的射程上 CEP≤30m，配用子母战斗部，采用复合材料、MEMS 等技术，降低了研发成本，如图 1-10 所示。

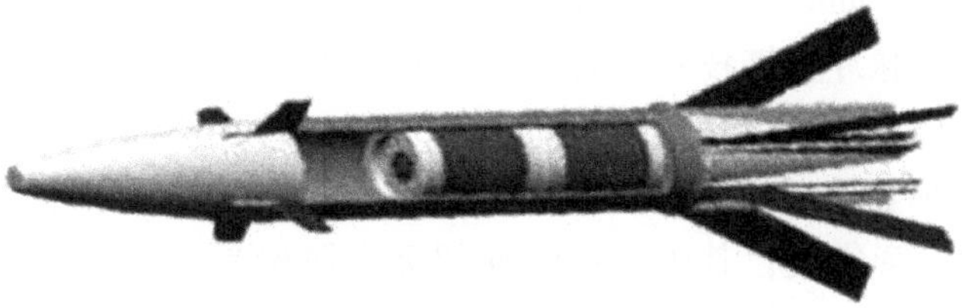

图 1-10　英国 LCGM155mm 低成本制导弹药

1.2.3　国内制导炮弹研究现状

在 2014 年珠海航展上，中国兵器工业集团公司展示了多款制导炮弹，包含 GP-1（正式编号为 GP155，如图 1-11 所示）、GP-2、GP-4、GP-6 型 155mm 激光末制导炮弹，可用于打击坦克、小型舰船等运动目标，也可以打击指挥所、桥梁和工事等重要点目标。其中 GP-1 型激光末制导炮弹是在引进俄罗斯“红土地”制导炮弹的基础上开发的，GP-6 型激光末制导炮弹是我国针对 155mm 炮自主、全新研发的制导炮弹。此外，我国还研制了 GP120 与 GP120A 两款制导迫击炮弹。GP120 是 GPS 制导迫击炮弹，GP120A 是半主动激光制导迫击炮弹。GP120A 可以用于攻击移动目标，而且攻击精度较高。

我国的 WS-35 型 155mm 制导炮弹（见图 1-12）弹长 1620mm，弹重 18kg，最大射程可以达到 100km，该弹药发射平台为 PLZ05 式自行火炮，理论射速为 5 发/min，采用 SINS/GNSS 复合制导，制导精度优于 20m。我国先后突破了弹药总体设计技术、导航制导组件设计技术以及火箭发动机助推技术，成为继美国、意大利、瑞典、法国之后第 5 个掌握火箭滑翔增程制导炮弹的国家。WS-35 型 155mm 制导炮弹的成功研制标志着我国在弹药精确制导、远程精确打击领域走在世界的前列。

图 1-11　GP155 制导炮弹

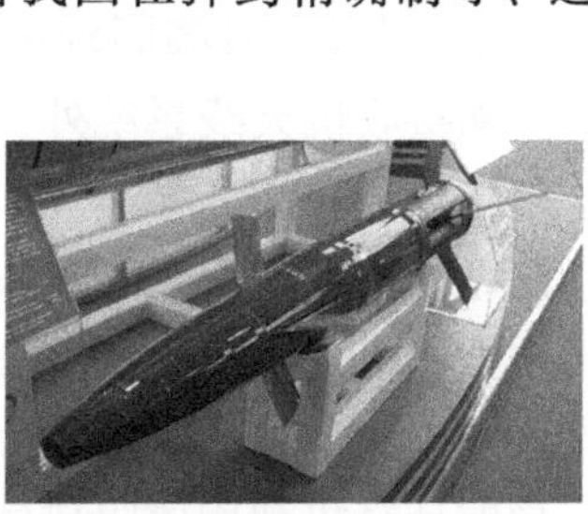

图 1-12　WS-35 型 155mm 制导炮弹

在 2022 年中国航展上，西南技术工程研究所展示了“精锤”“飞锤”两大系列智能弹药，如图 1-13 和图 1-14 所示，“精锤”系列产品包括 60mm、81mm、82mm、120mm 远程卫星制导迫弹，105mm、122mm 卫星制导榴弹，独创的卫星/地磁+脉冲火箭技术全面实现了高精度和低成本。“飞锤”系列产品实现 105mm、122mm、130mm、152mm、155mm 系列口径全面增程，增程率达 100%以上；同时配合卫星+阻力器一维弹道修正引信，打远修近，能够大幅提高增程后的地面密集度；其中，155mm 超远火箭增程弹总体性能指标处于国际前列。

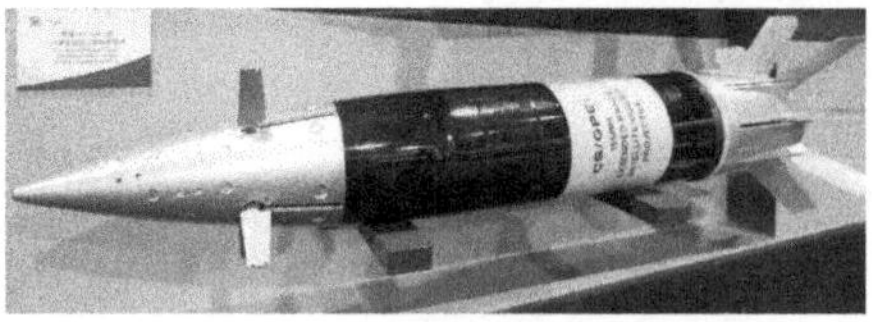

图 1-13 “精锤”制导炮弹

图 1-14 “飞锤”制导炮弹

1.3 制导炮弹导航系统特点和关键技术

1.3.1 典型制导炮弹导航系统和工作流程

近年来，制导弹药的制导方式由原来较为单一的激光半主动向激光主动、毫米波、红外主动/被动寻的、SINS/GNSS 等多种制导方式发展，各国开始采用多模复合制导模式，形成诸如 SINS/GNSS 中制导+激光半主动末制导等串联式复合制导以及被动红外/主动毫米波雷达等并联式复合制导方式，从而达到在恶劣条件下全天候作战以及高命中精度的要求。

制导炮弹导航系统逐步向一体化发展，图 1-15 给出了制导炮弹飞控系统典型的原理框图，主要由 MEMS 惯性传感器模块（MIMU）、GNSS 接收组件（接收机、天线、射频同轴电缆）、导航计算机模块、舵机、二次电源模块等组成。除接收机天线系统外，其余部分设计于一个结构腔体中，实现飞控系统的小型化功能集成。

制导炮弹发射及飞行工作时序如图 1-16 所示。制导炮弹发射前预装 GNSS 星历数据、发射点与目标点参数及弹道诸元参数；发射后弹载热电池启动，弹上设备加电工作，弹体逐步减旋；在到达弹道顶点之前，GNSS 要完成搜星定位，导航计算机利用磁阻传感器/陀螺仪/加速度计/GNSS 其中的一种或多种传感器，完成空中自对准；然后开始组合导航，为制导系统提供导航参数，最终完成目标打击。在制导炮弹打靶试验中，制导炮弹全程向遥测系统传输遥测信息。

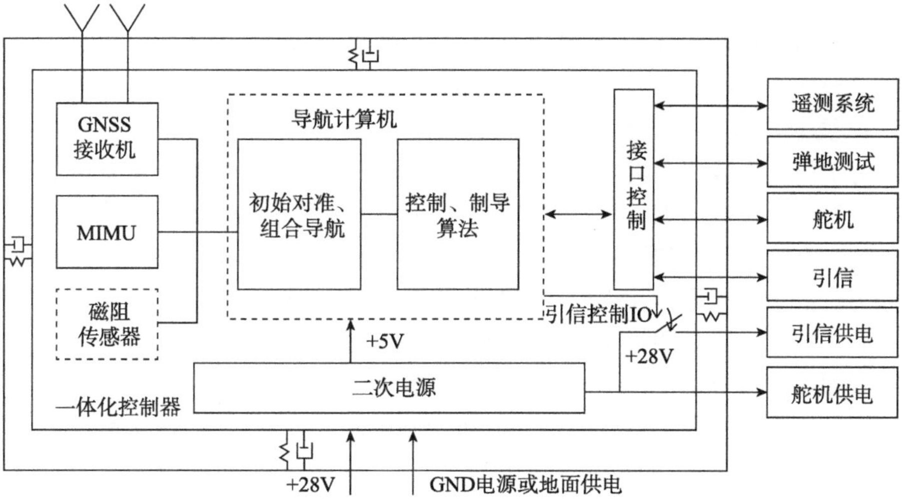

图 1-15　制导炮弹飞控系统原理框图

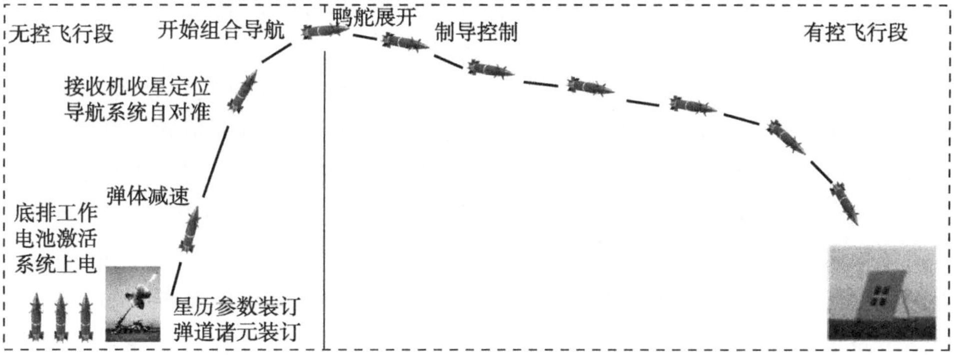

图 1-16　制导炮弹工作时序图

1.3.2　制导炮弹导航能力需求及技术难点

受发射平台及作战使用方式的限制，制导炮弹的对准和组合导航技术与导弹、制导火箭弹相比有较大差异，主要体现在以下几个方面：

1. 要求具备抗高过载能力

导弹和火箭弹的发射过载一般仅几十到几百 g 的水平；而制导炮弹具有很高的发射过载，一般迫击炮弹、中大口径榴弹、电磁轨道炮最大过载达到

10000~20000g，而部分小口径制导炮弹最大过载达到 30000g 以上。制导炮弹高过载对导航器件提出了严峻考验：在高过载冲击后，导航器件不仅不能损坏，其工作性能以及可靠性还要求与冲击前相当。目前，一般通过选用具备抗高过载能力的导航器件、舱段灌封以及抗高过载弹体设计等手段，来综合提高导航系统的抗过载能力。

2. 要求导航系统具备空中对准的能力

为了简化作战流程提高快速性，也为了提高弹上电子部件的抗发射过载能力，制导炮弹设计成无方位装填和发射后上电的工作模式。在此模式下，弹上姿态测量系统是没有初始基准的，因而要求姿态测量系统具备在空中初始对准的能力。由于制导炮弹在空中飞行时，其姿态、位置持续变化，要实现高精度的初始对准，滚转角测量是制导炮弹的技术难点之一。

3. 要求具备抗干扰能力和足够的导航精度

在复杂的实战环境下，卫星导航将受到干扰，设计松耦合/紧耦合组合导航算法，采用自适应卡尔曼滤波技术，进行 MEMS 惯组的误差估计和补偿，提高末制导段的纯惯性导航精度，提高导航系统的抗干扰能力仍是技术难点。

1.4 制导炮弹组合导航技术研究现状

20 世纪 80—90 年代，美国微机电系统（MEMS）和全球定位系统（GPS）的技术进步，使得 MEMS-INS/GPS 组合制导技术迅速应用于制导炮弹上，制导炮弹的打击精度取得质的飞跃。制导炮弹组合导航技术的发展，大致分为两个阶段：①以德雷珀（Draper）实验室为代表的 MEMS-INS/GPS 组合导航技术持续探索，逐步走向实用化；②随着美军通用制导计划（CGCS）的展开，以 Honeywell 的 BG1930 和 BAE 的 SiNAV02 为代表的组合导航系统，体积和质量逐步减小、抗过载能力逐步增强、精度和抗干扰能力逐步提升，在多型制导炮弹中得到应用。

1.4.1 Draper 高过载组合导航系统

美国在 MEMS-INS/GPS 组合导航系统技术方面的研究一直处于世界领先地位，其中最具代表性的是 Draper 实验室。从 20 世纪 90 年代开始，Draper 实验室已经将 MEMS-INS/GPS 组合导航系统应用于美国军方资助的多个高过载/高旋转弹演示验证项目中，比较典型的项目有增程制导弹药演示验证项目（ERGM）、高能弹药先进技术演示验证项目（CMATD）、微机电惯性测量组件（MMIMU）、低成本制导电子组件（LCGEU）以及通用制导惯性测量组件

（CGIMU）等 MEMS-INS/GPS 组合导航项目。这些项目虽然没有形成最终的产品，但是为后面的工程化奠定了坚实的基准。

1. ERGM 项目 INS/GPS

EX-171“增程制导弹药”（ERGM）首次成功验证了火炮发射 MEMS-INS/GPS 组合导航系统的可行性，Draper 实验室负责 MEMS-INS/GPS 制导组件的研制。该组件体积 $126in^3$（$1in^3 \approx 16.4cm^3$），功耗 24W，包含一个 MEMS 惯性测量组件（MMISA），采用了 Draper 的 MEMS 音叉陀螺仪和 MEMS 摆式加速度计，陀螺零偏为 500°/h，加速度计零偏为 20mg；一个 Rockwell Collins 的 L1 频段 GPS 卫星接收机，进行 C/A 码紧组合方式；一个 TMS320C30 处理器以及电源转换及调理电路。ERGM 虽然采用只有 L1 频段的 GPS 卫星接收机，但是充分利用了射前装订和射程近等特点，对 L1 频段的电离层误差进行了补偿。为了保证组合导航系统的存活，Draper 进行了抗高过载设计，电子元器件采用薄膜混合 MCM-C 工艺，再用金属外壳封装到 PCB 电路板上，壳体采用加固铝框架结构，抗过载 6500g。ERGM 在 1996 年 11 月和 1997 年 4 月进行了飞行验证，首次验证了制导炮弹发射后惯组精度，卫星接收机大约 14s 搜星成功。

2. CMATD INS/GPS

CMATD 项目目标是：在非制导弹药的引信舱段内，验证 MEMS-INS/GPS 制导组件在 6500g 过载环境下的可靠性。该组件中所使用陀螺仪与加速度计与 ERGM 项目类似，最大的差异在于 CMATD 项目中传感器电路采用 ASIC 技术和层叠多芯片组件（MCM-L）技术。该组件体积为 $13in^3$（$215cm^3$），功耗为 10W，其中导航与制导电路体积为 $8in^3$（$131cm^3$），主要包括 1 个飞行计算机模块、3 个正交陀螺仪模块（零偏为 50°/h）、3 个正交加速度计（零偏为 1mg）模块、1 个 P 码直接重捕获 GPS 接收机以及 1 个电源调理卡。MEMS 制导组件通过背板和柔性电缆实现模块和外部接口之间的电气互联，采用环氧树脂进行灌封。制导组件在离心机中进行了超过 30000g 的过载试验，并进行了超过 400 次的热冲击（从 -55° C 到 +125° C）试验，制导组件工作良好。CMATD 项目采用 127mm 口径火炮发射，发射初速为 670m/s。1999 年 8 月完成了两次 CMATD 飞行试验，验证了系统的抗过载能力和性能。2000 年 2 月完成了第三次实验，GPS 接收机在 31s 成功重捕定位，紧耦合 INS/GPS 组合导航系统进行了闭环制导控制验证。

3. MMIMU

MMIMU 项目旨在研制一种当时世界上性能最好的 MEMS IMU（1°/h，100μg），要求其造价低于 1200 美元，作为 Honeywell 公司战术级激光惯组

HG1700 的低成本替代品。MMIMU 主要由 4 个插件模块组成，依次为 IMU 信号处理模块、电源转换模块、三轴加速度计模块以及三轴陀螺仪模块，大量采用了 BGA/ASIC/MCM 等先进技术。MMIMU 体积为 $8in^3$，功耗为 3W，抗过载能力为 18000g。2002 年 8 月，对 MMIMU 的技术指标测试结果为：陀螺零偏重复性为 3°/h，零偏稳定性为 5°/h，角度随机游走为 $0.05°/\sqrt{h}$；加速度计零偏重复性为 2mg，零偏稳定性为 1mg，速度随机游走为 $0.02\ (m/s)/\sqrt{h}$，三轴不正交误差为 1mrad。Draper 的 MMIMU 是 MEMS 惯组应用的巅峰之作，采用 P 码直接重捕获 GPS 接收机，实现了超紧耦合组合导航。MMIMU 为 Draper 后续研究奠定了基础，为 Honeywell 和 BAE 的产品研制提供了良好的参考。

4. LCGEU INS/GPS

LCGEU 项目是美国海军在 MEMS 惯组成本和制导精度二者之间权衡的一种尝试。一方面，在 INS/GPS 组合导航状态下，MEMS 惯组精度并不需要很高就能达到制导精度，Draper 选择了价格便宜的商业化货架产品（陀螺仪漂移 300°/h～500°/h，加速度计漂移 10mg）。另一方面，制导炮弹在卫星接收机飞行末端容易受到干扰，随着 GPS 丢星时间的增长，惯性导航误差势必增大；为此，Draper 选择了具有抗干扰功能的 SAASM 卫星接收机，并采用 P 码深耦合（超紧耦合）组合导航算法对惯组误差进行补偿，提高末制导导航精度。LCGEU 大量采用 BGA/ASIC/MCM 新型电子技术，体积 $20in^3$，功耗 12W，能够承受 18000g 过载。其中，SAASM 是美军卫星接收机的选择可用性/抗欺骗模块，是美军 GPS 联合项目办公室（JPO）授权模块，用于 GPS 接收机实现精确定位服务（PPS）和军码直捕功能。

2003 年 9 月，两发装配 LCGEU 的 BTERM 制导炮弹进行了飞行试验，飞行距离为 53.6n mile，距离目标精度分别为 20.5m 和 21m；同年 10 月，1 发装配 LCGEU 的 ERGM 进行了飞行试验，飞行距离为 44.8n mile，距离目标精度为 10m。

5. CGIMU 项目

随着美国海、陆、空三军对 MEMS-INS/GPS 组合导航的需求逐步增大，2001 年由美国国防部 MEMS 战术委员会发起了通用制导计划，旨在研制战术级通用制导惯性测量组件（CGIMU），以覆盖 90%以上的战术武器导航需求。该计划规划了 3 个阶段（见表 1-3），研制 IMU、SAASM 卫星接收机和超紧耦合制导组件（DIGNU）。DIGNU 重视一体化和标准化设计，将实现卫星抗干扰软件、卫星接收机软件、对准算法、捷联惯导算法、组合导航算法、制导控制算法等软件一体化开发，运行在一个处理器上；DIGNU 具有统一的机械电气通信接口，便于不同型号战术武器使用。

表 1-3　通用制导计划技术路线

主要指标	阶段 1	阶段 2	阶段 3	可选项 1
体积/in^3	<8.0（IMU）	<4（IMU）	<2（IMU）	<3（DIGNU）
冲击条件/g	>10000	>20000	>20000	>20000
陀螺漂移/((°)/h)	<75	<20	<1	<1
加表漂移/mg	<9	<4	<1	<1
成本/ $	N/A	N/A	<1200	<1500

性能指标和成本是通用制导计划重要的考虑因素，该项目选择了两家承包商：Honeywell 完成高过载 MEMS IMU 的研制，L3 IEC 公司完成 SAASM 接收机的研制。通用制导计划项目深刻影响了美国和欧洲高过载 MEMS-INS/GPS 组合导航系统的研制，目前，Honeywell 的 BG1930 和 BAE 的 SiNAV02 都获得了大量的应用。

1.4.2　Honeywell 高过载组合导航系统

早在 1984 年，Draper 实验室就开始 MEMS 惯组的研制。1993 年，Draper 与波音北美公司组成联盟，共同研制 MEMS 惯组。在此期间，Honeywell 注重战术级激光惯组的研制；然而随着 MEMS 的快速发展，Honeywell 意识到 MEMS 惯组对其战术级激光惯组的市场冲击。1999 年，Honeywell 从波音北美公司获得了 Draper 的 MEMS 音叉陀螺仪和加速度计的技术授权，成功组建了包括 Draper 在内的 MEMS 惯组团队，先后研制了 HG1900、HG1910、HG1920、HG1930、HG1940 和 HG1125 等 MEMS 惯组，并研制了相应的导航制导控制组件，如 HG1910 对应的 BG1910 FMU、HG1930 对应的 BG1930 FMU。HG1900 是 Honeywell 的第一款 MEMS 惯组，体积为 17in^3，抗过载为 6300g。自 HG1910 开始，Honeywell 重视导航制导控制一体化组件设计，称为飞控管理组件（FMU），并且开发了 ECTOS 操作系统，简化用户二次开发。HG1920 完成了两次弹道轨道炮试验，冲击后陀螺仪的零偏从 18°/h 增大到 180°/h，加速度计的零偏从 1mg 增加到 40mg。

在通用制导计划的牵引下，Honeywell 采用 Draper 实验室的 MMIMU 技术，完成了 HG1930 型 IMU 的研制，如图 1-17 所示。HG1930 被“神剑”制导炮弹选用，体积为 5in^3（82cm^3），质量小于 220g，功耗小于 3W，可承受的最大发射过载为 20000g。虽然早期 Honeywell 在多篇论文中将 HG1940 作为完全对标 CGIMU 的产品，然而后期并没有正式发布。近年来，Honeywell 发布的 HG1125/HG1126，虽然精度上没有达到 CGMIU 的指标，但在体积和功耗上都极具优势，体积为 0.6in^3，功耗小于 0.5W，质量为 24g，陀螺零偏重复性为 120°/h、零偏稳定性为 7°/h，加速度计零偏重复性为 1.5mg，抗过载为 40000g。

为了加快通用制导计划产品研制，Honeywell 和 Rockwell Collins 成立了联合公司 IGS LLC，共同开发组合导航系统。BG1930（IGS-200）型 INS/GPS 组合导航系统是基于 HG1930 研制，如图 1-18 所示，体积为 13.7in^3（82cm^3），质量小于 453g，功耗小于 9W，可承受的最大发射过载为 20000g。BG1930 是高度集成的组合导航系统，包括 1 套 HG1930 惯性测量单元，1 个 MIPS 任务计算机，1 个具有 SAASM 功能的抗干扰双频 GPS 接收机，1 个 FPGA 逻辑处理器，以及相应的外围处理电路等。BG1930 全部采用固态电子器件，具有 20 年免维护能力。BG1930 采用紧耦合或超紧耦合（UTC）组合导航技术，水平方向的 CEP 小于 5m，垂直方向误差小于 8m（1σ）；在末制导段 60s 的纯惯性飞行时间段内，位置误差为 26m（CEP）。在后续型号中提出了 60s 的纯惯性飞行位置误差为 12m（CEP）的技术指标。

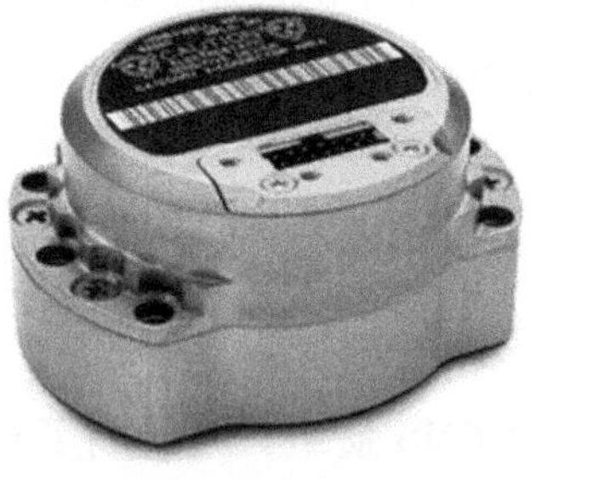

图 1-17　HG1930 型 IMU

图 1-18　BG1910 FMU

HG1930 惯性测量单元由 3 个陀螺仪、3 个加速度计和微处理及相关电路组成。微处理器电路板包括 Honeywell 自研的多功能 ASIC 电路，内置 ARM7 处理器和相关逻辑电路，实现与陀螺仪和加速度计的异步串行通信。3 个陀螺仪和 3 个加速度计安装在冲击隔离装置上，以减少外部冲击和振动的影响。HG1930 惯性测量单元的主要技术指标如表 1-4 所示，由表可见，高过载冲击对陀螺仪的加速度计和零偏、刻度系数等主要参数都有很大影响。

表 1-4　HG1930 主要技术指标

主要指标参数		目标值	均值	方差
陀螺仪	零偏重复性/((°)/h)	20	17.1	9.6
	零偏变化（冲击)/((°)/h)	20	100	—
	零偏稳定性/((°)/h)	5	15.7	11.4
	刻度系数重复性/ppm	350	270.5	76.2
	刻度系数变化（冲击)/ppm	350	4000	—
	刻度系数稳定性/ppm	50	268.1	74.3
	随机游走/((°)/$\sqrt{h}$)	0.125	0.09	0.055
加速度计	零偏重复性/mg	4	1.2	0.66
	零偏变化（冲击)/mg	4	40	—
	零偏稳定性/mg	0.8	0.5	0.25
	刻度系数重复性/ppm	700	427.5	225.4
	刻度系数变化（冲击)/ppm	700	4000	—
	刻度系数稳定性/ppm	100	230.2	122
	随机游走/(m/s)/$\sqrt{h}$	0.03	0.03	0.006

1. 卫星接收机

BG1930 采用的 BAE 公司的 SAASM 抗干扰接收机（见图 1-19），采用 NavStorm 技术，具有 24 个 L1/L2 双频接收通道，具有 GPS 军码直捕功能，小于 8s 的首次定位时间，定位精度小于 3m（CEP），速度精度小于 0.07m/s（RMS），最高达到 25Hz 的 PVT 导航数据输出，1Hz 的伪距和伪距率输出，具有超紧耦合导航数据接口；具有 2 个抗干扰模块，干扰条件下具有大于 92dB 的干扰/信号比；功耗小于 2.8W，质量为 80g，最大抗过载为 25000g。

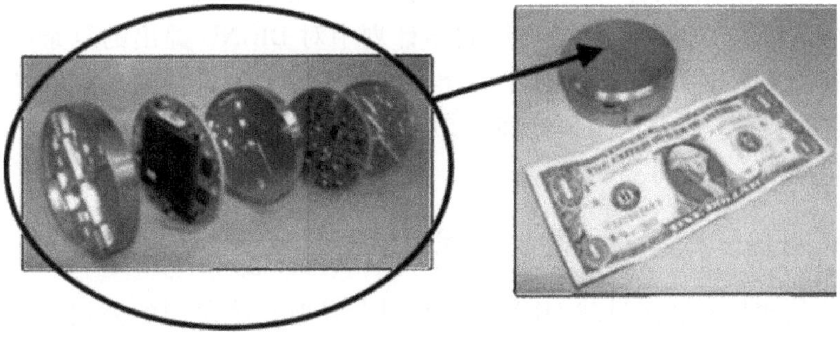

图 1-19　BAE 抗干扰 NavStorm 接收机

SAASM 卫星接收机在制导炮弹发射过程中工作流程大致如下：①初始化阶段：将制导炮弹从存储弹库中取出，通过地面检测系统上电，给卫星接收机注入精密星历，对接收机加密授权，通过时标方法对接收机授时，标定接收机时钟晶振。装订火炮的发射方位角和仰角、位置、目标点位置、导引头、引信等参数（组合导航和制导控制系统使用）。②待机阶段：制导炮弹掉电，由备份电源给制导炮弹时间保持电路模块供电，处于等待发射状态，等待时间最大可达 20min。③发射飞行阶段：制导炮弹装填入火炮，发射飞行后，制导炮弹主电源工作，卫星接收机上电，读取精密星历，进行卫星信号检测捕获跟踪，输出卫星导航信息。

2. 软硬件架构

BG1930 使用的任务计算机为 MIPS 的 RM7035C 处理器，具有 64 位浮点计算能力，16MB 的 SDRAM 和 8MB 的 FLASH。在 RM7035C 处理器上运行ECTOS 操作系统，ECTOS 包括：①在 VxWorks 基础上嵌入式操作系统（ECOS）；②嵌入式计算工具箱（ECT）。

ECTOS 操作系统架构按照模块化层次化设计，底层为 BG1930 的硬件接口，向上依次为实时操作系统、系统层、中间层和产品层。实时操作系统 VxWorks，通过板级支持包（BSP）与 BG1930 硬件接口通信；接着是系统层，提供任务管理、中断管理、数学库、时间管理等基础功能；中间层为上层应用程序提供硬件设备（如 GPS 接收机、惯组等）统一接口，屏蔽了真实硬件或仿真硬件之间的区别；产品层包括各种导航算法软件，如粗对准、捷联惯导算法、组合导航算法（零速修正、松耦合、紧耦合、超紧耦合、姿态/速度/位置匹配等）等软件。以上组成了嵌入式计算工具箱，用户可在 ECT 基础上采用 C++高级语言完成制导炮弹 GNC 功能开发，同时，也支持用户自定义开发。

BG1930 的超紧耦合 INS/GPS 导航算法使卫星接收机在强干扰环境下的跟踪性能得到极大的提升，满足通用制导计划中对 DIGNU 提出的复杂电磁环境下抗干扰需求。BG1930 超紧耦合组合导航中采用了矢量跟踪环路算法，包括 3 个关键技术：①信号量测预处理；②超紧耦合组合导航滤波器；③数控振荡器指令生成。

1.4.3 BAE 和其他公司高过载组合导航系统

BAE 是较早开展高过载 MEMS/GPS 组合导航系统研制的公司之一，其在 1999 年制定了 3 步走计划，逐步提高 MEMS/GPS 组合导航系统性能和小型化等需求：①采用商业化器件搭建松耦合组合导航原理样机；②采用 BAE 的陀螺仪，采用 SAASM 军码接收机，实现视线矢量紧耦合组合导航系统，体积为 30~50in^3；③采用超紧耦合组合导航算法，实现小型化和高过载功能，体积为 6~8in^3。BAE 先后成功研制了 SiIMU01 和 SiIMU02 型惯组（图 1-20），以及 SiNAV02 组合导航系统（图 1-21）。SiIMU02 型 IMU 性能指标如表 1-5 所示，在 ERGM、“神剑”制导炮弹中得到应用。

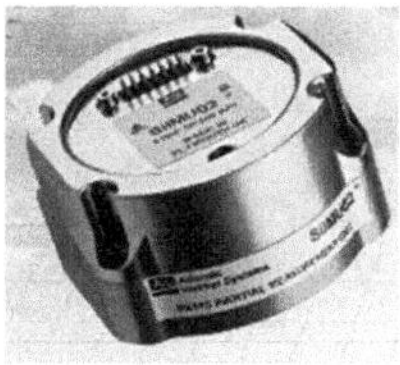

图 1-20　SiIMU02 型 IMU

图 1-21　SiNAV02 型组合导航系统

表 1-5　SiIMU02 性能指标

性能指标	陀螺仪	加速度计
零偏重复性（1/σ）	20°/h	0.7mg
零偏稳定性（max）	1°/h	0.2mg
随机游走（max）	$0.25°/\sqrt{h}$	$0.17\ (m/s)/\sqrt{h}$
刻度系数误差（1/σ）	600ppm	250ppm（±1g）
带宽（-90°）	135Hz	130Hz

SiNAV02 采用超紧组合导航方案，定位误差小于 10m（CEP），功耗小于 8W，尺寸为 ϕ 80mm×72mm，质量为 400g，陀螺仪最大测量范围为±18000°/s，加速度计最大测量范围为±100g，可承受 20000g 发射过载，性能指标如表 1-6 所示。

表 1-6　SiNAV02 性能指标

性能指标	GPS 组合导航	GPS 丢星 30s
姿态（俯仰、滚转）（RMS）	<0.1°	<0.25°
航向（RMS）	<0.15°	<0.30°
速度（RMS）	<0.1m/s	<1m/s
位置（RMS）	<10m	<30m

SiIMU02 结构上充分考虑了高过载问题，如图 1-22 所示，SiIMU02 的壳体

与 IMU 上下结构装配有抗冲击结构件，能够有效减轻火炮发射的冲击和外部助推发动机引起的振动，可承受 20000g 发射过载。BAE 公司始终致力于谐振环形陀螺的研究，从早期的金属筒形结构到压电材料环形陀螺，再到 MEMS 谐振陀螺。SiIMU02 采用 MEMS 硅微谐振环陀螺（SiVSG），是半球谐振陀螺的一种简化形式，利用四波腹振型模态，并采用了电磁驱动方式和环形结构，可承受至少 20000g 炮弹发射过载。SiIMU02 采用 Colibrys 公司的电容式加速度计 HS8000，具有 20000g 抗冲击能力。

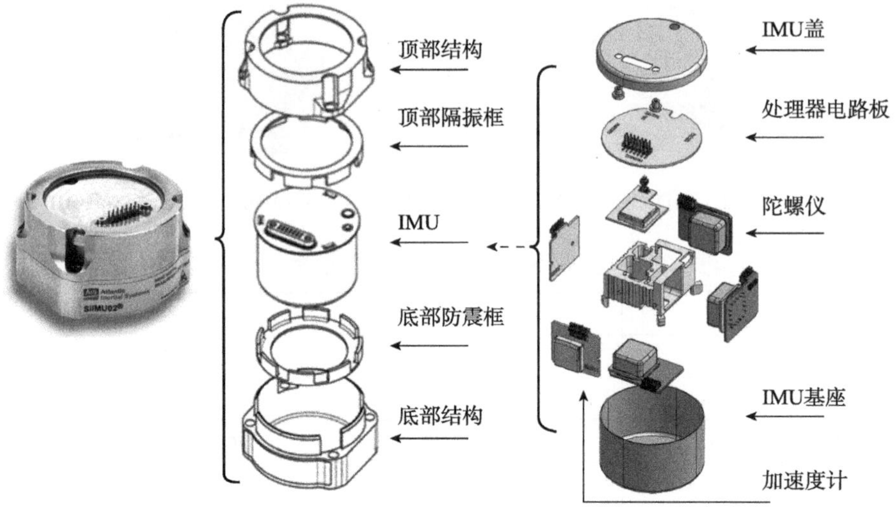

图 1-22　SiIMU02 系统结构图

SiNAV02 主要由 SiIMU02 惯组、SAASM 卫星接收机和导航处理器组成，SiNAV02 运行模块化组合卡尔曼（MINK）滤波进行超紧耦合组合导航。MINK 滤波利用卫星的视线矢量（LOS）信息，在不到 4 颗 GPS 卫星时仍然能够进行组合导航；MINK 滤波同时能够辅助提升卫星接收机的信号跟踪能力，提升 15~20dB 的抗干扰能力。

在高过载陀螺仪方面，美国 California 大学 Berkeley 分校在碳化硅材料上研制了线性谐振陀螺仪，另外，美国 California 大学 Irvine 分校、美国 Worcester 理工学院、美国 InvenSense 公司、欧洲的意法半导体、法国 THALES 公司、意大利 Milan 理工大学、韩国 Ajou 大学等多个研究机构都开展了广泛的高过载陀螺仪研究。

在高过载抗干扰卫星接收机方面，美国的 Mayflower 公司研制的 NavAssure 100 SAASM 军码接收机，可外接 4 个无源天线，具有 12 个通道接收能力，在弹体 300Hz 旋转条件下仍然具有小于 8s 的军码捕获能力，定位精度小于 3m（1σ SEP），速度精度小于 0.1m/s（1σ）。

1.5　制导炮弹空中对准技术研究现状

为了避免膛内发射瞬时的高过载冲击，制导炮弹在发射后激活弹上热电池，启动弹载设备加电工作。制导炮弹导航系统先进行空中对准，再进行 SINS/GNSS 组合导航。空中对准是对制导炮弹导航系统的姿态、速度和位置初始化过程。其中，速度和位置通过 GNSS 接收机测量或弹道预装订获得初始值；姿态分为俯仰角、航向角和滚转角，俯仰角和航向角同样可以通过 GNSS 接收机测量或弹道预装订获得初始值。但是，由于制导炮弹无方位装填模式及其在膛内和膛外各种扰动影响，滚转角无法初始装订；另外，由于制导炮弹的弹道特性，径向（横向和法向）加速度计输出值很小，无法利用地球重力估计滚转角；因此，滚转角测量成为制导炮弹的技术难点，通常所说的制导炮弹空中对准主要是指如何获得制导炮弹的初始滚转角问题。

除了直接称为滚转角测量、滚转角估计等术语外，不同的文献采用不同的表述方法来描述滚转角测量问题，如相对于获得航向角的寻北技术，把制导炮弹滚转角估计称为寻天或地心确定；相对于获得当地水平姿态角的找平技术，制导炮弹滚转角估计称为垂向确定/估计。对准精度和对准时间是空中对准的主要技术指标，不同的制导炮弹，所采用的滚转角测量传感器和算法不同，对准精度和对准时间区别很大。对于远程滑翔增程制导炮弹，空中飞行时间在 10 min 左右，要求在发射后大约 50s 完成空中自对准，要求滚动角误差在 3°范围内，航向角误差和俯仰角误差在 1°范围内。对于飞行时间短对准时间短的制导炮弹，滚转角估计精度在 5°～10°（1σ）。早期传感器误差大的情况下，滚转角测量精度只要能够保证组合导航滤波器收敛即可，如 ERGM 的最大滚转角误差技术指标放宽到 30°以内。

针对制导炮弹的滚转角测量问题，学者们采用多种传感器和算法研究了滚转角估计问题。采用的测量器件主要有 MEMS 陀螺仪、MEMS 加速度计、地磁传感器、太阳传感器、红外传感器、卫星接收机、无线电信标等。制导炮弹的红外传感器通过测量太阳或地球的红外特性，测量出弹体的滚转角信息；地磁传感器通过测量天然的地磁场来进行制导炮弹的姿态测量。空间导航卫星发出的无线电信号、地面布设的无线电信标或激光信标，可以测量制导炮弹滚转角。其中，利用 MEMS 陀螺仪、MEMS 加速度计和卫星接收机进行滚转角估计，只需要利用组合导航系统硬件，不需要额外增加硬件设备。

1.5.1 基于“重力转弯+陀螺仪”的滚转角测量技术

制导炮弹采用发射后上电，出膛后的飞行阶段是静稳定无控飞行；静稳定的制导炮弹在飞行过程中存在攻角归零的动力学特性，即弹体姿态角始终跟随弹道倾角；在地球重力的作用下，制导炮弹的弹道具有向重力方向转弯的现象，其弹道倾角变化率为 $\dot{\theta}=g\cos\theta/V$ ，其中，θ 是制导炮弹的弹道倾角，V 是制导炮弹的飞行速度，g 是地球重力加速度。举例如下：当弹道倾角为45°，飞行速度为670m/s 时，弹道倾角变化率约为 0.6°/s；当弹道倾角为 45°，飞行速度为1000m/s 时，弹道倾角变化率约为0.4°/s。当不考虑风场、气动扰动等外部影响时，$\dot{\theta}$ 投影到制导炮弹弹体的径向（横向和法向）两个陀螺仪上，两个陀螺仪测量数值的大小与制导炮弹的滚转角相关。当 MEMS 陀螺仪的测量误差远小于弹道倾角变化率 $\dot{\theta}$ 时，可以用 MEMS 陀螺仪测量制导炮弹滚转角数值。

Draper 实验室较早地开展了制导炮弹滚转角测量技术研究，主要包括：1995 年，Thorvaldsen 指导的 Lucia 硕士论文中，利用重力转弯信息作为滚转角测量的先验信息，针对转速在 0~2Hz 的制导炮弹，提出了利用 GPS 接收机和 3 轴陀螺仪数据进行滚转角测量的相关技术。Lucia 论文的主要研究内容包括：针对 GPS 接收机的位置和速度输出周期（1s）时间较长问题，采用线性最小二乘数据插值方法，再进行弹道倾角和弹道偏角及其变化率计算；建立了弹道倾角与弹体滚转角之间的数学模型，采用最小二乘法进行了滚转角测量仿真分析；针对快速旋转（2Hz）制导炮弹，提出了 5 阶快速旋转扩展卡尔曼滤波（EKF）算法，算法精度优于 7°；针对慢速旋转制导炮弹，提出了 3 阶慢速旋转扩展卡尔曼滤波算法，算法精度优于 10°。

虽然采用 GPS 和 IMU 数据可以进行滚转角测量，然而在 GPS 信号丢失或受干扰时，上述的滚转角测量方法无法实施。在 EX-171 “增程制导弹药”（ERGM）的滚转角测量中，Lucia 研究了不依赖 GPS 接收机数据，利用制导炮弹的重力转弯特性测量滚转角的算法；提出了只利用 3 轴陀螺仪的 4 阶卡尔曼滤波器估计 ERGM 滚转角和横法向陀螺仪误差的方法。在给定的仿真条件下（飞行时间 60s、距离 11.8km、出膛速度 685m/s、仰角 45°、弹体自转频率为 1Hz），10s 内滚转角的估计精度为 10°（1σ）。1996 年，在 ERGM 的飞行试验中，出膛速度约为 634m/s，转速约为 25Hz；ERGM 出膛后立即展开舵面，1s 内将转速控制在 1Hz，等待助推火箭推力结束后，进行滚转角测量；滚转角指标是利用搭载的太阳传感器进行校验的，测量精度达到了指标要求。在 CMATD 项目中，采用了相同的算法，随着惯性器件的精度提高，滚转角测量精度达到 5°。

北京理工大学在国内较早进行了制导炮弹滚转角测量研究，主要包括：2004 年，张成等从弹体姿态运动学方程出发，分析了基于两个侧向陀螺仪和一个滚转陀螺仪的滚转导弹飞行姿态测量方案。2005 年，马春艳等根据制导炮弹的重力转弯飞行特点，提出了利用陀螺信息确定滚转角的方法，并进行了误差平滑等工程化设计，通过半实物仿真验证了滚转角测量方法的正确性，滚转角计算误差在 10°以内。2011 年，佘浩平等针对弹体滚转稳定和低速旋转两种情况，推导了弹体滚转角与横向角速率、姿态角速率之间的关系，利用陀螺仪测量值和 GPS 的速度测量值，基于最小二乘估计方法，获得滚转角的最优估计值；在各种典型条件下仿真算法的误差均小于 3°。2013 年，韩永选等提出了积分滤波器估计滚转角，该滤波器不仅能降低系统噪声影响，而且能够估计横法向陀螺漂移，仿真计算的滚转角误差小于 6°。2015 年，杨登红等为解决低量程陀螺测量高速旋转弹滚转角问题，提出从径向陀螺测量数据中提取旋转稳定弹滚转角的方法；通过对径向陀螺测量数据进行锁相跟踪处理提取滚转角信息，并进行稳态误差校正和递推最小二乘滤波，进而获取旋转稳定弹滚转姿态，解决旋转弹滚转姿态测量问题。2022 年，杨启帆等通过单矢量定姿实现滚转角对准，分析了弹体姿态运动测量信息的频域特性，利用 FIR 带通滤波器提取角速率陀螺信息中弹体滚转频点处的有用分量，并采取对准起始时刻冻结弹体系下的积分策略，平滑随机测量噪声，消除低精度陀螺仪的零偏、轴偏角等误差的影响，从而提高对准精度。另外，南京理工大学的徐云以弹体绕质心转动的运动学方程为基础，建立了制导炮弹发射后的滚转角在线对准模型，并从理论上推导了该模型的对准误差。

1.5.2 基于“科氏力+偏心加速度计”的滚转角测量技术

制导炮弹飞行中存在重力转弯的现象，当制导炮弹同时存在轴向自转时，则弹体中偏离轴心安装的加速度计（偏心加速度计）绕滚转轴转动时，也存在绕俯仰轴的俯仰运动，偏心加速度计输出的加速度包含牵连的科氏加速度，并且该科氏加速度的相位与弹体的滚转角有对应关系，通过确定科氏加速度的相位，可得到对应滚转角。在重力转弯和滚转角速度的共同作用下，偏心加速度计的输出为 $a = 2\omega_{\text{pitchover}}\omega_{\text{spin}}r$，式中，$\omega_{\text{pitchover}}$ 即弹道倾角变化率 $\dot{\theta}$，ω_{spin} 是弹体滚转角速度，r 是加速度计与弹轴的距离。举例如下：当 $\dot{\theta}$ 为 0.6°/s，ω_{spin} 为 5Hz，r 为 5cm 时，偏心加速度计的输出约为 3.3mg；当 $\dot{\theta}$ 为 0.4°/s，ω_{spin} 为

100Hz，r 为 5cm 时，偏心加速度计的输出约为 43.9mg。

Honeywell 实验室首先提出了利用偏心加速度计测量滚转角的方法，提出了利用锁相环进行相位估计、互补滤波器进行弹体的进动和章动阻尼，仿真结果表明：10s 内滚转角测量精度达到了 10°（1σ）。史凯等详细地描述了科氏加速度形成机理、偏心加速度计模型、锁相环测量原理、滚转角测量原理，测量精度在 6°以内；针对偏心加速度计测量缺乏评估方法的问题，提出了滚转角测量系统误差模型，该模型中包含加速度计安装位置、安装角度、横轴灵敏度误差。

1.5.3 基于“弹道机动+加速度计”的滚转角测量技术

屈新芬等提出了基于 GPS 和加速度计测量信息的滚转角粗对准方法，该方法通过分析当地水平坐标系下捷联惯导比力方程的各项构成，通过 GPS 测量可得到东北天速度及其微分项；通过三轴加速度计测量可得到三轴比力；姿态矩阵中的俯仰角和航向角通过 GPS 速度得到；因此，在比力方程中只有弹体滚转角是未知数，可以通过比力方程计算滚转角。该方法的计算精度受到载体运动加速度大小、载体攻角和侧滑角大小的影响。

制导炮弹在静稳定飞行时，其径向加速度计测量值很小。孙友等针对滚转角求取过程中受外界环境及风场等因素影响较大的问题，提出了过载控制辅助实现快速估算滚转角的方法。实现方案如下：制导炮弹出膛后，滚转通道进行消旋处理，在角速度降下来后通过纯积分控制器让滚转姿态尽量保持；采用角速率阻尼控制策略减小俯仰和偏航通道抖动，在角速率阻尼回路上，横法向采用零过载反馈控制；在需要计算滚转角的时间内，利用控制回路产生横法向过载，提高滚转角计算精度。该方法借助过载控制策略有效提高滚转角计算过程中的信噪比和算法的适应性；仿真验证该方法在各项随机风和常值风的影响下误差均小于 4°。

1.6 本书目的

用于制导炮弹的空中对准和组合导航算法很多，本书探讨发射坐标系导航理论框架下的制导炮弹空中对准和组合导航技术。本书详细介绍了发射坐标系下的捷联惯导算法、空中对准算法、组合导航算法、仿真验证、弹道重构和精度评估等内容。本书为制导炮弹导航系统提供了一种新的对准和导航算法方案，为科研工作者的工程应用提供理论参考。

第2章
导航算法基础知识

捷联惯导与组合导航算法涉及微积分、线性代数和空间几何等相关知识，涉及的数学基础知识包括矢量和矩阵运算、坐标系和坐标系间转换、四元数和地球几何学等。

2.1 导航算法中的数学基础

2.1.1 矢量

矢量可根据其在坐标系中的三个分量来表示。本书中，用黑斜体描述矢量，例如，三维的矢量 $\boldsymbol{r}$ 在 k 系中的投影可以表示为

$$\boldsymbol{r}^k=\begin{bmatrix}x^k\\y^k\\z^k\end{bmatrix} \tag{2.1}$$

式中：上标 k 代表投影坐标系；x^k、y^k、z^k 分别表示在 x、y、z 三轴的投影分量。

2.1.2 矢量坐标转换

在惯性导航的计算中，经常需要将矢量由一个坐标系转换到另一个坐标系，这种转换是通过坐标转换矩阵实现的，本书中转换矩阵用黑斜体的大写字母描述。任意坐标系中的矢量都可以经过转换矩阵表示成其他坐标系中的矢量。例如，k 坐标系中的矢量 $\boldsymbol{r}^k$ 转换到 m 坐标系中可表示为

$$\boldsymbol{r}^m=\boldsymbol{R}_k^m\boldsymbol{r}^k \tag{2.2}$$

式中：$\boldsymbol{R}_k^m$ 是 k 系到 m 系的转换矩阵，$\boldsymbol{R}_k^m$ 的转置矩阵 $\boldsymbol{R}_m^k$ 表示 m 系到 k 系的转换矩阵：

$$\boldsymbol{r}^k = \boldsymbol{R}_m^k \boldsymbol{r}^m \tag{2.3}$$

如果两个坐标系为空间直角坐标系，那么两坐标系的转换矩阵是正交矩阵；若这两个坐标系各轴的度量单位都相等，则转换矩阵为单位正交矩阵，此条件下转换矩阵的逆等于它的转置。导航解算的坐标系都是统一度量单位的空间直角坐标系，它们的转换矩阵的逆和转置是等价的，因此对于一个转换矩阵 $\boldsymbol{R}_k^m$，可得

$$\boldsymbol{R}_k^m = (\boldsymbol{R}_m^k)^{\mathrm{T}} = (\boldsymbol{R}_m^k)^{-1} \tag{2.4}$$

2.1.3 角速度矢量

用三维矢量 $\boldsymbol{\omega}$ 表示一个坐标系相对另一个坐标系的旋转角速度，用 $\boldsymbol{\omega}_{mk}^p$ 表示 k 系相对 m 系的旋转角速度在 p 系的投影，即

$$\boldsymbol{\omega}_{mk}^p = \begin{bmatrix} \omega_x \\ \omega_y \\ \omega_z \end{bmatrix} \tag{2.5}$$

式中：$\boldsymbol{\omega}$ 的下标 mk 表示旋转相对性（k 系到 m 系）；$\boldsymbol{\omega}$ 的上标 p 表示投影坐标系。

两个坐标系之间的旋转可以引入第三个坐标系作为参考，有如下的转换关系：

$$\boldsymbol{\omega}_{pk}^k = \boldsymbol{\omega}_{pm}^k + \boldsymbol{\omega}_{mk}^k \tag{2.6}$$

式（2.6）成立的条件是引入第三个坐标系 m，并且矢量的加减必须在同一个参考系下进行，即上标是相同的。

改变旋转方向，即由 m 系到 k 系，相应的旋转角速度为 $\boldsymbol{\omega}_{km}^p$，且有下式成立：

$$\boldsymbol{\omega}_{km}^p = -\boldsymbol{\omega}_{mk}^p \tag{2.7}$$

2.1.4 反对称矩阵

两个坐标系之间的相对角运动，除了用角速度矢量表示外，还可以使用反对称矩阵表示。反对称矩阵将两个矢量的叉乘变成更简单的矩阵乘法。一个角速度矢量 $\boldsymbol{\omega}_{mk}^p$ 的矢量形式和对应的反对称矩阵形式如下：

$$\boldsymbol{\omega}_{mk}^p = \begin{bmatrix} \omega_x \\ \omega_y \\ \omega_z \end{bmatrix} \Rightarrow (\boldsymbol{\omega}_{mk}^p \times) = \boldsymbol{\Omega}_{mk}^p = \begin{bmatrix} 0 & -\omega_z & \omega_y \\ \omega_z & 0 & -\omega_x \\ -\omega_y & \omega_x & 0 \end{bmatrix} \tag{2.8}$$

同样地，对于任一矢量，都可以得到相应的反对称矩阵，例如一个速度矢

量 $\boldsymbol{v}^p$ 的反对称矩阵形式为

$$\boldsymbol{v}^p = \begin{bmatrix} v_x \\ v_y \\ v_z \end{bmatrix} \Rightarrow (\boldsymbol{v}^p \times) = \boldsymbol{V}^p = \begin{bmatrix} 0 & -v_z & v_y \\ v_z & 0 & -v_x \\ -v_y & v_x & 0 \end{bmatrix} \tag{2.9}$$

2.1.5　角速度矢量坐标转换

和其他矢量一样，角速度矢量也可以从一个坐标系转换到另一个坐标系，角速度矢量 $\boldsymbol{\omega}_{mk}$ 从 k 系到 p 系的转换可以表示为

$$\boldsymbol{\omega}_{mk}^p = \boldsymbol{R}_k^p \boldsymbol{\omega}_{mk}^k \tag{2.10}$$

角速度矢量的反对称矩阵形式的转换可以表示为

$$\boldsymbol{\Omega}_{mk}^p = \boldsymbol{R}_k^p \boldsymbol{\Omega}_{mk}^k \boldsymbol{R}_p^k \tag{2.11}$$

2.1.6　矢量和反对称矩阵的基本运算法则

一个矢量可以表示成相对应的反对称矩阵形式，所以矩阵的运算法则可以运用到大多数矢量运算中。假如 $\boldsymbol{a}$，$\boldsymbol{b}$ 和 $\boldsymbol{c}$ 是三维矢量，对应的反对称矩阵为 $\boldsymbol{A}$，$\boldsymbol{B}$ 和 $\boldsymbol{C}$，则以下运算关系成立：

$$\boldsymbol{A}\boldsymbol{a} = \boldsymbol{a} \times \boldsymbol{a} = \boldsymbol{0} \tag{2.12}$$

$$\boldsymbol{a} \cdot \boldsymbol{b} = \boldsymbol{a}^{\mathrm{T}}\boldsymbol{b} = \boldsymbol{b}^{\mathrm{T}}\boldsymbol{a} \tag{2.13}$$

$$\boldsymbol{a} \times \boldsymbol{b} = \boldsymbol{A}\boldsymbol{b} = \boldsymbol{B}^{\mathrm{T}}\boldsymbol{a} = -\boldsymbol{B}\boldsymbol{a} \tag{2.14}$$

$$(\boldsymbol{A}\boldsymbol{b} \times) = \boldsymbol{A}\boldsymbol{B} - \boldsymbol{B}\boldsymbol{A} \tag{2.15}$$

$$(\boldsymbol{a} \times \boldsymbol{b}) \cdot \boldsymbol{c} = \boldsymbol{a} \cdot (\boldsymbol{b} \times \boldsymbol{c}) = \boldsymbol{a}^{\mathrm{T}}\boldsymbol{B}\boldsymbol{c} \tag{2.16}$$

$$\boldsymbol{a} \times (\boldsymbol{b} \times \boldsymbol{c}) = \boldsymbol{A}\boldsymbol{B}\boldsymbol{c} = \boldsymbol{b}(\boldsymbol{a}\boldsymbol{c}) - \boldsymbol{c}(\boldsymbol{a}\boldsymbol{b}) \tag{2.17}$$

$$(\boldsymbol{a} \times \boldsymbol{b}) \times \boldsymbol{c} = \boldsymbol{A}\boldsymbol{B}\boldsymbol{c} - \boldsymbol{B}\boldsymbol{A}\boldsymbol{c} \tag{2.18}$$

式（2.15）中：$(\boldsymbol{A}\boldsymbol{b}\times)$ 是矢量 $\boldsymbol{A}\boldsymbol{b}$ 的反对称矩阵。

2.1.7　最小二乘法

最小二乘法可以用来解超定方程组（方程个数大于未知量个数），利用最小二乘法可以简便地求得未知参数，并使得这些求得的数据与实际数据之间误差的平方和最小。

假设需要从 m 维带噪声量测矢量 $\boldsymbol{z}=[z_1,\ z_2,\ \cdots,\ z_m]^{\mathrm{T}}$ 中估计 n 维矢量 $\boldsymbol{x}=[x_1,\ x_2,\ \cdots,\ x_n]^{\mathrm{T}}$，$m>n$。量测矢量 $\boldsymbol{z}$ 与矢量 $\boldsymbol{x}$ 线性相关且相差一个误差矢量 $\boldsymbol{\varepsilon}$，即

$$\boldsymbol{z} = \boldsymbol{H}\boldsymbol{x} + \boldsymbol{\varepsilon} \tag{2.19}$$

式中：$\boldsymbol{H}$ 是一个已知的 $m \times n$ 维矩阵，称为设计矩阵，其秩为 n。

下面采用最小二乘法估计 $\boldsymbol{x}$ 值，使得残差矢量（$\boldsymbol{z}-\boldsymbol{H}\boldsymbol{x}$）的平方和最小，即

$$\min \|\boldsymbol{\varepsilon}\|^2 = \min \|\boldsymbol{z} - \boldsymbol{H}\hat{\boldsymbol{x}}\|^2 = \min(\boldsymbol{z} - \boldsymbol{H}\hat{\boldsymbol{x}})^{\mathrm{T}}_{1\times m}(\boldsymbol{z} - \boldsymbol{H}\hat{\boldsymbol{x}})_{m\times 1} \quad (2.20)$$

$\boldsymbol{x}$ 的估计值用 $\hat{\boldsymbol{x}}$ 表示，最小二乘估计为

$$\hat{\boldsymbol{x}} = (\boldsymbol{H}^{\mathrm{T}}\boldsymbol{H})^{-1}\boldsymbol{H}^{\mathrm{T}}\boldsymbol{z} \quad (2.21)$$

可以证明求得的估计值 $\hat{\boldsymbol{x}}$ 能保证式（2.20）所得结果为最小。

2.1.8 非线性方程的线性化

导航中用到的线性滤波方法（如卡尔曼滤波）要求微分方程必须是线性的，本节介绍非线性微分方程的线性化。将非线性系统变换为线性系统，线性系统状态变量的选取来源于非线性系统的真值，同时还要包含误差的估计参数。假设非线性微分方程

$$\dot{\boldsymbol{x}} = f(\boldsymbol{x}, t) \quad (2.22)$$

已知该方程真值由估计值 $\tilde{\boldsymbol{x}}$ 和估计误差 $\delta\boldsymbol{x}$ 组成，则方程的解 $\boldsymbol{x}$ 为

$$\boldsymbol{x} = \tilde{\boldsymbol{x}} + \delta\boldsymbol{x} \quad (2.23)$$

式（2.23）对时间的导数为

$$\dot{\boldsymbol{x}} = \dot{\tilde{\boldsymbol{x}}} + \delta\dot{\boldsymbol{x}} \quad (2.24)$$

将式（2.23）和式（2.24）代入式（2.22），得

$$\dot{\tilde{\boldsymbol{x}}} + \delta\dot{\boldsymbol{x}} = f(\tilde{\boldsymbol{x}} + \delta\boldsymbol{x}, t) \quad (2.25)$$

式（2.25）等号右边部分在估计值 $\tilde{\boldsymbol{x}}$ 的邻域进行泰勒展开，得

$$f(\tilde{\boldsymbol{x}} + \delta\boldsymbol{x}, t) = f(\tilde{\boldsymbol{x}}, t) + \left.\frac{\partial f(\boldsymbol{x}, t)}{\partial \boldsymbol{x}}\right|_{x=\tilde{x}} \delta\boldsymbol{x} + \mathrm{HOT} \quad (2.26)$$

式中：HOT 是泰勒展开的高次项，可以忽略。将式（2.26）代入式（2.25），得

$$\dot{\tilde{\boldsymbol{x}}} + \delta\dot{\boldsymbol{x}} \approx f(\tilde{\boldsymbol{x}}, t) + \left.\frac{\partial f(\boldsymbol{x}, t)}{\partial \boldsymbol{x}}\right|_{x=\tilde{x}} \delta\boldsymbol{x} \quad (2.27)$$

又知 $\tilde{\boldsymbol{x}}$ 满足式（2.22），得

$$\dot{\tilde{\boldsymbol{x}}} = f(\tilde{\boldsymbol{x}}, t) \quad (2.28)$$

将式（2.28）代入式（2.27），得

$$\dot{\tilde{\boldsymbol{x}}} + \delta\dot{\boldsymbol{x}} \approx \dot{\tilde{\boldsymbol{x}}} + \left.\frac{\partial f(\boldsymbol{x}, t)}{\partial \boldsymbol{x}}\right|_{x=\tilde{x}} \delta\boldsymbol{x} \quad (2.29)$$

由此可以得到估计误差在初始状态的线性微分方程：

$$\delta\dot{\boldsymbol{x}} \approx \left.\frac{\partial f(\boldsymbol{x},\ t)}{\partial \boldsymbol{x}}\right|_{x=\tilde{x}} \delta\boldsymbol{x} \tag{2.30}$$

通过解微分方程可以得到估计误差，然后加到估计值中，就能得到新的估计值。5.3 节中的捷联惯导误差方程，就是采用上述方法进行推导的。

2.2　坐标系

坐标系用来描述一个点相对参考点的位置，本节介绍惯性导航算法中常用的坐标系。

2.2.1　地心惯性坐标系

空间中保持静止的或匀速直线运动的坐标系称为惯性坐标系。在地球附近的载体，通常采用地心惯性坐标系作为导航系统的惯性坐标系。地心惯性坐标系（ECI）的定义如下：

（1）原点为地球的质心；

（2）z 轴沿地球自转轴指向协议地极（CTP）；

（3）x 轴在赤道平面上并指向春分点；

（4）y 轴满足右手定则。

如图 2-1 所示，地心惯性坐标系用 i 表示，简称地惯系或 i 系，惯性仪表的测量值是相对惯性坐标系的。

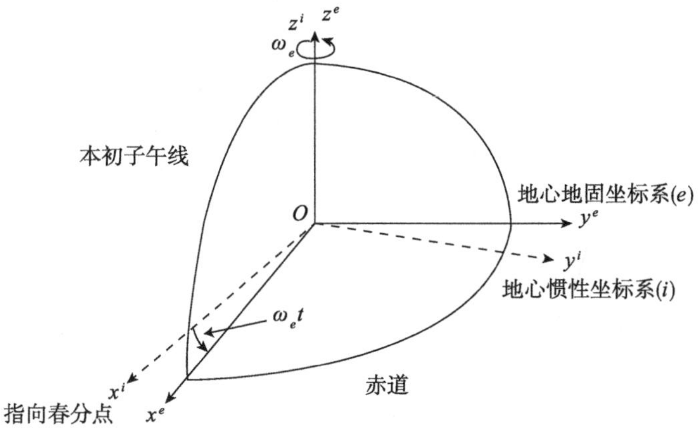

图 2-1　地心惯性坐标系和地心地固坐标系

2.2.2 地心地固坐标系

地心地固坐标系（ECEF）与地球固联，是与地球保持同步旋转的坐标系。地心地固坐标系与地心惯性坐标系的坐标原点和 z 轴定义相同，定义如下：

（1）原点为地球质心；

（2）z 轴沿地球自转轴指向协议地极；

（3）x 轴通过赤道面和本初子午线的交点；

（4）y 轴满足赤道平面上的右手定则。

如图 2-1 所示，地心地固坐标系用 e 表示，简称地固系或 e 系，图中 $t=t_1-t_0$ 代表时间间隔。

2.2.3 发射坐标系

发射坐标系（LCEF）的原点固定在地球上飞行器的发射点，与地球固联随地球一起旋转，三轴指向对地球保持不变。其定义如下：

（1）坐标原点在发射点；

（2）x 轴在发射点的水平面内，指向发射瞄准方向；

（3）y 轴沿发射点的重垂线指向天向；

（4）z 轴与 x 轴、y 轴构成右手直角坐标系。

如图 2-2 所示，发射坐标系用 g 表示，简称发射系或 g 系。发射系 x 轴在

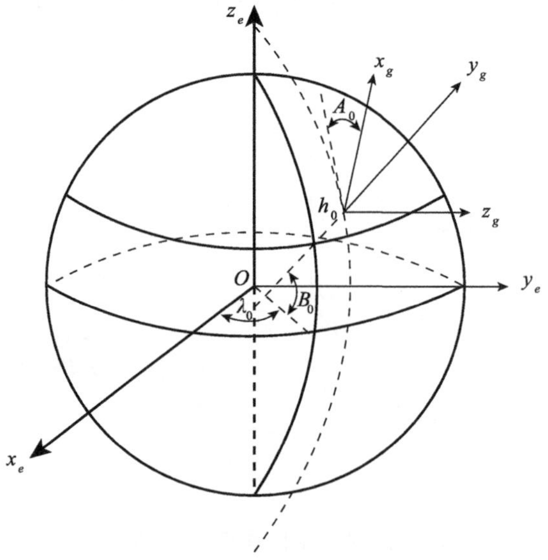

图 2-2 发射坐标系示意图

水平面内与北向的夹角为发射方位角 A_0，北偏东为正。本书选用发射系作为制导炮弹空中对准和组合导航的参考坐标系，在发射系导航理论的框架下，介绍捷联惯导算法、空中对准算法、组合导航算法、仿真验证、弹道重构和精度评估等内容。

2.2.4 发射惯性坐标系

发射惯性坐标系（LCI）在飞行器发射瞬间与发射坐标系相重合，发射后发射惯性坐标系保持在惯性空间不变，不随地球一起旋转。发射惯性坐标系和地心惯性坐标系都是惯性坐标系，二者坐标原点和坐标轴指向不同。

发射惯性坐标系简称发惯系或 a 系。发惯系是运载火箭制导计算的参考坐标系，运载火箭导航计算、导引计算和姿态角解算均在此坐标系内进行。

2.2.5 当地水平坐标系

当地水平坐标系又可以根据坐标系轴向选取的不同，称为“东北天”坐标系（ENU)、“北天东”坐标系（NUE）等。以东北天坐标系为例：

（1）坐标原点为载体质心所在位置；

（2）x 轴指向正东；

（3）y 轴指向正北；

（4）z 轴垂直于载体所在大地平面指向天，三轴构成右手直角坐标系。

当地水平坐标系的位置用纬经高（B，λ，h）表示，如图 2-3 所示。

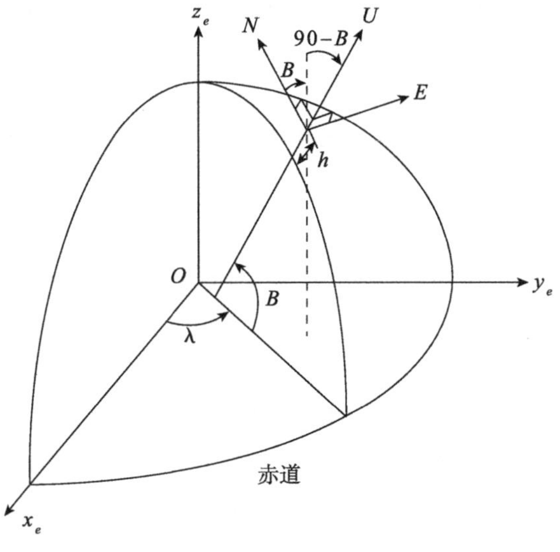

图 2-3　当地水平坐标系和地心地固坐标系的关系

本书采用当地“东北天”水平坐标系，当地水平坐标系简称水平系或 l 系。本书将在第 6 章以“东北天”当地水平坐标系作为导航参考坐标系，介绍制导炮弹松耦合组合导航算法，并且推导当地水平坐标系导航参数到发射系导航参数的转换关系。

2.2.6 载体坐标系

在大多数应用中，陀螺仪和加速度计的敏感轴与其载体轴重合，这些轴构成载体坐标系的坐标轴。制导炮弹的载体坐标系定义如下：

（1）原点为飞行器的质心；

（2）x 轴沿飞行器的纵轴，指向飞行器头部；

（3）y 轴在飞行器的纵对称面内，垂直于 Ox 轴指向上；

（4）z 轴与 x 轴、y 轴构成右手直角坐标系。

如图 2-4 所示，载体坐标系用 b 表示，简称载体系或 b 系，通常称其为“前上右”坐标系，此坐标系主要用于建立飞行器的力和力矩模型、描述与参考坐标系之间的姿态角关系。

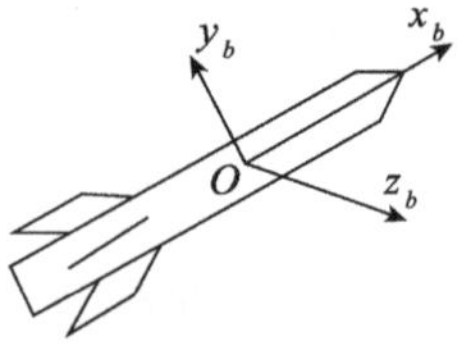

图 2-4　载体坐标系（前上右）示意图

2.3 坐标系转换

一个矢量从一个坐标系投影到另一个坐标系，可以使用方向余弦矩阵、欧拉角和四元数等方法，这些方法都涉及旋转矩阵，也叫转换矩阵或者方向余弦矩阵（DCM）。转换矩阵的定义及相关性质在 2.1 节中已经提到。本节将先介绍欧拉角和转换矩阵，再介绍 2.2 节中各坐标系之间常用的坐标转换。

2.3.1 欧拉角和转换矩阵

通过三次坐标轴的旋转可以实现两个坐标系之间的转换。例如，将一个矢量 $\boldsymbol{r}=\boldsymbol{r}^{a_1}=[x^{a_1},\ y^{a_1},\ z^{a_1}]^{\mathrm{T}}$ 由 a_1 系投影到 a_4 系，可以通过 3 步坐标旋转实现：首先绕 z 轴旋转 γ 角，然后绕新获得的 x 轴旋转 α 角，最后绕旋转后的 y 轴旋转 β 角，使得 a_1 系和 a_4 系坐标轴指向一致，每次旋转都对应一个方向余弦矩阵，其中 α，β，γ 称为欧拉角。

第一步旋转：假设矢量 $\boldsymbol{r}$ 在 a_1 系的 xOy 平面的投影（记为 $\boldsymbol{r}_1$）与 x 轴的夹角为 θ_1。将 a_1 系绕其 z 轴旋转 γ 角获得中间坐标系 a_2，如图 2-5 所示。

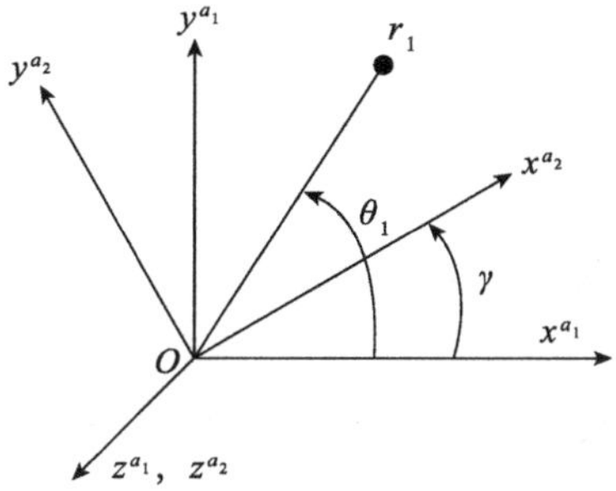

图 2-5　a_1 系绕其 z 轴的第一次旋转

根据图 2-5，新的坐标系 a_2 由 $[x^{a_2}, y^{a_2}, z^{a_2}]^{\mathrm{T}}$ 表示，其值分别为

$$\left.\begin{aligned} x^{a_2} &= r_1\cos(\theta_1 - \gamma) \\ y^{a_2} &= r_1\sin(\theta_1 - \gamma) \end{aligned}\right\} \tag{2.31}$$

因为绕 z 轴旋转，z 轴数值大小不变

$$z^{a_2} = z^{a_1} \tag{2.32}$$

根据以下三角恒等式

$$\left.\begin{aligned} \sin(A \pm B) &= \sin A\cos B \pm \cos A\sin B \\ \cos(A \pm B) &= \cos A\cos B \mp \sin A\sin B \end{aligned}\right\} \tag{2.33}$$

式（2.31）可以写成

$$\left.\begin{aligned} x^{a_2} &= r_1\cos\theta_1\cos\gamma + r_1\sin\theta_1\sin\gamma \\ y^{a_2} &= r_1\sin\theta_1\cos\gamma - r_1\cos\theta_1\sin\gamma \end{aligned}\right\} \tag{2.34}$$

矢量 $\boldsymbol{r}_1$ 在 xOy 平面的投影坐标可以表示为

$$\left.\begin{aligned} x^{a_1} &= r_1\cos\theta_1 \\ y^{a_1} &= r_1\sin\theta_1 \end{aligned}\right\} \tag{2.35}$$

代入式（2.35）得

$$\left.\begin{aligned} x^{a_2} &= x^{a_1}\cos\gamma + y^{a_1}\sin\gamma \\ y^{a_2} &= -x^{a_1}\sin\gamma + y^{a_1}\cos\gamma \end{aligned}\right\} \tag{2.36}$$

将式（2.32）和式（2.36）写成矩阵形式，可得

$$\begin{bmatrix} x^{a_2} \\ y^{a_2} \\ z^{a_2} \end{bmatrix} = \begin{bmatrix} \cos\gamma & \sin\gamma & 0 \\ -\sin\gamma & \cos\gamma & 0 \\ 0 & 0 & 1 \end{bmatrix} \begin{bmatrix} x^{a_1} \\ y^{a_1} \\ z^{a_1} \end{bmatrix} = \boldsymbol{R}_{a_1}^{a_2} \begin{bmatrix} x^{a_1} \\ y^{a_1} \\ z^{a_1} \end{bmatrix} = \boldsymbol{R}_z(\gamma) \begin{bmatrix} x^{a_1} \\ y^{a_1} \\ z^{a_1} \end{bmatrix} \tag{2.37}$$

式中：$\boldsymbol{R}_{a_1}^{a_2}$ 是初等方向余弦矩阵，代表将 a_1 系绕 z 轴旋转 γ 角转换到 a_2 系的转换关系。为了描述方便，本书将绕 z 轴旋转 γ 角的方向余弦矩阵用 $\boldsymbol{R}_z(\gamma)$ 表示，如下式所示：

$$\boldsymbol{R}_z(\gamma)=\begin{bmatrix}\cos\gamma & \sin\gamma & 0\\ -\sin\gamma & \cos\gamma & 0\\ 0 & 0 & 1\end{bmatrix} \tag{2.38}$$

第二步旋转：将 a_2 系的 yOz 平面绕 x 轴旋转 α 角得到中间系 a_3 系，如图 2-6 所示。

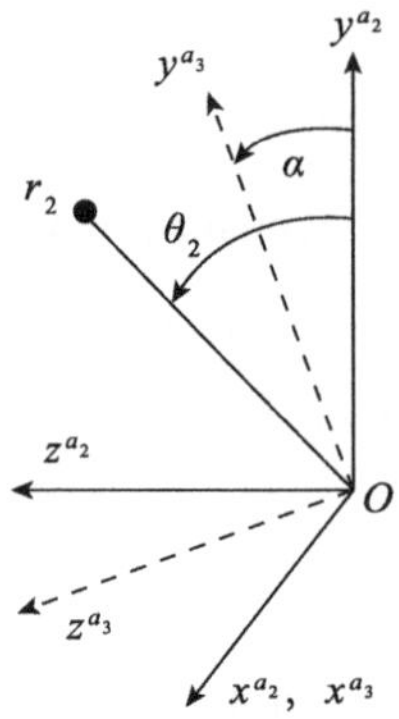

图 2-6　绕 a_2 系 x 轴的第二次旋转

采用与第一次旋转类似的方式，可以获得用坐标 $[x^{a_2},\ y^{a_2},\ z^{a_2}]^{\mathrm{T}}$ 表示的新坐标 $[x^{a_3},\ y^{a_3},\ z^{a_3}]^{\mathrm{T}}$，即

$$\begin{bmatrix}x^{a_3}\\ y^{a_3}\\ z^{a_3}\end{bmatrix}=\begin{bmatrix}1 & 0 & 0\\ 0 & \cos\alpha & \sin\alpha\\ 0 & -\sin\alpha & \cos\alpha\end{bmatrix}\begin{bmatrix}x^{a_2}\\ y^{a_2}\\ z^{a_2}\end{bmatrix}=\boldsymbol{R}_{a_2}^{a_3}\begin{bmatrix}x^{a_2}\\ y^{a_2}\\ z^{a_2}\end{bmatrix}=\boldsymbol{R}_x(\alpha)\begin{bmatrix}x^{a_2}\\ y^{a_2}\\ z^{a_2}\end{bmatrix} \tag{2.39}$$

式中：$\boldsymbol{R}_{a_2}^{a_3}$ 是初等方向余弦矩阵，代表将 a_2 系绕 x 轴旋转 α 角转换到 a_3 系的转换关系。为了描述方便，本书中将绕 x 轴旋转 α 角的方向余弦矩阵用 $\boldsymbol{R}_x(\alpha)$ 表示，如下式所示：

$$\boldsymbol{R}_x(\alpha)=\begin{bmatrix}1 & 0 & 0\\ 0 & \cos\alpha & \sin\alpha\\ 0 & -\sin\alpha & \cos\alpha\end{bmatrix} \tag{2.40}$$

第三步旋转：将 a_3 系的 xOz 平面绕 y 轴旋转 β 角得到 a_4 系，如图 2-7 所示。用坐标 $[x^{a_4},\ y^{a_4},\ z^{a_4}]^{\mathrm{T}}$ 表示最终坐标，即

$$\begin{bmatrix} x^{a_4} \\ y^{a_4} \\ z^{a_4} \end{bmatrix} = \begin{bmatrix} \cos\beta & 0 & -\sin\beta \\ 0 & 1 & 0 \\ \sin\beta & 0 & \cos\beta \end{bmatrix} \begin{bmatrix} x^{a_3} \\ y^{a_3} \\ z^{a_3} \end{bmatrix} = \boldsymbol{R}_{a_3}^{a_4} \begin{bmatrix} x^{a_3} \\ y^{a_3} \\ z^{a_3} \end{bmatrix} = \boldsymbol{R}_y(\beta) \begin{bmatrix} x^{a_3} \\ y^{a_3} \\ z^{a_3} \end{bmatrix} \tag{2.41}$$

式中：$\boldsymbol{R}_{a_3}^{a_4}$ 是初等方向余弦矩阵，代表将 a_3 系绕 y 轴旋转 β 角转换到 a_4 系的转换关系。为了描述方便，本书中将绕 y 轴旋转 β 角的方向余弦矩阵用 $\boldsymbol{R}_y(\beta)$ 表示，如下式所示：

$$\boldsymbol{R}_y(\beta) = \begin{bmatrix} \cos\beta & 0 & -\sin\beta \\ 0 & 1 & 0 \\ \sin\beta & 0 & \cos\beta \end{bmatrix} \tag{2.42}$$

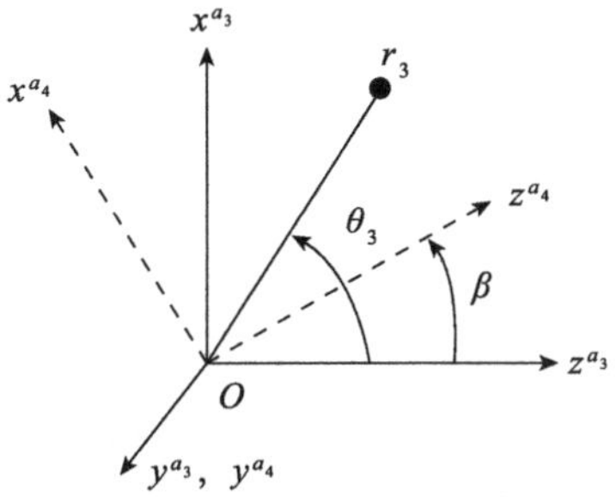

图 2-7　a_3 系绕 y 轴的第三次旋转

最终，将 3 次转换的方向余弦矩阵相乘得到一个单独的转换矩阵 $\boldsymbol{R}_{a_1}^{a_4}$，即

$$\boldsymbol{R}_{a_1}^{a_4} = \boldsymbol{R}_{a_3}^{a_4}\boldsymbol{R}_{a_2}^{a_3}\boldsymbol{R}_{a_1}^{a_2} = \boldsymbol{R}_y(\beta)\boldsymbol{R}_x(\alpha)\boldsymbol{R}_z(\gamma) \tag{2.43}$$

将上式展开，得到了 a_1 系到 a_4 系的转换矩阵：

$$\begin{aligned} \boldsymbol{R}_{a_1}^{a_4} &= \begin{bmatrix} \cos\beta & 0 & -\sin\beta \\ 0 & 1 & 0 \\ \sin\beta & 0 & \cos\beta \end{bmatrix} \begin{bmatrix} 1 & 0 & 0 \\ 0 & \cos\alpha & \sin\alpha \\ 0 & -\sin\alpha & \cos\alpha \end{bmatrix} \begin{bmatrix} \cos\gamma & \sin\gamma & 0 \\ -\sin\gamma & \cos\gamma & 0 \\ 0 & 0 & 1 \end{bmatrix} \\ &= \begin{bmatrix} c\beta c\gamma - s\beta s\alpha s\gamma & c\beta s\gamma + s\beta s\alpha c\gamma & -s\beta c\alpha \\ -c\alpha s\gamma & c\alpha c\gamma & s\alpha \\ s\beta c\gamma + c\beta s\alpha s\gamma & s\beta s\gamma - c\beta s\alpha c\gamma & c\beta c\alpha \end{bmatrix} \end{aligned} \tag{2.44}$$

（注：此处 cos 简写为 c，sin 简写为 s，本书后面的姿态矩阵也采用相同的简写情况。）

方向余弦矩阵是正交阵，其逆与转置相等，因此，a_4 系到 a_1 系的转换矩阵为

$$\boldsymbol{R}_{a_4}^{a_1} = (\boldsymbol{R}_{a_1}^{a_4})^{-1} = (\boldsymbol{R}_{a_1}^{a_4})^{\mathrm{T}} = (\boldsymbol{R}_{a_3}^{a_4}\boldsymbol{R}_{a_2}^{a_3}\boldsymbol{R}_{a_1}^{a_2})^{\mathrm{T}} = (\boldsymbol{R}_{a_1}^{a_2})^{\mathrm{T}}(\boldsymbol{R}_{a_2}^{a_3})^{\mathrm{T}}(\boldsymbol{R}_{a_3}^{a_4})^{\mathrm{T}} \tag{2.45}$$

应当注意的是，最终的转换矩阵取决于旋转的顺序，因为显然 $\boldsymbol{R}_{a_2}^{a_3}\boldsymbol{R}_{a_1}^{a_2} \neq \boldsymbol{R}_{a_1}^{a_2}\boldsymbol{R}_{a_2}^{a_3}$，这也说明了旋转的不可交换性。旋转顺序由工程应用的实际需求决定，本节的后几个小节会详细讨论。

当 θ 为小角度时，可利用以下近似公式：

$$\cos\theta \approx 1,\ \sin\theta \approx \theta \tag{2.46}$$

并且忽略高阶小量相乘的积，由式（2.44）可以得到方向余弦矩阵

$$\left.\begin{aligned} \boldsymbol{R}_{a_1}^{a_4} &\approx \begin{bmatrix} 1 & \gamma & -\beta \\ -\gamma & 1 & \alpha \\ \beta & -\alpha & 1 \end{bmatrix} = \begin{bmatrix} 1 & 0 & 0 \\ 0 & 1 & 0 \\ 0 & 0 & 1 \end{bmatrix} - \begin{bmatrix} 0 & -\gamma & \beta \\ \gamma & 0 & -\alpha \\ -\beta & \alpha & 0 \end{bmatrix} \\ &= \boldsymbol{I} - \boldsymbol{\varPsi} \end{aligned}\right\} \tag{2.47}$$

式中：$\boldsymbol{\varPsi}$ 是小欧拉角的反对称矩阵，应用小角度假设以后，旋转的顺序不再影响最终的转换结果。同样可以得到

$$\boldsymbol{R}_{a_4}^{a_1} \approx \begin{bmatrix} 1 & \gamma & -\beta \\ -\gamma & 1 & \alpha \\ \beta & -\alpha & 1 \end{bmatrix}^{\mathrm{T}} = \boldsymbol{I} + \boldsymbol{\varPsi} = \boldsymbol{I} - \boldsymbol{\varPsi}^{\mathrm{T}} \tag{2.48}$$

2.3.2 地心惯性坐标系和地心地固坐标系

如图 2-1 所示，由于地球的自转，地心地固坐标系（e 系）相对于地心惯性坐标系（i 系）的角速度矢量为

$$\boldsymbol{\omega}_{ie}^{e} = [0 \quad 0 \quad \omega_e]^{\mathrm{T}} \tag{2.49}$$

式中：ω_e 是地球自转角速率。

地心惯性坐标系到地心地固坐标系的转换只需绕地心惯性坐标系 z 轴旋转一次，旋转角为 $\omega_e t$，t 为旋转时间。参考式（2.38），旋转矩阵为初等方向矩阵 $\boldsymbol{R}_i^e$，即

$$\boldsymbol{R}_i^e = \boldsymbol{R}_z(\omega_e t) = \begin{bmatrix} \cos\omega_e t & \sin\omega_e t & 0 \\ -\sin\omega_e t & \cos\omega_e t & 0 \\ 0 & 0 & 1 \end{bmatrix} \tag{2.50}$$

反之，从地心地固坐标系到地心惯性坐标系的转换可以通过转换矩阵 $\boldsymbol{R}_e^i$ 实现，由转换矩阵是正交阵的性质，可得下式：

$$\boldsymbol{R}_e^i = (\boldsymbol{R}_i^e)^{-1} = (\boldsymbol{R}_i^e)^{\mathrm{T}} \tag{2.51}$$

2.3.3　发射坐标系与地心地固坐标系

地心地固坐标系（e 系）旋转到发射坐标系（g 系）的方向余弦矩阵为 $\boldsymbol{R}_e^g$，涉及飞行器初始纬度 B_0、初始经度 λ_0 和发射方位角 A_0。由图 2-2 所示，$\boldsymbol{R}_e^g$ 可由 3 次旋转获得：首先，绕 e 系的 z 轴旋转角度 $\lambda_0-90°$（可理解为先转 λ_0 再转$-90°$），使 e 系的 yOz 面在发射点所在的子午面内；其次，绕新的 e 系的 x 轴旋转角度 B_0，使 e 系的 y 轴与 g 系的 y 轴平行；最后，绕新的 e 系的 y 轴旋转角度$-$（$90°+A_0$）（可理解为先转$-90°$使 e 系的 x 轴指向北向，再转$-A_0$ 使 e 系的 x 轴与 g 系的 x 轴平行），使 e 系和 g 系的三轴各自平行。得到地心地固系到发射坐标系的方向余弦矩阵为

$$\boldsymbol{R}_e^g=\boldsymbol{R}_y[-(90°+A_0)]\boldsymbol{R}_x(B_0)\boldsymbol{R}_z(\lambda_0-90°)$$
$$=\begin{bmatrix}-\mathrm{s}A_0\mathrm{s}\lambda_0-\mathrm{c}A_0\mathrm{s}B_0\mathrm{c}\lambda_0 & \mathrm{s}A_0\mathrm{c}\lambda_0-\mathrm{c}A_0\mathrm{s}B_0\mathrm{s}\lambda_0 & \mathrm{c}A_0\mathrm{c}B_0\\ \mathrm{c}B_0\mathrm{c}\lambda_0 & \mathrm{c}B_0\mathrm{s}\lambda_0 & \mathrm{s}B_0\\ -\mathrm{c}A_0\mathrm{s}\lambda_0+\mathrm{s}A_0\mathrm{s}B_0\mathrm{c}\lambda_0 & \mathrm{c}A_0\mathrm{c}\lambda_0+\mathrm{s}A_0\mathrm{s}B_0\mathrm{s}\lambda_0 & -\mathrm{s}A_0\mathrm{c}B_0\end{bmatrix}\tag{2.52}$$

而发射坐标系到地心地固系的方向余弦矩阵为

$$\boldsymbol{R}_g^e=(\boldsymbol{R}_e^g)^{\mathrm{T}}\tag{2.53}$$

2.3.4　地心惯性坐标系与发射坐标系

地心惯性坐标系（i 系）到发射坐标系（g 系）的方向余弦矩阵为 $\boldsymbol{R}_i^g$，可将此旋转分解为从地心惯性系到地心地固系和从地心地固系到发射坐标系两步旋转，$\boldsymbol{R}_i^g$ 由式（2.50）与式（2.52）相乘得到，如下式所示：

$$\boldsymbol{R}_i^g=\boldsymbol{R}_e^g\boldsymbol{R}_i^e\tag{2.54}$$

2.3.5　发射坐标系和载体坐标系

发射坐标系（g 系）到载体坐标系（b 系）的方向余弦矩阵为 $\boldsymbol{R}_g^b$，飞行器在发射坐标系的姿态角由俯仰角 φ、偏航角 ψ 和滚转角 γ 三个欧拉角描述，按照先绕 z 轴旋转俯仰角 φ、再绕 y 轴旋转偏航角 ψ、最后绕 x 轴旋转滚转角 γ 的旋转顺序（通常称为 3-2-1 旋转顺序），如图 2-8 所示。

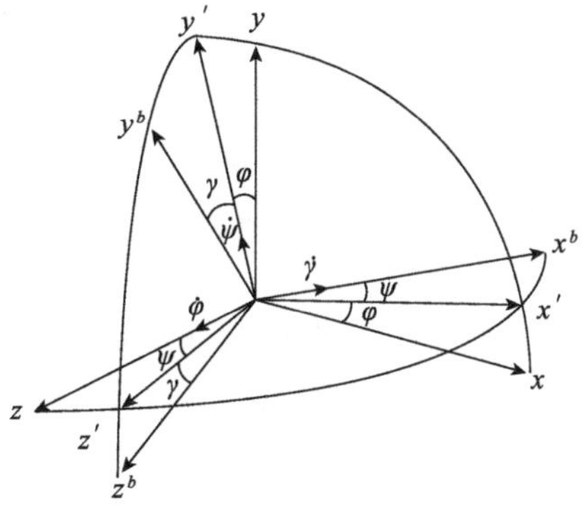

图 2-8　发射坐标系和弹体坐标系

发射坐标系旋转到载体坐标系的姿

态矩阵为

$$
\begin{aligned}
\boldsymbol{R}_g^b &= \boldsymbol{R}_x(\gamma)\boldsymbol{R}_y(\psi)\boldsymbol{R}_z(\varphi)\\
&= \begin{bmatrix} 1 & 0 & 0 \\ 0 & \cos\gamma & \sin\gamma \\ 0 & -\sin\gamma & \cos\gamma \end{bmatrix} \begin{bmatrix} \cos\psi & 0 & -\sin\psi \\ 0 & 1 & 0 \\ \sin\psi & 0 & \cos\psi \end{bmatrix} \begin{bmatrix} \cos\varphi & \sin\varphi & 0 \\ -\sin\varphi & \cos\varphi & 0 \\ 0 & 0 & 1 \end{bmatrix} \\
&= \begin{bmatrix} c\psi c\varphi & c\psi s\varphi & -s\psi \\ s\gamma s\psi c\varphi - c\gamma s\varphi & s\gamma s\psi s\varphi + c\gamma c\varphi & s\gamma c\psi \\ c\gamma s\psi c\varphi + s\gamma s\varphi & c\gamma s\psi s\varphi - s\gamma c\varphi & c\gamma c\psi \end{bmatrix}
\end{aligned} \tag{2.55}
$$

通常采用 $\boldsymbol{R}_b^g$ 计算三个欧拉角时，$\boldsymbol{R}_b^g=(\boldsymbol{R}_g^b)^{\mathrm{T}}$，如式（2.56）所示，则发射坐标系下俯仰角 φ、偏航角 ψ 和滚转角 γ 的计算方法如式（2.57）所示。

$$
\boldsymbol{R}_b^g = \begin{bmatrix} c\psi c\varphi & s\gamma s\psi c\varphi - c\gamma s\varphi & c\gamma s\psi c\varphi + s\gamma s\varphi \\ c\psi s\varphi & s\gamma s\psi s\varphi + c\gamma c\varphi & c\gamma s\psi s\varphi - s\gamma c\varphi \\ -s\psi & s\gamma c\psi & c\gamma c\psi \end{bmatrix} \tag{2.56}
$$

$$
\left.\begin{aligned}
\psi &= \arcsin[-R_b^g(3,\ 1)] \\
\varphi &= \operatorname{arctan2}[R_b^g(2,\ 1),\ R_b^g(1,\ 1)] \\
\gamma &= \operatorname{arctan2}[R_b^g(3,\ 2),\ R_b^g(3,\ 3)]
\end{aligned}\right\} \tag{2.57}
$$

2.3.6 发射惯性坐标系和载体坐标系

发射惯性坐标系（a 系）到载体坐标系（b 系）的方向余弦矩阵为 $\boldsymbol{R}_a^b$，飞行器在发射惯性坐标系的姿态角由俯仰角 φ^a、偏航角 ψ^a 和滚转角 γ^a 三个欧拉角描述，按照先绕 z 轴旋转俯仰角 φ^a、再绕 y 轴旋转偏航角 ψ^a、最后绕 x 轴旋转滚转角 γ^a 的 3-2-1 旋转顺序，$\boldsymbol{R}_a^b$ 姿态矩阵如式（2.58）所示。

$$
\begin{aligned}
\boldsymbol{R}_a^b &= \boldsymbol{R}_x(\gamma^a)\boldsymbol{R}_y(\psi^a)\boldsymbol{R}_z(\varphi^a)\\
&= \begin{bmatrix} c\psi^a c\varphi^a & c\psi^a s\varphi^a & -s\psi^a \\ s\gamma^a s\psi^a c\varphi^a - c\gamma^a s\varphi^a & s\gamma^a s\psi^a s\varphi^a + c\gamma^a c\varphi^a & s\gamma^a c\psi^a \\ c\gamma^a s\psi^a c\varphi^a + s\gamma^a s\varphi^a & c\gamma^a s\psi^a s\varphi^a - s\gamma^a c\varphi^a & c\gamma^a c\psi^a \end{bmatrix}
\end{aligned} \tag{2.58}
$$

通常采用 $\boldsymbol{R}_b^a$ 计算三个欧拉角时，$\boldsymbol{R}_b^a=(\boldsymbol{R}_a^b)^{\mathrm{T}}$，如式（2.59）所示，则发射惯性坐标系下俯仰角 φ^a、偏航角 ψ^a 和滚转角 γ^a 的计算方法如式（2.60）所示。

$$
\boldsymbol{R}_b^a = \begin{bmatrix} c\psi^a c\varphi^a & s\gamma^a s\psi^a c\varphi^a - c\gamma^a s\varphi^a & c\gamma^a s\psi^a c\varphi^a + s\gamma^a s\varphi^a \\ c\psi^a s\varphi^a & s\gamma^a s\psi^a s\varphi^a + c\gamma^a c\varphi^a & c\gamma^a s\psi^a s\varphi^a - s\gamma^a c\varphi^a \\ -s\psi^a & s\gamma^a c\psi^a & c\gamma^a c\psi^a \end{bmatrix} \tag{2.59}
$$

$$\left.\begin{aligned}\varphi^a &= \arctan2[R_b^a(2,\ 1),\ R_b^a(1,\ 1)]\\ \psi^a &= \arcsin[-R_b^a(3,\ 1)]\\ \gamma^a &= \arctan2[R_b^a(3,\ 2),\ R_b^a(3,\ 3)]\end{aligned}\right\} \tag{2.60}$$

发射惯性坐标系与发射坐标系的姿态定义与姿态矩阵形式完全相同，但发射惯性坐标系和发射坐标系在定义上是不同的，飞行过程中姿态角的值也不相同。

2.3.7　地心地固坐标系与当地水平坐标系

地心地固坐标系（e 系）到当地水平坐标系（l 系）的方向余弦矩阵为 $\boldsymbol{R}_e^l$。如图 2-3 所示，要将 e 系和 l 系指向对齐，可采用 3 次旋转得到：首先，绕 e 系的 z 轴旋转 λ，使 e 系的 xOz 面与 l 系的 $N-U$ 面平行；其次，绕新的 e 系的 y 轴旋转 $90°-B$，使 e 系的 z 轴与 l 系的 U 轴平行；最后，绕 e 系的 z 轴旋转 $90°$，使 e 系和 l 系的 x 和 y 轴各自平行。可得到转换矩阵 $\boldsymbol{R}_e^l$，即

$$\begin{aligned}\boldsymbol{R}_e^l &= \boldsymbol{R}_z\left(\frac{\pi}{2}\right)\boldsymbol{R}_y\left(\frac{\pi}{2}-B\right)\boldsymbol{R}_z(\lambda)\\ &= \begin{bmatrix}-\sin\lambda & \cos\lambda & 0\\ -\sin B\cos\lambda & -\sin B\sin\lambda & \cos B\\ \cos B\cos\lambda & \cos B\sin\lambda & \sin B\end{bmatrix}\end{aligned} \tag{2.61}$$

$\boldsymbol{R}_e^l$ 与飞行器的纬度和经度相关，在捷联惯导算法中被称为位置矩阵。当地水平坐标系（l 系）到地心地固坐标系（e 系）的转换矩阵为 $\boldsymbol{R}_l^e$，即

$$\boldsymbol{R}_l^e = (\boldsymbol{R}_e^l)^{-1} = (\boldsymbol{R}_e^l)^{\mathrm{T}} = \begin{bmatrix}-\sin\lambda & -\sin B\cos\lambda & \cos B\cos\lambda\\ \cos\lambda & -\sin B\sin\lambda & \cos B\sin\lambda\\ 0 & \cos B & \sin B\end{bmatrix} \tag{2.62}$$

2.3.8　发射坐标系与当地水平坐标系

从发射坐标系（g 系）到当地水平系（l 系）的方向余弦矩阵为 $\boldsymbol{R}_g^l$，可将此旋转分解为从发射坐标系到地心地固系和从地心地固系到当地水平系两步旋转，$\boldsymbol{R}_g^l$ 由式（2.61）与式（2.53）相乘得到，如下式所示。

$$\boldsymbol{R}_g^l = \boldsymbol{R}_e^l\boldsymbol{R}_g^e \tag{2.63}$$

2.3.9　发射坐标系和发射惯性坐标系

发射惯性坐标系（a 系）到发射坐标系（g 系）间的方向余弦矩阵为 $\boldsymbol{R}_a^g$，发射惯性坐标系与发射坐标系之间的差异主要是地球自转引起的。发射惯性坐

标系在发射瞬间与发射坐标系是重合的，由于地球旋转，使固定在地球上的发射坐标系在惯性空间的方位发生变化。记从发射瞬时到所讨论时刻的时间间隔为 t，则发射坐标系绕地轴转动 $\omega_e t$ 角。

发射惯性坐标系与发射坐标系之间的关系如图 2-9 所示。先将 $O_a x_a y_a z_a$ 与 $Oxyz$ 分别绕 y_a 轴、y 轴转动角 A_0，即使得 x_a 轴、x 轴转到发射点 O_a、O 所在子午面内，此时 z_a 轴与 z 轴即转到垂直于各自子午面在过发射点的纬圈的切线方向。然后再绕各自新的侧轴（z 轴）转 B_0 角，从而得新的坐标系 $O_a \xi_a \eta_a \zeta_a$ 及 $O\xi\eta\zeta$，此时 ξ_a 轴与 ξ 轴均平行于地球转动轴。最后，将新的坐标系与各自原有坐标系固联，这样，$O_a \xi_a \eta_a \zeta_a$ 仍然为惯性坐标系，$Oxyz$ 也仍然为随地球一起转动的相对坐标系。

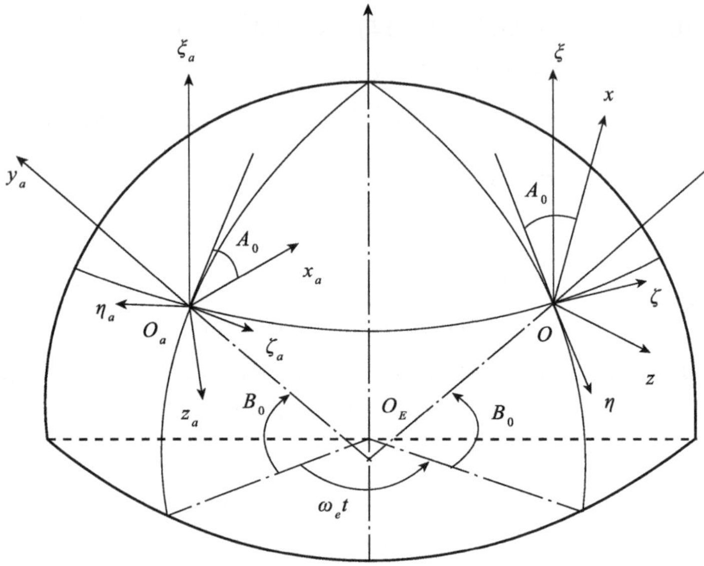

图 2-9　发射惯性坐标系与发射坐标系示意图

根据上述坐标系关系可以得到

$$\begin{bmatrix} \xi_a^0 \\ \eta_a^0 \\ \zeta_a^0 \end{bmatrix} = \boldsymbol{A} \begin{bmatrix} x_a^0 \\ y_a^0 \\ z_a^0 \end{bmatrix} \tag{2.64}$$

$$\begin{bmatrix} \xi^0 \\ \eta^0 \\ \zeta^0 \end{bmatrix} = \boldsymbol{A} \begin{bmatrix} x^0 \\ y^0 \\ z^0 \end{bmatrix} \tag{2.65}$$

式中

$$A = R_z(B_0)R_y(A_0) = \begin{bmatrix} \cos B_0 \cos A_0 & \sin B_0 & \cos B_0 \sin A_0 \\ -\sin B_0 \cos A_0 & \cos B_0 & \sin B_0 \sin A_0 \\ \sin A_0 & 0 & \cos A_0 \end{bmatrix} \tag{2.66}$$

在任意时刻 t，两个坐标系之间存在一个绕 ξ_a 的欧拉角 $\omega_e t$，可得

$$\begin{bmatrix} \xi^0 \\ \eta^0 \\ \zeta^0 \end{bmatrix} = B \begin{bmatrix} \xi_a^0 \\ \eta_a^0 \\ \zeta_a^0 \end{bmatrix} \tag{2.67}$$

式中

$$B = R_x(\omega_e t) = \begin{bmatrix} 1 & 0 & 0 \\ 0 & \cos\omega_e t & \sin\omega_e t \\ 0 & -\sin\omega_e t & \cos\omega_e t \end{bmatrix} \tag{2.68}$$

根据转换矩阵的传递性，综合式（2.64）、式（2.65）及式（2.67）可得

$$\begin{bmatrix} x^0 \\ y^0 \\ z^0 \end{bmatrix} = A^{-1} \begin{bmatrix} \xi^0 \\ \eta^0 \\ \zeta^0 \end{bmatrix} = A^{-1}B \begin{bmatrix} \xi_a^0 \\ \eta_a^0 \\ \zeta_a^0 \end{bmatrix} = A^{-1}BA \begin{bmatrix} x_a^0 \\ y_a^0 \\ z_a^0 \end{bmatrix} \tag{2.69}$$

则发射惯性坐标系（a 系）与发射坐标系（g 系）之间的方向余弦矩阵 R_a^g 为

$$R_a^g = A^{-1}BA \tag{2.70}$$

由于 A 为方向余弦矩阵，具有 $A^{-1}=A^{\mathrm{T}}$ 的性质，即

$$A^{-1} = (R_z(B_0)R_y(A_0))^{\mathrm{T}} = (R_y(A_0))^{\mathrm{T}}(R_z(B_0))^{\mathrm{T}} = R_y(-A_0)R_z(-B_0) \tag{2.71}$$

将式（2.66）、式（2.68）和式（2.71）代入式（2.70），可得到矩阵 R_a^g：

$$R_a^g = R_y(-A_0)R_z(-B_0)R_x(\omega_e t)R_z(B_0)R_y(A_0) \tag{2.72}$$

2.4　四元数

早在 1843 年，哈密尔顿就在数学中引入了四元数。直到 20 世纪 60 年代，随着空间技术、计算机技术，特别是捷联惯导技术的发展，四元数的优越性才日渐引起人们的重视。在捷联惯导算法中，采用四元数描述飞行器的姿态信息，可避免欧拉角描述时的奇异性。

捷联惯导算法的姿态四元数为规范四元数，本节主要讨论规范四元数的相关知识。

2.4.1 四元数的基础知识

四元数 $\boldsymbol{Q}$ 的定义为

$$\boldsymbol{Q}=q_0 1+q_1\boldsymbol{i}+q_2\boldsymbol{j}+q_3\boldsymbol{k} \tag{2.73}$$

式中：q_0，q_1，q_2，q_3 为四个实数；1 是实数部分的基；$\boldsymbol{i}$，$\boldsymbol{j}$，$\boldsymbol{k}$ 为四元数的另外三个基。四元数虚部的基具有双重性质，即矢量代数中的矢量性质及复数运算中的虚数性质，因此有些文献中又将四元数称为超复数。四元数的基满足下列关系：

$$\left.\begin{aligned}&\boldsymbol{i}^2=\boldsymbol{j}^2=\boldsymbol{k}^2=-1\\&\boldsymbol{ij}=\boldsymbol{k},\ \boldsymbol{ji}=-\boldsymbol{k}\\&\boldsymbol{jk}=\boldsymbol{i},\ \boldsymbol{kj}=-\boldsymbol{i}\\&\boldsymbol{ki}=\boldsymbol{j},\ \boldsymbol{ik}=-\boldsymbol{j}\end{aligned}\right\} \tag{2.74}$$

2.4.2 四元数的表示方法

四元数有下列几种表示方法：

（1）矢量形式：

$$\boldsymbol{Q}=q_0+\boldsymbol{q}$$

（2）复数形式：

$$\boldsymbol{Q}=q_0 1+q_1\boldsymbol{i}+q_2\boldsymbol{j}+q_3\boldsymbol{k}$$

式中：$\boldsymbol{Q}$ 可视为一个超复数，其共轭复数为 $\boldsymbol{Q}^*=q_0 1-q_1\boldsymbol{i}-q_2\boldsymbol{j}-q_3\boldsymbol{k}$。

（3）三角形式：

$$\boldsymbol{Q}=\cos\frac{\theta}{2}+\boldsymbol{u}\sin\frac{\theta}{2}$$

（4）指数形式：

$$\boldsymbol{Q}=\mathrm{e}^{\boldsymbol{u}\frac{\theta}{2}}$$

（5）矩阵形式：

$$\boldsymbol{Q}=\begin{bmatrix}q_0\\q_1\\q_2\\q_3\end{bmatrix}$$

四元数的大小用矩阵的范数表示：$\|\boldsymbol{Q}\|=\sqrt{q_0^2+q_1^2+q_2^2+q_3^2}$ 或 $\|\boldsymbol{Q}\|=\sqrt{\boldsymbol{Q}\otimes\boldsymbol{Q}^*}$；若 $\|\boldsymbol{Q}\|=1$，则称 $\boldsymbol{Q}$ 为规范四元数。

2.4.3　四元数的运算

设 $\boldsymbol{Q}=q_0+q_1\boldsymbol{i}+q_2\boldsymbol{j}+q_3\boldsymbol{k}$，$\boldsymbol{P}=p_0+p_1\boldsymbol{i}+p_2\boldsymbol{j}+p_3\boldsymbol{k}$ 和 $\boldsymbol{R}=r_0+r_1\boldsymbol{i}+r_2\boldsymbol{j}+r_3\boldsymbol{k}$ 为四元数，四元数的运算法则如下：

1. 四元数的加减法

$$\boldsymbol{Q}\pm\boldsymbol{P}=(q_0\pm p_0)+(q_1\pm p_1)\boldsymbol{i}+(q_2\pm p_2)\boldsymbol{j}+(q_3\pm p_3)\boldsymbol{k} \tag{2.75}$$

2. 四元数的乘法

四元数与标量 a 相乘：

$$a\boldsymbol{Q}=aq_0+aq_1\boldsymbol{i}+aq_2\boldsymbol{j}+aq_3\boldsymbol{k} \tag{2.76}$$

两个四元数相乘：

$$\begin{aligned}\boldsymbol{P}\otimes\boldsymbol{Q}&=(p_0+p_1\boldsymbol{i}+p_2\boldsymbol{j}+p_3\boldsymbol{k})\otimes(q_0+q_1\boldsymbol{i}+q_2\boldsymbol{j}+q_3\boldsymbol{k})\\&=(p_0q_0-p_1q_1-p_2q_2-p_3q_3)+(p_0q_1+p_1q_0+p_2q_3-p_3q_2)\boldsymbol{i}+\\&\quad(p_0q_2+p_2q_0+p_3q_1-p_1q_3)\boldsymbol{j}+(p_0q_3+p_3q_0+p_1q_2-p_2q_1)\boldsymbol{k}\\&=r_0+r_1\boldsymbol{i}+r_2\boldsymbol{j}+r_3\boldsymbol{k}\end{aligned} \tag{2.77}$$

写成矩阵形式为

$$\begin{bmatrix}r_0\\r_1\\r_2\\r_3\end{bmatrix}=\begin{bmatrix}p_0&-p_1&-p_2&-p_3\\p_1&p_0&-p_3&p_2\\p_2&p_3&p_0&-p_1\\p_3&-p_2&p_1&p_0\end{bmatrix}\begin{bmatrix}q_0\\q_1\\q_2\\q_3\end{bmatrix}=\boldsymbol{M}(\boldsymbol{P})\boldsymbol{Q} \tag{2.78}$$

或

$$\begin{bmatrix}r_0\\r_1\\r_2\\r_3\end{bmatrix}=\begin{bmatrix}q_0&-q_1&-q_2&-q_3\\q_1&q_0&q_3&-q_2\\q_2&-q_3&q_0&q_1\\q_3&q_2&-q_1&q_0\end{bmatrix}\begin{bmatrix}p_0\\p_1\\p_2\\p_3\end{bmatrix}=\boldsymbol{M}'(\boldsymbol{Q})\boldsymbol{P} \tag{2.79}$$

式中：$\boldsymbol{M}(\boldsymbol{P})$ 的构成形式是：第一列是四元数的本身，第一行是 $\boldsymbol{P}$ 共轭四元数的转置；划去第一行和第一列余下的部分为

$$\boldsymbol{V}_P=\begin{bmatrix}p_0&-p_3&p_2\\p_3&p_0&-p_1\\-p_2&p_1&p_0\end{bmatrix} \tag{2.80}$$

将其称为 $\boldsymbol{M}(\boldsymbol{P})$ 的核，它是由四元数 $\boldsymbol{P}$ 的元构成的反对称矩阵。同理 $\boldsymbol{M}'(\boldsymbol{Q})$ 的核为

$$\boldsymbol{V}'_Q=\begin{bmatrix} q_0 & q_3 & -q_2 \\ -q_3 & q_0 & q_1 \\ q_2 & -q_1 & q_0 \end{bmatrix} \tag{2.81}$$

可见 $\boldsymbol{M}(\boldsymbol{Q})$ 与 $\boldsymbol{M}'(\boldsymbol{Q})$ 构成相似，但核不同。由以上分析可得四元数的乘法的矩阵表示形式，即

$$\left.\begin{aligned} \boldsymbol{P}\otimes\boldsymbol{Q}=\boldsymbol{M}(\boldsymbol{P})\boldsymbol{Q} \\ \boldsymbol{P}\otimes\boldsymbol{Q}=\boldsymbol{M}'(\boldsymbol{Q})\boldsymbol{P} \end{aligned}\right\} \tag{2.82}$$

由于 $\boldsymbol{M}(\boldsymbol{P})$ 与 $\boldsymbol{M}'(\boldsymbol{P})$ 的核不同，所以四元数的乘法不满足交换律，即

$$\boldsymbol{P}\otimes\boldsymbol{Q}=\boldsymbol{M}(\boldsymbol{P})\boldsymbol{Q}\neq\boldsymbol{M}'(\boldsymbol{P})\boldsymbol{Q}=\boldsymbol{Q}\otimes\boldsymbol{P} \tag{2.83}$$

四元数乘法满足分配律和结合律，即

$$\left.\begin{aligned} &\boldsymbol{P}\otimes(\boldsymbol{Q}+\boldsymbol{R})=\boldsymbol{P}\otimes\boldsymbol{Q}+\boldsymbol{P}\otimes\boldsymbol{R} \\ &\boldsymbol{P}\otimes\boldsymbol{Q}\otimes\boldsymbol{R}=(\boldsymbol{P}\otimes\boldsymbol{Q})\otimes\boldsymbol{R}=\boldsymbol{P}\otimes(\boldsymbol{Q}\otimes\boldsymbol{R}) \end{aligned}\right\} \tag{2.84}$$

3. 四元数的除法——求逆

如果 $\boldsymbol{P}\otimes\boldsymbol{R}=1$，则称 $\boldsymbol{R}$ 为 $\boldsymbol{P}$ 的逆，记作 $\boldsymbol{R}=\boldsymbol{P}^{-1}$。根据四元数的定义可知：

$$\boldsymbol{P}\otimes\boldsymbol{P}^*=\|\boldsymbol{P}\|^2$$

所以 $\boldsymbol{P}\otimes\dfrac{\boldsymbol{P}^*}{\|\boldsymbol{P}\|^2}=1$，$\dfrac{\boldsymbol{P}^*}{\|\boldsymbol{P}\|^2}$即为 $\boldsymbol{P}$ 的逆。捷联惯导算法的四元数为规范四元数，当 $\boldsymbol{P}$ 为规范四元数，有下式成立。

$$\boldsymbol{P}^{-1}=\boldsymbol{P}^* \tag{2.85}$$

2.4.4 转动四元数定理

设 $\boldsymbol{Q}$ 和 $\boldsymbol{R}$ 为两个非标量的四元数：

$$\boldsymbol{Q}=q_0+\boldsymbol{q}=\|\boldsymbol{Q}\|(\cos\theta+\boldsymbol{i}\sin\theta) \tag{2.86}$$

$$\boldsymbol{R}=r_0+\boldsymbol{r}=\|\boldsymbol{R}\|(\cos\Phi+\boldsymbol{e}\sin\Phi) \tag{2.87}$$

则 $\boldsymbol{R}'=\boldsymbol{Q}\otimes\boldsymbol{R}\otimes\boldsymbol{Q}^{-1}=r'_0+\boldsymbol{r}'$ 表示另一个四元数。该四元数的矢量部分是将 $\boldsymbol{R}$ 的矢量部分绕 $\boldsymbol{q}$ 方向沿锥面转过 2θ 角，且 $\boldsymbol{R}$ 与 $\boldsymbol{R}'$ 的范数及它们的标量部分相等。该定理可以用图 2-10 形象地表示。

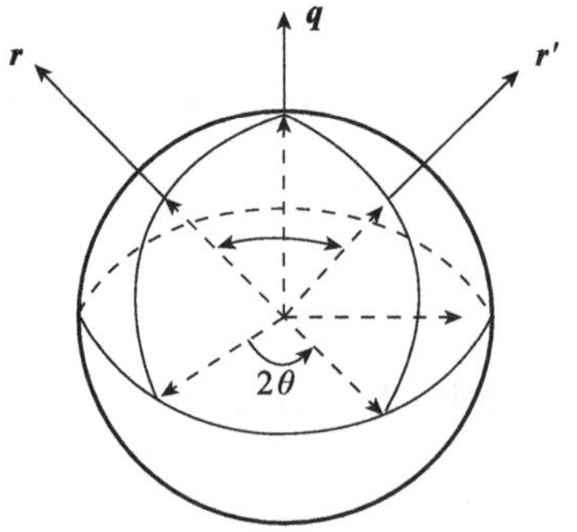

图 2-10　四元数转动定理示意图

从上述定理可以看出，一次转动可用四元数表示，即

$$\boldsymbol{R}'=\boldsymbol{Q}\otimes\boldsymbol{R}\otimes\boldsymbol{Q}^{-1} \tag{2.88}$$

式中：$\boldsymbol{Q}$ 为转动四元数，$\boldsymbol{Q}\otimes(\cdot)\otimes\boldsymbol{Q}^{-1}$

是由转动四元数给出的转动算子，它确定了将矢量 $\boldsymbol{r}$ 绕矢量 $\boldsymbol{q}$ 转过 2θ 角的转动。这样就可以用四元数进行坐标或矢量变换。通常可以用单位四元数 $\boldsymbol{Q}$ 表示转动，且将转动角度取为 θ，于是有

$$\boldsymbol{Q}=\cos\frac{\theta}{2}+\boldsymbol{\xi}\sin\frac{\theta}{2} \tag{2.89}$$

它表示绕 ξ 轴进行 θ 角的转动。

2.4.5　四元数与姿态矩阵的关系

方向余弦矩阵可以用来表示两个坐标系之间的变换，同样，也可以用四元数来实现两个坐标系之间的变换。下面推导四元数与方向余弦矩阵之间的关系。

动系 $Oxyz$ 相对于定系 $Ox_iy_iz_i$ 的关系如图 2-11 所示，其单位矢量分别为 $\boldsymbol{i}_1$，$\boldsymbol{j}_1$，$\boldsymbol{k}_1$；$\boldsymbol{i}_2$，$\boldsymbol{j}_2$，$\boldsymbol{k}_2$。设某单位矢量 $\overrightarrow{OM}$，它在定系和动系内的投影为

$$\left.\begin{aligned}\overrightarrow{OM}&=x_i\boldsymbol{i}_1+y_i\boldsymbol{j}_1+z_i\boldsymbol{k}_1\\ \overrightarrow{OM}&=x\boldsymbol{i}_2+y\boldsymbol{j}_2+z\boldsymbol{k}_2\end{aligned}\right\} \tag{2.90}$$

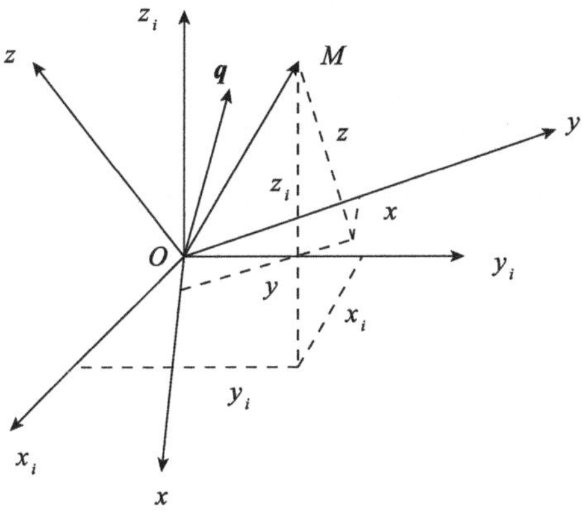

图 2-11　矢量在定系和动系内投影的示意图

坐标系 $Oxyz$ 可以看成是定系 $Ox_iy_iz_i$ 绕 $\boldsymbol{q}$ 轴转动 θ 而获得的。根据矢量投影的相对关系可知，当矢量 $\overrightarrow{OM}$ 不动而动系 $Oxyz$ 相对定系 $Ox_iy_iz_i$ 绕 $\boldsymbol{q}$ 轴转动 θ 角后 $\overrightarrow{OM}$ 在两坐标系的投影，与坐标系 $Ox_iy_iz_i$ 不动而矢量 $\overrightarrow{OM}$ 绕 $\boldsymbol{q}$ 轴转动 θ 角得到的矢量 $\boldsymbol{R}$ 在定系 $Ox_iy_iz_i$ 内的投影是相等的，其可以用图 2-12 表示。

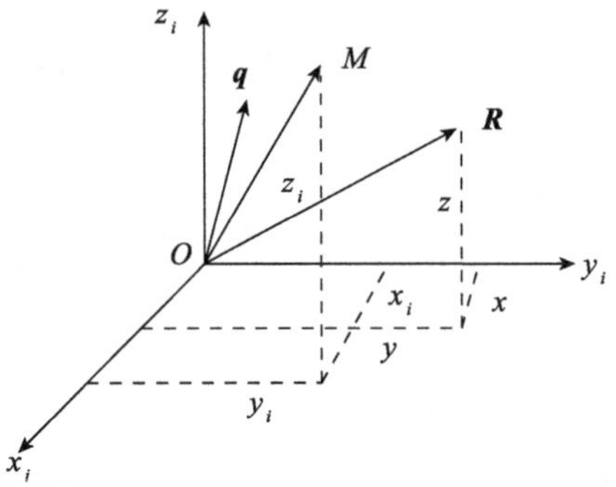

图 2-12　矢量转动前后在同一坐标系内的投影示意图

设四元数：

$$\left.\begin{aligned} \boldsymbol{R} &= 0 + x\boldsymbol{i}_1 + y\boldsymbol{j}_1 + z\boldsymbol{k}_1 \\ \boldsymbol{R}_i &= 0 + x_i\boldsymbol{i}_1 + y_i\boldsymbol{j}_1 + z_i\boldsymbol{k}_1 \end{aligned}\right\} \tag{2.91}$$

若采用相反的方向转动，将矢量 $\boldsymbol{R}$ 绕 $\boldsymbol{q}$ 轴转动 θ 角后得到矢量 $\boldsymbol{R}_i$，根据如式（2.88）所示的转动四元数定理，有下式：

$$\boldsymbol{R}_i = \boldsymbol{Q} \otimes \boldsymbol{R} \otimes \boldsymbol{Q}^{-1} \tag{2.92}$$

式中：$\boldsymbol{Q}=q_0+q_1\boldsymbol{i}_1+q_2\boldsymbol{j}_1+q_3\boldsymbol{k}_1$，$\boldsymbol{Q}^{-1}=\boldsymbol{Q}^*=q_0-q_1\boldsymbol{i}_1-q_2\boldsymbol{j}_1-q_3\boldsymbol{k}_1$，根据四元数的运算规则可以得到下式：

$$\begin{bmatrix} x_i \\ y_i \\ z_i \end{bmatrix} = \begin{bmatrix} q_0^2+q_1^2-q_2^2-q_3^2 & 2(q_1q_2-q_0q_3) & 2(q_1q_3+q_0q_2) \\ 2(q_1q_2+q_0q_3) & q_0^2-q_1^2+q_2^2-q_3^2 & 2(q_2q_3-q_0q_1) \\ 2(q_1q_3-q_0q_2) & 2(q_2q_3+q_0q_1) & q_0^2-q_1^2-q_2^2+q_3^2 \end{bmatrix} \begin{bmatrix} x \\ y \\ z \end{bmatrix} \tag{2.93}$$

由式（2.93）可以看出转动四元数 $\boldsymbol{Q}$ 与方向余弦矩阵之间有着对应关系。

同理，若将 2.3.1 节在 a_4 系的矢量在 a_1 系中表示，即绕 $\boldsymbol{q}$ 轴转动，则

$$\begin{bmatrix} x_{a_1} \\ y_{a_1} \\ z_{a_1} \end{bmatrix} = \boldsymbol{R}_{a_4}^{a_1} \begin{bmatrix} x_{a_4} \\ y_{a_4} \\ z_{a_4} \end{bmatrix} \tag{2.94}$$

式中：姿态矩阵

$$\boldsymbol{R}_{a_4}^{a_1} = \begin{bmatrix} q_0^2+q_1^2-q_2^2-q_3^2 & 2(q_1q_2-q_0q_3) & 2(q_1q_3+q_0q_2) \\ 2(q_1q_2+q_0q_3) & q_0^2-q_1^2+q_2^2-q_3^2 & 2(q_2q_3-q_0q_1) \\ 2(q_1q_3-q_0q_2) & 2(q_2q_3+q_0q_1) & q_0^2-q_1^2-q_2^2+q_3^2 \end{bmatrix} \tag{2.95}$$

式（2.95）与式（2.45）在数值上相等。

2.5　姿态、速度位置微分方程

2.5.1　姿态矩阵的微分方程

如果一个坐标系 k 相对于另一个坐标系 m 以角速度 $\boldsymbol{\omega}$ 转动，两个坐标系之间的转换矩阵由一组时变函数组成。转换矩阵的时间变化率 $\dot{\boldsymbol{R}}_k^m$ 可以用一组微分方程描述，发生时间变化的坐标系通常是变量上标所代表的坐标系。

在 t 时刻，两个坐标系 m 系和 k 系之间的方向余弦矩阵是 $\boldsymbol{R}_k^m(t)$，在 δt 时间后，k 系旋转到新的位置，得到时刻 $t+\delta t$ 时的方向余弦矩阵 $\boldsymbol{R}_k^m(t+\delta t)$。由此可以得到 $\boldsymbol{R}_k^m$ 的微分为

$$\dot{\boldsymbol{R}}_k^m = \lim_{\delta t\to 0}\frac{\delta \boldsymbol{R}_k^m}{\delta t} \tag{2.96}$$

$$\dot{\boldsymbol{R}}_k^m = \lim_{\delta t\to 0}\frac{\boldsymbol{R}_k^m(t+\delta t)-\boldsymbol{R}_k^m(t)}{\delta t} \tag{2.97}$$

m 系在时刻 $t+\delta t$ 的变换是时刻 t 的变换经过微变后得到的，时间间隔为 δt，因此 $\boldsymbol{R}_k^m(t+\delta t)$ 可以写成两个矩阵的乘积，即

$$\boldsymbol{R}_k^m(t+\delta t) = \delta \boldsymbol{R}^m \boldsymbol{R}_k^m(t) \tag{2.98}$$

由式（2.47）可得小角度变换的公式

$$\delta \boldsymbol{R}^m = \boldsymbol{I} - \boldsymbol{\Psi}^m \tag{2.99}$$

将式（2.99）代入式（2.98）得

$$\boldsymbol{R}_k^m(t+\delta t) = (\boldsymbol{I} - \boldsymbol{\Psi}^m)\boldsymbol{R}_k^m(t) \tag{2.100}$$

然后将式（2.100）代入式（2.97）得

$$\begin{aligned}\dot{\boldsymbol{R}}_k^m &= \lim_{\delta t\to 0}\frac{(\boldsymbol{I}-\boldsymbol{\Psi}^m)\boldsymbol{R}_k^m(t)-\boldsymbol{R}_k^m(t)}{\delta t}\\ &= \lim_{\delta t\to 0}\frac{-\boldsymbol{\Psi}^m\boldsymbol{R}_k^m(t)}{\delta t}\\ &= -\left(\lim_{\delta t\to 0}\frac{\boldsymbol{\Psi}^m}{\delta t}\right)\boldsymbol{R}_k^m(t)\end{aligned} \tag{2.101}$$

当 $\delta t\to 0$ 时，$\boldsymbol{\Psi}^m/\delta t$ 是 m 系相对于 k 系在时间增量 δt 内角速度的反对称矩阵形式。由于取极限，角速度也可以被引用到 k 系：

$$\lim_{\delta t\to 0}\frac{\boldsymbol{\Psi}^m}{\delta t} = \boldsymbol{\Omega}_{km}^m \tag{2.102}$$

将式（2.102）代入式（2.101）得

$$\dot{\boldsymbol{R}}_k^m = -\boldsymbol{\Omega}_{km}^m \boldsymbol{R}_k^m \tag{2.103}$$

由于 $\boldsymbol{\Omega}_{km}^m = -\boldsymbol{\Omega}_{mk}^m$，得

$$\dot{\boldsymbol{R}}_k^m = \boldsymbol{\Omega}_{mk}^m \boldsymbol{R}_k^m \tag{2.104}$$

由式（2.11）得

$$\boldsymbol{\Omega}_{mk}^m = \boldsymbol{R}_k^m \boldsymbol{\Omega}_{mk}^k \boldsymbol{R}_m^k \tag{2.105}$$

将式（2.105）代入式（2.104）得

$$\dot{\boldsymbol{R}}_k^m = \boldsymbol{R}_k^m \boldsymbol{\Omega}_{mk}^k \boldsymbol{R}_m^k \boldsymbol{R}_k^m \tag{2.106}$$

最终，得到重要的方向余弦矩阵变化率公式为

$$\dot{\boldsymbol{R}}_k^m = \boldsymbol{R}_k^m \boldsymbol{\Omega}_{mk}^k \tag{2.107}$$

式（2.107）表明：转换矩阵的微分与两个坐标系之间的相对旋转角速度 $\boldsymbol{\omega}$ 有关。例如：若已知载体坐标系和地心惯性系之间的初始姿态矩阵 $\boldsymbol{R}_b^i$，则其姿态矩阵微分方程为

$$\dot{\boldsymbol{R}}_b^i = \boldsymbol{R}_b^i \boldsymbol{\Omega}_{ib}^b \tag{2.108}$$

式中，$\boldsymbol{\Omega}_{ib}^b$ 为三轴陀螺仪测量值 $\boldsymbol{\omega}_{ib}^b$ 的反对称阵，通过 $\boldsymbol{\omega}_{ib}^b$ 可完成 $\boldsymbol{R}_b^i$ 的数值更新。

2.5.2 惯性系中位置矢量的微分

对于一个位置矢量 $\boldsymbol{r}^b$，从载体坐标系 b 系到地心惯性系 i 系的转换为

$$\boldsymbol{r}^i = \boldsymbol{R}_b^i \boldsymbol{r}^b \tag{2.109}$$

对上式等号两边分别微分得

$$\dot{\boldsymbol{r}}^i = \dot{\boldsymbol{R}}_b^i \boldsymbol{r}^b + \boldsymbol{R}_b^i \dot{\boldsymbol{r}}^b \tag{2.110}$$

将式（2.108）代入上式得

$$\dot{\boldsymbol{r}}^i = (\boldsymbol{R}_b^i \boldsymbol{\Omega}_{ib}^b)\boldsymbol{r}^b + \boldsymbol{R}_b^i \dot{\boldsymbol{r}}^b \tag{2.111}$$

整理后得

$$\dot{\boldsymbol{r}}^i = \boldsymbol{R}_b^i(\dot{\boldsymbol{r}}^b + \boldsymbol{\Omega}_{ib}^b \boldsymbol{r}^b) \tag{2.112}$$

式（2.112）描述了速度矢量从载体坐标系到地心惯性坐标系的变换，称为科氏方程，反映了绝对速度 $\dot{\boldsymbol{r}}^i$、相对速度 $\dot{\boldsymbol{r}}^b$ 和牵连速度 $\boldsymbol{\Omega}_{ib}^b \boldsymbol{r}^b$ 之间的相互关系。

2.5.3 惯性系中速度矢量的微分

速度矢量的微分可以通过式（2.112）获得，对式（2.112）进行微分，得

$$\begin{aligned}\ddot{\boldsymbol{r}}^i &= \dot{\boldsymbol{R}}_b^i \dot{\boldsymbol{r}}^b + \boldsymbol{R}_b^i \ddot{\boldsymbol{r}}^b + \dot{\boldsymbol{R}}_b^i \boldsymbol{\Omega}_{ib}^b \boldsymbol{r}^b + \boldsymbol{R}_b^i(\dot{\boldsymbol{\Omega}}_{ib}^b \boldsymbol{r}^b + \boldsymbol{\Omega}_{ib}^b \dot{\boldsymbol{r}}^b) \\ &= \dot{\boldsymbol{R}}_b^i \dot{\boldsymbol{r}}^b + \boldsymbol{R}_b^i \ddot{\boldsymbol{r}}^b + \dot{\boldsymbol{R}}_b^i \boldsymbol{\Omega}_{ib}^b \boldsymbol{r}^b + \boldsymbol{R}_b^i \dot{\boldsymbol{\Omega}}_{ib}^b \boldsymbol{r}^b + \boldsymbol{R}_b^i \boldsymbol{\Omega}_{ib}^b \dot{\boldsymbol{r}}^b\end{aligned} \tag{2.113}$$

将式（2.108）代入上式得

$$\begin{aligned}\ddot{\boldsymbol{r}}^i &= \boldsymbol{R}_b^i\boldsymbol{\Omega}_{ib}^b\dot{\boldsymbol{r}}^b + \boldsymbol{R}_b^i\ddot{\boldsymbol{r}}^b + \boldsymbol{R}_b^i\boldsymbol{\Omega}_{ib}^b\boldsymbol{\Omega}_{ib}^b\boldsymbol{r}^b + \boldsymbol{R}_b^i\dot{\boldsymbol{\Omega}}_{ib}^b\boldsymbol{r}^b + \boldsymbol{R}_b^i\boldsymbol{\Omega}_{ib}^b\dot{\boldsymbol{r}}^b \\ &= \boldsymbol{R}_b^i(\boldsymbol{\Omega}_{ib}^b\dot{\boldsymbol{r}}^b + \ddot{\boldsymbol{r}}^b + \boldsymbol{\Omega}_{ib}^b\boldsymbol{\Omega}_{ib}^b\boldsymbol{r}^b + \dot{\boldsymbol{\Omega}}_{ib}^b\boldsymbol{r}^b + \boldsymbol{\Omega}_{ib}^b\dot{\boldsymbol{r}}^b) \\ &= \boldsymbol{R}_b^i(2\boldsymbol{\Omega}_{ib}^b\dot{\boldsymbol{r}}^b + \ddot{\boldsymbol{r}}^b + \boldsymbol{\Omega}_{ib}^b\boldsymbol{\Omega}_{ib}^b\boldsymbol{r}^b + \dot{\boldsymbol{\Omega}}_{ib}^b\boldsymbol{r}^b)\end{aligned} \tag{2.114}$$

整理后得

$$\ddot{\boldsymbol{r}}^i = \boldsymbol{R}_b^i(\ddot{\boldsymbol{r}}^b + 2\boldsymbol{\Omega}_{ib}^b\dot{\boldsymbol{r}}^b + \dot{\boldsymbol{\Omega}}_{ib}^b\boldsymbol{r}^b + \boldsymbol{\Omega}_{ib}^b\boldsymbol{\Omega}_{ib}^b\boldsymbol{r}^b) \tag{2.115}$$

式中：$\ddot{\boldsymbol{r}}^b$ 是 b 系中运动载体的加速度；$\boldsymbol{\Omega}_{ib}^b$ 是载体的陀螺仪测得的角速度的反对称矩阵；$2\boldsymbol{\Omega}_{ib}^b\dot{\boldsymbol{r}}^b$ 是科氏加速度；$\dot{\boldsymbol{\Omega}}_{ib}^b\boldsymbol{r}^b$ 是切向加速度；$\boldsymbol{\Omega}_{ib}^b\boldsymbol{\Omega}_{ib}^b\boldsymbol{r}^b$ 是向心加速度。

2.6　地球几何学

在惯性导航算法中，为了工程计算方便，通常将地球近似为一个椭球体，该椭球称为参考椭球。参考椭球在导航中有两个方面的应用：第一，依据参考椭球建立大地坐标系，作为描述飞行器纬度、经度和高度的基准；第二，以参考椭球作为中心引力体计算重力，得到地球重力场的近似模型，用于惯性导航解算。

2.6.1　基本概念

为了后文说明方便，现定义如下：

物理地表：地球的真实形状不规则，地形是地球与其外层大气的分界面，是地球的实际表面。

几何描述：地球的内部质量分布不均匀，大地水准面是地球重力等位面，由大地测量得到，可以被认为是理想海平面延伸到陆地的部分。大地水准面是光滑但不规则的封闭曲面，不能用简单的数学表达式描述，所以不能用于导航计算中分析需求。大地水准面的法线方向为真垂线方向。

参考椭球：参考椭球面是一个数学定义的椭球表面，其旋转轴为椭圆短轴并且与地球平均自转轴一致。椭球体的中心与地球质心重合，椭球体表面是椭球重力水准面。参考旋转椭球体和大地水准体非常接近，在垂直方向上最大的误差为 150m，该椭球体法线方向和真垂线方向相差不超过 3″。本书使用的世界大地坐标系 WGS84 中定义的基本参考椭球参数如表 2-1 和表 2-2 所示。

表 2-1　WGS84 中定义的基本参数

基本参数	数值
半长轴 a/m	6378137.0
地球扁率 f	1/298.257223563
地球自转速率 ω_e/(rad/s)	7.292115×10^{-5}
万有引力常数 GM/(m^3/s)	3.986004418×10^{14}

表 2-2　WGS84 中定义的导出参数

导出参数	数值
偏心率 e	0.0818191908426215
J_2	0.00108262982131
J_4	-0.00000237091120
J_6	0.00000000608346
椭球面正常重力位 U_0/(m^2/s^2)	62636851.7146
赤道正常重力 g_a/(m/s^2)	9.7803253359
两极正常重力 g_p/(m/s^2)	9.8321849379
平均正常重力/(m/s^2)	9.797643222
纬度 45°正常重力/(m/s^2)	9.806197769

参考椭球是最适合导航计算的地球几何模型，它的形状由两个几何参数确定，分别是半长轴（a）和半短轴（b），$b=a(1-f)$，如图 2-13 所示，图中，

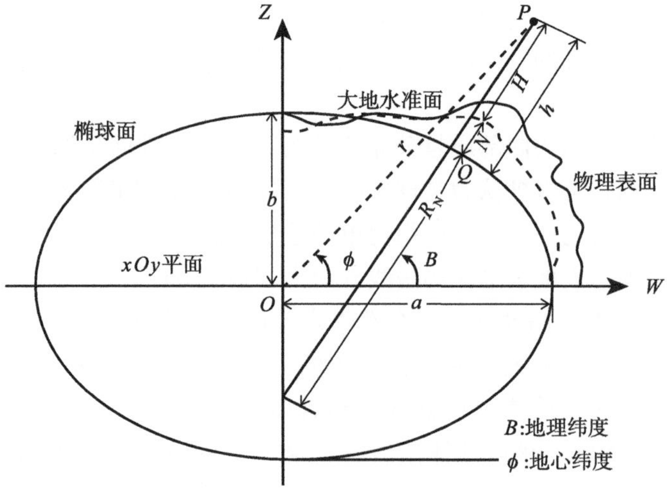

图 2-13　地球表面和椭球参数对比

正交高度（正高）H 是已知点 P 到大地水准面的高度。大地水准面的高度 N 是沿椭球的法线方向上椭球表面到大地水准面的距离。大地高（椭球高度，高度）h 是正高和大地水准面高度的和（$h=H+N$）。大地水准面的高度 N 通过数据库来求解，如 EGM96、EGM2008 等。

2.6.2　卯酉圈曲率半径和子午圈曲率半径

在导航中，大地子午圈和卯酉圈是椭球面上两个重要的“圈”。过椭球面某点 Q 作椭球的垂线 $\overrightarrow{PQ}$，称之为法线，包含过 P 点法线的平面叫作法截面，法截面与椭球面的截线叫作法截线。P 点的法截线与椭球短轴构成的平面称为大地子午面，它是一个特殊的法截面，与椭球面的截线称为 Q 点的大地子午圈，简称子午圈。将 Q 点与大地子午面正交的法截面称为 Q 点的卯酉面，它与椭球面的截线称为 Q 点的卯酉圈。大地子午圈和卯酉圈确定了导航平台在地球表面或附近运动的经纬度。卯酉圈曲率半径沿东西方向，按式（2.116）计算；子午圈曲率半径沿南北方向，按式（2.117）计算。

$$R_{\mathrm{N}}=\frac{a}{(1-e^2\sin^2 B)^{\frac{1}{2}}} \tag{2.116}$$

$$R_{\mathrm{M}}=\frac{a(1-e^2)}{(1-e^2\sin^2 B)^{\frac{3}{2}}} \tag{2.117}$$

2.7　地心地固坐标系中的坐标类型

地心地固坐标系（e 系）中有两种坐标类型，分别是空间直角坐标系和大地坐标系。空间直角坐标系即传统的笛卡儿坐标系，使用矢量 $[x^e,\ y^e,\ z^e]^{\mathrm{T}}$ 表示一个点的位置。大地坐标系一般用矢量 $[B,\ \lambda,\ h]^{\mathrm{T}}$ 来表示一个点的位置，分别为纬度、经度和高度。两种坐标以及它们之间的关系如图 2-14 所示。

2.7.1　大地坐标向空间直角坐标的转换

大地坐标 $[B,\ \lambda,\ h]^{\mathrm{T}}$ 向空间直角坐标 $[x^e,\ y^e,\ z^e]^{\mathrm{T}}$ 的转换关系如下：

$$\begin{bmatrix} x^e \\ y^e \\ z^e \end{bmatrix}=\begin{bmatrix} (R_{\mathrm{N}}+h)\cos B\cos\lambda \\ (R_{\mathrm{N}}+h)\cos B\sin\lambda \\ [R_N(1-e^2)+h]\sin B \end{bmatrix} \tag{2.118}$$

式中：$[x^e,\ y^e,\ z^e]^{\mathrm{T}}$ 是地心地固系中的空间直角坐标；R_N 是卯酉圈曲率半径，

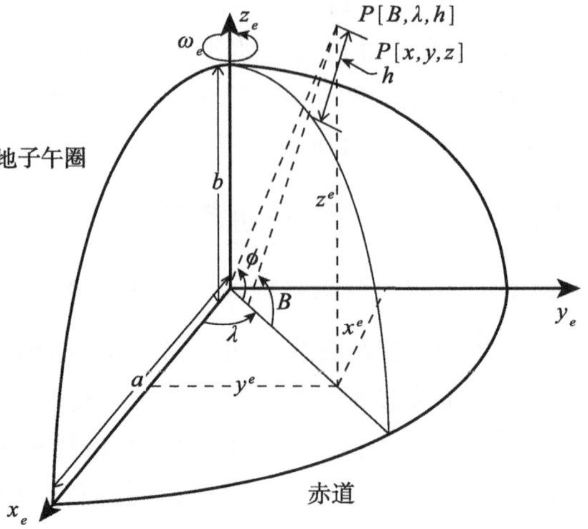

图 2-14　地心地固坐标系中的坐标类型及其关系

如式（2.116）所示；B 是地球纬度；λ 是地球经度；h 是椭球高度；e 是地球偏心率，其值如表 2-2 所示。

2.7.2　空间直角坐标向大地坐标的转换

空间直角坐标向大地坐标的转换不能直接进行，常用的方法有迭代算法、直接法、封闭算法等，本书介绍迭代算法和直接法。

1. 方法 1：迭代算法

式（2.118）建立了地心地固坐标系中大地坐标和空间直角坐标的关系，大地经度为

$$\lambda = \arctan2(y^e,\ x^e) \tag{2.119}$$

高度关系如图 2-14 所示，表达式为

$$h = \frac{\sqrt{(x^e)^2 + (y^e)^2}}{\cos B} - R_N \tag{2.120}$$

由式（2.118）可以得到

$$(x^e)^2 + (y^e)^2 = (R_N + h)^2 \cos B^2 (\cos^2\lambda + \sin^2\lambda) \tag{2.121}$$

$$\sqrt{(x^e)^2 + (y^e)^2} = (R_N + h)\cos B \tag{2.122}$$

结合式（2.122）和式（2.120）可得

$$\frac{z^e}{\sqrt{(x^e)^2 + (y^e)^2}} = \frac{[R_N(1 - e^2) + h]}{(R_N + h)}\tan B \tag{2.123}$$

$$B = \arctan\left\{\frac{z^e(R_N + h)}{[R_N(1 - e^2) + h]\sqrt{(x^e)^2 + (y^e)^2}}\right\} \tag{2.124}$$

迭代算法应用如下。

（1）初始化高度：

$$h_0 = 0 \tag{2.125}$$

（2）从已知测量值中选择一个任意的纬度值或选用一个近似值：

$$B_0 = \arctan\left[\frac{z^e}{P^e(1 - e^2)}\right] \tag{2.126}$$

式中：$P^e = (R_N + h)\cos B$。

（3）大地经度计算公式：

$$\lambda = \arctan2(y^e, x^e) \tag{2.127}$$

（4）从 $i=1$ 开始迭代：

$$R_{N_i} = \frac{a}{(1 - e^2\sin^2 B_{i-1})^{\frac{1}{2}}} \tag{2.128}$$

$$h_i = \frac{\sqrt{(x^e)^2 + (y^e)^2}}{\cos B_{i-1}} - R_{N_i} \tag{2.129}$$

$$B_i = \arctan\left[\frac{z^e}{\sqrt{(x^e)^2 + (y^e)^2}} \cdot \frac{(R_{N_i} + h_i)}{R_{N_i}(1 - e^2) + h_i}\right] \tag{2.130}$$

（5）对比 B_i，B_{i-1} 和 h_i，h_{i-1}：如果收敛精度足够则结束迭代，否则将新值代入步骤（4）继续迭代。

2. 方法 2：直接法

直接法计算公式并不是精确公式，但在 $h<1000\text{km}$ 时，可提供小于厘米级的精度。首先，计算辅助量：$\theta = \arctan\dfrac{z^e a}{pb}$；然后，使用下式计算得到纬度、经度和高度。

$$\left.\begin{aligned} B &= \arctan\left[\frac{z^e + b(e')^2\sin^3\theta}{p - ae^2\cos^3\theta}\right] \\ \lambda &= \arctan2(y^e, x^e) \\ h &= \frac{p}{\cos B} - R_N \end{aligned}\right\} \tag{2.131}$$

式中：$(e')^2 = \dfrac{a^2 - b^2}{b^2}$，$p = \sqrt{(x^e)^2 + (y^e)^2}$。

第3章 发射系制导炮弹捷联惯导算法

导航参考坐标系的选择，不仅仅是飞行器导航专业的问题，还涉及飞行弹道、制导和控制等其他专业方向的需求。发射坐标系（发射系）与地球固联，其位置、速度和姿态导航参数是相对于地球的，与很多地面发射飞行器制导控制系统需求的导航信息一致。在垂直发射情况下，发射系的姿态角不会奇异，而这种情况下当地水平坐标系的姿态角会出现奇异现象。发射系采用 J_{2n} 重力模型，考虑了当地水平的南北向重力影响，适用于高度大于 20km 以上的正常重力计算。发射系导航特别适合于在射面内飞行的中近程飞行器，如地地导弹、制导炮弹等。

本章从发射惯性坐标系（发惯系）捷联惯导机械编排出发，系统地推导了发射系的捷联惯导机械编排，发射系捷联惯导姿态、速度和位置数值更新算法，以及发射系数值更新简化算法，并进行了发射系制导炮弹纯惯性导航仿真试验。

3.1 发惯系中的捷联惯导机械编排

根据牛顿第二定律，在发惯系（a 系）中，地球引力场中飞行器的运动方程为

$$\ddot{\boldsymbol{P}}^a = \boldsymbol{f}^a + \boldsymbol{G}^a \tag{3.1}$$

式（3.1）的二阶微分方程可以转换成如下形式的一阶微分方程组：

$$\left.\begin{aligned} \dot{\boldsymbol{P}}^a &= \boldsymbol{V}^a \\ \dot{\boldsymbol{V}}^a &= \boldsymbol{f}^a + \boldsymbol{G}^a \end{aligned}\right\} \tag{3.2}$$

式（3.1）和式（3.2）中：$\boldsymbol{P}^a$ 是飞行器发惯系下的位置矢量；$\ddot{\boldsymbol{P}}^a$ 是位置矢量的二阶时间导数，即飞行器的加速度矢量；$\boldsymbol{V}^a$ 是发惯系下的速度矢量；$\boldsymbol{G}^a$ 是

地球引力加速度矢量；$\boldsymbol{f}^a$是发惯系下的比力矢量，由三轴加速度计测量的比力矢量$\boldsymbol{f}^b$转换到发惯系下得到，即

$$\boldsymbol{f}^a = \boldsymbol{R}_b^a \boldsymbol{f}^b \tag{3.3}$$

式中：$\boldsymbol{R}_b^a$ 为载体系（b 系）至发惯系（a 系）的转换矩阵，如式（2.59）所示。参考式（2.108），$\boldsymbol{R}_b^a$ 满足如下姿态矩阵微分方程：

$$\dot{\boldsymbol{R}}_b^a = \boldsymbol{R}_b^a \boldsymbol{\Omega}_{ab}^b \tag{3.4}$$

式中：$\boldsymbol{\Omega}_{ab}^b$ 是角速度矢量 $\boldsymbol{\omega}^b$ 的反对称矩阵，$\boldsymbol{\omega}^b$ 由三轴陀螺仪测量得到。将式（3.2）和式（3.4）组合起来，得到发惯系下捷联惯导微分方程组（机械编排）如下：

$$\begin{bmatrix} \dot{\boldsymbol{P}}^a \\ \dot{\boldsymbol{V}}^a \\ \dot{\boldsymbol{R}}_b^a \end{bmatrix} = \begin{bmatrix} \boldsymbol{V}^a \\ \boldsymbol{R}_b^a \boldsymbol{f}^b + \boldsymbol{G}^a \\ \boldsymbol{R}_b^a \boldsymbol{\Omega}_{ab}^b \end{bmatrix} \tag{3.5}$$

由式（3.5）的捷联惯导算法编排，发惯系中导航计算的框图如图 3-1 所示。

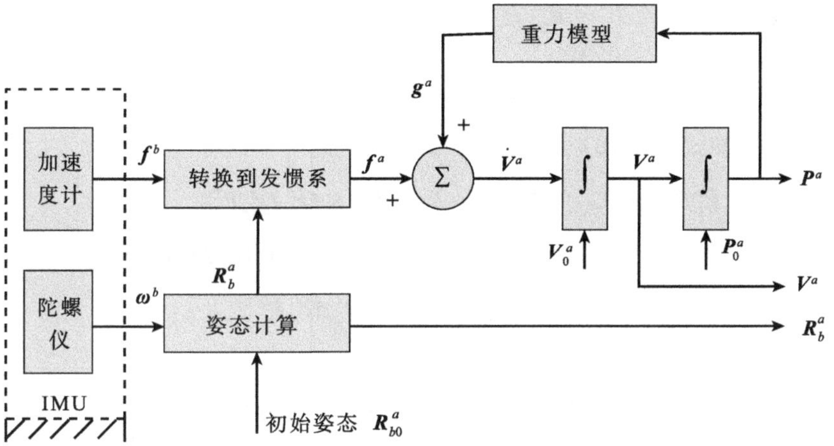

图 3-1　发惯系中捷联惯导算法流程图

3.2　发射系中的捷联惯导机械编排

发惯系捷联惯导机械编排，是通过牛顿第二定律和第 2 章推导的姿态矩阵微分方程，直接给出的。发惯系捷联惯导机械编排，是其他导航参考坐标系捷联惯导机械编排的基础。本节从发惯系捷联惯导机械编排出发，推导了发射系的捷联惯导机械编排。

3.2.1 发射系捷联惯导机械编排推导

在飞行器发射瞬间，发惯系和发射系是完全重合的，而在飞行过程中，发惯系在惯性空间内保持不动，而发射系随地球一起旋转，它们之间可以通过一个转换矩阵进行两坐标系之间的相互转化。由坐标转换知

$$\boldsymbol{P}^a = \boldsymbol{R}_g^a \boldsymbol{P}^g \tag{3.6}$$

对式（3.6）两边微分得

$$\dot{\boldsymbol{P}}^a = \dot{\boldsymbol{R}}_g^a \boldsymbol{P}^g + \boldsymbol{R}_g^a \dot{\boldsymbol{P}}^g = \boldsymbol{R}_g^a \boldsymbol{\Omega}_{ag}^g \boldsymbol{P}^g + \boldsymbol{R}_g^a \dot{\boldsymbol{P}}^g \tag{3.7}$$

再对式（3.7）等号两边微分得

$$\begin{aligned}\ddot{\boldsymbol{P}}^a &= \dot{\boldsymbol{R}}_g^a \boldsymbol{\Omega}_{ag}^g \boldsymbol{P}^g + \boldsymbol{R}_g^a \dot{\boldsymbol{\Omega}}_{ag}^g \boldsymbol{P}^g + \boldsymbol{R}_g^a \boldsymbol{\Omega}_{ag}^g \dot{\boldsymbol{P}}^g + \dot{\boldsymbol{R}}_g^a \dot{\boldsymbol{P}}^g + \boldsymbol{R}_g^a \ddot{\boldsymbol{P}}^g \\ &= \boldsymbol{R}_g^a \boldsymbol{\Omega}_{ag}^g \boldsymbol{\Omega}_{ag}^g \boldsymbol{P}^g + \boldsymbol{R}_g^a \dot{\boldsymbol{\Omega}}_{ag}^g \boldsymbol{P}^g + \boldsymbol{R}_g^a \boldsymbol{\Omega}_{ag}^g \dot{\boldsymbol{P}}^g + \boldsymbol{R}_g^a \boldsymbol{\Omega}_{ag}^g \dot{\boldsymbol{P}}^g + \boldsymbol{R}_g^a \ddot{\boldsymbol{P}}^g \\ &= \boldsymbol{R}_g^a (\boldsymbol{\Omega}_{ag}^g \boldsymbol{\Omega}_{ag}^g \boldsymbol{P}^g + \dot{\boldsymbol{\Omega}}_{ag}^g \boldsymbol{P}^g + 2\boldsymbol{\Omega}_{ag}^g \dot{\boldsymbol{P}}^g + \ddot{\boldsymbol{P}}^g)\end{aligned} \tag{3.8}$$

注意到 $\dot{\boldsymbol{\Omega}}_{ag}^g = \boldsymbol{0}$（认为地球自转角速度是一个常数），则上式可以写为

$$\ddot{\boldsymbol{P}}^a = \boldsymbol{R}_g^a (\ddot{\boldsymbol{P}}^g + 2\boldsymbol{\Omega}_{ag}^g \dot{\boldsymbol{P}}^g + \boldsymbol{\Omega}_{ag}^g \boldsymbol{\Omega}_{ag}^g \boldsymbol{P}^g) \tag{3.9}$$

且由发惯系式（3.1）可得

$$\ddot{\boldsymbol{P}}^a = \boldsymbol{R}_b^a \boldsymbol{f}^b + \boldsymbol{R}_e^a \boldsymbol{G}^e \tag{3.10}$$

由式（3.9）和式（3.10）得到

$$\left.\begin{aligned}&\boldsymbol{R}_b^a \boldsymbol{f}^b + \boldsymbol{R}_e^a \boldsymbol{G}^e = \boldsymbol{R}_g^a (\ddot{\boldsymbol{P}}^g + 2\boldsymbol{\Omega}_{ag}^g \dot{\boldsymbol{P}}^g + \boldsymbol{\Omega}_{ag}^g \boldsymbol{\Omega}_{ag}^g \boldsymbol{P}^g) \\ &\boldsymbol{R}_g^a \boldsymbol{R}_b^g \boldsymbol{f}^b + \boldsymbol{R}_g^a \boldsymbol{R}_e^g \boldsymbol{G}^e = \boldsymbol{R}_g^a (\ddot{\boldsymbol{P}}^g + 2\boldsymbol{\Omega}_{ag}^g \dot{\boldsymbol{P}}^g + \boldsymbol{\Omega}_{ag}^g \boldsymbol{\Omega}_{ag}^g \boldsymbol{P}^g) \\ &\boldsymbol{R}_b^g \boldsymbol{f}^b + \boldsymbol{R}_e^g \boldsymbol{G}^e = \ddot{\boldsymbol{P}}^g + 2\boldsymbol{\Omega}_{ag}^g \dot{\boldsymbol{P}}^g + \boldsymbol{\Omega}_{ag}^g \boldsymbol{\Omega}_{ag}^g \boldsymbol{P}^g\end{aligned}\right\} \tag{3.11}$$

将上式结果移项，并令 $\boldsymbol{G}^g = \boldsymbol{R}_e^g \boldsymbol{G}^e$，得到

$$\ddot{\boldsymbol{P}}^g = \boldsymbol{R}_b^g \boldsymbol{f}^b - 2\boldsymbol{\Omega}_{ag}^g \dot{\boldsymbol{P}}^g + \boldsymbol{G}^g - \boldsymbol{\Omega}_{ag}^g \boldsymbol{\Omega}_{ag}^g \boldsymbol{P}^g \tag{3.12}$$

式（3.12）为发射系中的比力方程，比力方程右边最后两项是引力与离心加速度之和，即重力矢量在发射系的表达式，为

$$\boldsymbol{g}^g = \boldsymbol{G}^g - \boldsymbol{\Omega}_{ag}^g \boldsymbol{\Omega}_{ag}^g \boldsymbol{P}^g \tag{3.13}$$

式（3.12）微分方程可以变成一阶微分方程组形式

$$\left.\begin{aligned}&\dot{\boldsymbol{P}}^g = \boldsymbol{V}^g \\ &\dot{\boldsymbol{V}}^g = \boldsymbol{R}_b^g \boldsymbol{f}^b - 2\boldsymbol{\Omega}_{ag}^g \dot{\boldsymbol{P}}^g + \boldsymbol{g}^g\end{aligned}\right\} \tag{3.14}$$

参考式（2.108），发射系姿态矩阵微分方程为

$$\dot{\boldsymbol{R}}_b^g = \boldsymbol{R}_b^g \boldsymbol{\Omega}_{gb}^b \tag{3.15}$$

其中，$\boldsymbol{\Omega}_{gb}^b = \boldsymbol{\Omega}_{ab}^b - \boldsymbol{\Omega}_{ag}^b$；参考式（2.11），$\boldsymbol{\Omega}_{ag}^b = \boldsymbol{R}_g^b \boldsymbol{\Omega}_{ag}^g \boldsymbol{R}_b^g$，$\boldsymbol{\Omega}_{ag}^g$ 是 $\boldsymbol{\omega}_{ag}^g$ 的反对称矩阵，

$\boldsymbol{\omega}_{ag}^{g}$ 为发射系相对发惯系的坐标系旋转角速度，由于 $\boldsymbol{\omega}_{ai}^{g}=\mathbf{0}$，$\boldsymbol{\omega}_{eg}^{g}=\mathbf{0}$，下式成立：

$$\boldsymbol{\omega}_{ag}^{g}=\boldsymbol{\omega}_{ai}^{g}+\boldsymbol{\omega}_{ig}^{g}=\boldsymbol{\omega}_{ie}^{g}+\boldsymbol{\omega}_{eg}^{g}=\boldsymbol{\omega}_{ie}^{g} \tag{3.16}$$

因此，$\boldsymbol{\omega}_{ag}^{g}$ 为

$$\boldsymbol{\omega}_{ag}^{g}=\boldsymbol{R}_{e}^{g}\boldsymbol{\omega}_{ie}^{e}=\omega_{e}\begin{bmatrix}\cos A_0\cos B_0\\ \sin B_0\\ -\sin A_0\cos B_0\end{bmatrix} \tag{3.17}$$

式中：$\boldsymbol{R}_{e}^{g}$ 如式（2.52）所示；$\boldsymbol{\omega}_{ie}^{e}$ 如式（2.49）所示；B_0 为发射点纬度；A_0 为发射方位角。

将式（3.14）和式（3.15）组合在一起，得到如下发射系捷联惯导微分方程，发射系中捷联惯导算法流程图如图 3-2 所示。

$$\begin{bmatrix}\dot{\boldsymbol{P}}^{g}\\ \dot{\boldsymbol{V}}^{g}\\ \dot{\boldsymbol{R}}_{b}^{g}\end{bmatrix}=\begin{bmatrix}\boldsymbol{V}^{g}\\ \boldsymbol{R}_{b}^{g}\boldsymbol{f}^{b}-2\boldsymbol{\Omega}_{ag}^{g}\boldsymbol{V}^{g}+\boldsymbol{g}^{g}\\ \boldsymbol{R}_{b}^{g}(\boldsymbol{\Omega}_{ab}^{b}-\boldsymbol{\Omega}_{ag}^{b})\end{bmatrix} \tag{3.18}$$

如式（3.18）和图 3-2 所示，在捷联惯导系统中，导航计算机执行导航算法，完成的任务分别为：对陀螺测量的角速度 $\boldsymbol{\omega}^{b}$ 扣除 $\boldsymbol{\omega}_{ag}^{g}$ 的影响后进行积分得到姿态矩阵 $\boldsymbol{R}_{b}^{g}$；通过姿态矩阵将加速度计测量的比力 $\boldsymbol{f}^{b}$ 转换到发射系；考虑引力 $\boldsymbol{g}^{g}$ 和科氏力的影响，对发射系下的比力 $\boldsymbol{f}^{g}$ 积分得到飞行器的发射系速度 $\boldsymbol{V}^{g}$；再对速度积分得到飞行器的位置 $\boldsymbol{P}^{g}$。这三个积分解算过程可分别称为捷联惯导姿态更新、速度更新和位置更新。其中姿态解算的精度对导航解算的精度影响最大，速度解算次之，位置解算的影响最小。姿态解算的精度直接影响比力积分变换的精度，进而影响速度解算的精度，最终影响位置解算精度。

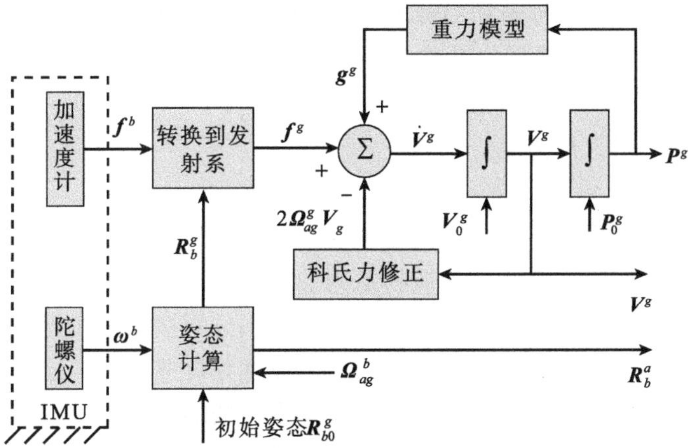

图 3-2　发射系中捷联惯导算法流程图

3.2.2 发射方位角

如图 2-2 所示，发射方位角 A_0 为过发射点的正北方向与该点瞄准方向在过该点水平面上投影的夹角，并以该点正北方向开始向东旋转为正。针对近射程飞行器，本节采用下面的发射方位角计算方法。

发射方位角计算步骤如下：首先，根据发射点的初始纬经高位置信息（B_0，λ_0，h_0），计算发射点地心地固坐标系的位置 $\boldsymbol{P}_0^e=[x_0^e,\ y_0^e,\ z_0^e]^{\mathrm{T}}$：

$$\left.\begin{aligned} x_0^e &= (R_{N0}+h_0)\cos B_0\cos\lambda_0 \\ y_0^e &= (R_{N0}+h_0)\cos B_0\sin\lambda_0 \\ z_0^e &= [R_{N0}(1-e^2)+h_0]\sin B_0 \end{aligned}\right\} \tag{3.19}$$

式中：$R_{N0}=a/\sqrt{1-e^2\sin^2 B_0}$，其中 a 为椭球半长轴，e 为椭球偏心率。

其次，根据目标点的纬经高位置信息（B_t，λ_t，h_t），计算目标点地心地固坐标系的位置 $\boldsymbol{P}_t^e=[x_t^e,\ y_t^e,\ z_t^e]^{\mathrm{T}}$：

$$\left.\begin{aligned} x_t^e &= (R_{Nt}+h_t)\cos B_t\cos\lambda_t \\ y_t^e &= (R_{Nt}+h_t)\cos B_t\sin\lambda_t \\ z_t^e &= [R_{Nt}(1-e^2)+h_t]\sin B_t \end{aligned}\right\} \tag{3.20}$$

式中：$R_{Nt}=a/\sqrt{1-e^2\sin^2 B_t}$。

然后计算发射点到目标点在地心地固系下的位置矢量 $\boldsymbol{P}_{0t}^e$：

$$\boldsymbol{P}_{0t}^e = \boldsymbol{P}_t^e - \boldsymbol{P}_0^e \tag{3.21}$$

再计算位置矢量 $\boldsymbol{P}_{0t}^e$ 在当地水平坐标系下的投影 $\boldsymbol{P}_{0t}^l$：

$$\boldsymbol{P}_{0t}^l = \boldsymbol{R}_e^l\boldsymbol{P}_{0t}^e \tag{3.22}$$

式中：$\boldsymbol{R}_e^l$ 为地心地固坐标系到当地水平坐标系的转换矩阵，如式（2.61）所示。

最后，根据 $\boldsymbol{P}_{0t}^l$ 的投影分量 $\boldsymbol{P}_{0t}^l=[P_x^l,\ P_y^l,\ P_z^l]^{\mathrm{T}}$，计算发射方位角 A_0：

$$A_0 = \arctan2(P_z^l,\ P_x^l) \tag{3.23}$$

至此，可得到发射方位角 A_0。

3.2.3 发射系正常重力模型

导航系统只能通过重力模型获得重力加速度的信息，重力加速度误差是导航加速度误差来源之一。惯性导航系统是通过积分间接测量飞行器姿态、速度和位置的系统，重力加速度误差积分后引起速度和位置误差。地球真实形状的复杂，地球质量分布情况的复杂，使得地球重力场的高精度重力模型计算十分复杂。随着制导炮弹的射程增加，其飞行的弹道高度也在逐步增高。由于传统的航空惯性导航正常重力模型以椭球面重力为基准采用外推法拟合重力随高度的变化，重力模型误差在 20km 以上显著增大，不再适用于制导炮弹惯性导航算法，研究适用于制导炮弹导航需求的高精度重力模型是很有必要的。

重力包含地球引力和离心力两部分，引力由地球质量引起，离心力由地球自转引起。离心力并非真实存在的力，而是描述物体运动的参考系（发射系）与地球固联时，随地球自转产生的等效力。因此离心力在导航算法选用的参考系为惯性系（如地心惯性系和发惯系等）时不用考虑，选用的导航参考系与地球固联（发射系）时则需要考虑。

1. 球谐函数模型

本节通过地球引力位函数，逐步介绍发射系正常重力模型的推导过程，通用的地球引力位函数 V 表达式为

$$V = \frac{GM}{r}\left[1 + \sum_{n=2}^{\infty}\sum_{m=0}^{n}\left(\frac{a}{r}\right)^{n}(C_{n,\,m}\cos m\lambda + S_{n,\,m}\sin m\lambda)\mathrm{P}_{n,\,m}(\sin\phi)\right] \tag{3.24}$$

式中，ϕ、λ 为制导炮弹的地心纬度和经度；$\mathrm{P}_{n,m}(\sin\phi)$ 为缔合勒让德函数；G 为引力常数，M 为地球质量，可采用地心引力常数 μ 表示引力常数和地球质量的乘积，即 $\mu=GM$；r 为制导炮弹到地心的距离。该式是测绘学描述地球重力的常用数学模型，该模型使用高阶级数拟合地球重力场的细节信息，使用此模型的一些高阶数据库（如 EGM96、EGM2008 等，提供 $C_{n,m}$ 和 $S_{n,m}$ 参数数值）描述重力的精度能达到 $10^{-6}\mathrm{m/s^2}$ 或更高，但该模型计算开销随着模型阶数的平方增加，在导航算法中需要根据飞行器的飞行弹道，在导航算法误差允许的情况下使用正常重力位简化模型。

2. 正常重力位简化模型

导航算法计算中常使用简化模型，将地球视为质量均匀的椭球，WGS84 提供椭球参数如表 2-1 和表 2-2 所示。以椭球重力近似地球重力，该方法计算重力精度目前可以满足大多数导航系统需求。

将地球视为均质椭球时，忽略了以下 4 项：①地球水准起伏，视地球为标准几何椭球；②地球密度不均，视地球为均质椭球，质量中心就是几何中心；③地球质量分布随经度的变化，椭球沿纬线圈为正圆，地球绕其短轴旋转对称，将椭球绕短轴旋转任意角度，旋转前后都能完全重合；④地球南北半球的质量分布差异，椭球关于赤道南北对称。

将地球视为均质椭球后，由式（3.24）推导正常重力模型，需要进行两步简化：第一步，依据椭球的旋转对称性进行简化；第二步，依据椭球的南北对称性进行简化。

依据椭球的旋转对称性的简化：由于地球绕其短轴旋转对称，引力也应绕

短轴旋转对称，式（3.24）中（$C_{n,m}\cos m\lambda+S_{n,m}\sin m\lambda$）这一部分，只有 $m=0$ 的项满足旋转对称，$m\neq 0$ 的项为 0，才不会破坏椭球的旋转对称特性，忽略地球质量分布随经度的变化就等同于忽略 $m\neq 0$ 项的影响。当 $m=0$ 时，（$C_{n,0}\cos 0+S_{n,0}\sin 0)=C_{n,0}$ 变为常数。将 $C_{n,0}$ 记为 J_n，$\mathrm{P}_{n,0}(\sin\phi)$ 记为$\mathrm{P}_n(\sin\phi)$。$\mathrm{P}_{n,0}(\sin\phi)$ 为勒让德函数，记为 $\mathrm{P}_n(\sin\phi)$，$\mathrm{P}_n(\sin\phi)$ 仅是纬度的函数。

简化后，V 的表达式变为

$$V_{(r,\ \phi)}=\frac{\mu}{r}\sum_{n=0}^{\infty}\left(\frac{a}{r}\right)^{n}J_n\mathrm{P}_n(\sin\phi) \tag{3.25}$$

此时考察式（3.25）中勒让德函数 $\mathrm{P}_n(\sin\phi)$ 的定义，将 $\sin\phi$ 记为 x，$\mathrm{P}_n(x)$ 是按如下规律导出的一系列函数（也称为勒让德多项式），即

$$\mathrm{P}_n(x)=\frac{1}{2^n n!}\frac{\mathrm{d}^n(x^2-1)^n}{\mathrm{d}x^n},\ (-1\leqslant x\leqslant 1) \tag{3.26}$$

约定零阶勒让德函数 $\mathrm{P}_0=1$，再将 $n=1$，2，…，6 代入式（3.26）中，得到 $\mathrm{P}_1\sim\mathrm{P}_6$ 的表达式。

$$\left.\begin{aligned}
&\mathrm{P}_1(x)=x\\
&\mathrm{P}_2(x)=\frac{3}{2}x^2-\frac{1}{2}\\
&\mathrm{P}_3(x)=\frac{5}{2}x^3-\frac{3}{2}x\\
&\mathrm{P}_4(x)=\frac{35}{8}x^4-\frac{30}{8}x^2+\frac{3}{8}\\
&\mathrm{P}_5(x)=\frac{63}{8}x^5-\frac{70}{8}x^3+\frac{15}{8}x\\
&\mathrm{P}_6(x)=\frac{231}{16}x^6-\frac{315}{16}x^4+\frac{105}{16}x^2-\frac{5}{16}
\end{aligned}\right\} \tag{3.27}$$

依据椭球的南北对称性的简化：参考椭球关于赤道面对称，引力位也应该在赤道两侧对称。奇数次 P_n 为奇函数，偶数次 P_n 为偶函数。以 P_1、P_2 为例，将 P_1、P_2 表达式代入式（3.25）中，有

$$\left.\begin{aligned}
&\mathrm{P}_1(\sin(-\phi))=-\sin\phi\neq\mathrm{P}_1(\sin\phi)\\
&\mathrm{P}_2(\sin(-\phi))=\frac{3}{2}(-\sin\phi)^2-\frac{1}{2}=\mathrm{P}_2(\sin\phi)
\end{aligned}\right\} \tag{3.28}$$

从式（3.28）可见 n 为奇数的 $\mathrm{P}_n(\sin\phi)$ 不是南北对称的，只有 n 为偶数的项才能满足南北对称特性。忽略了地球南北半球的质量分布差异时，就是忽略了 n 为奇数 $\mathrm{P}_n(\sin\phi)$ 的所有项。简化后，V 的表达式简化为

$$V_{(r,\ \phi)} = \frac{\mu}{r}\left[1 - \sum_{n=1}^{\infty} J_{2n}\left(\frac{a}{r}\right)^{2n} \mathrm{P}_{2n}(\sin\phi)\right] \tag{3.29}$$

式（3.29）就是将地球简化为参考椭球后的 J_{2n} 引力位模型表达式。

3. 地心地固系重力计算

J_{2n} 引力位模型求解引力矢量时一般通过如下方式将其转换至地心地固系下：

$$\left.\begin{aligned} r &= \sqrt{(x^e)^2 + (y^e)^2 + (z^e)^2} \\ \sin\phi &= \frac{z^e}{r} \end{aligned}\right\} \tag{3.30}$$

式中，以 $[x^e,\ y^e,\ z^e]^{\mathrm{T}}$ 表示地心地固系下的位置矢量。

$$V = \frac{\mu}{r}\left[1 - \sum_{n=1}^{\infty} J_{2n}\left(\frac{a}{r}\right)^{2n} \mathrm{P}_{2n}\left(\frac{z^e}{r}\right)\right] \tag{3.31}$$

表2-2给出了 J_2、J_4 和 J_6 等参数的值，一般 J_2 或 J_4 即可满足精度需求，J_6 及更高阶带谐系数比 J_4 小两个数量级以上，比 J_2 小四个数量级以上，本书中讨论到 J_6 为止。

将式（3.30）中 $\sin\phi=\dfrac{z^e}{r}$ 代入式（3.27），得到勒让德函数 P_2、P_4 和 P_6 表达式：

$$\left.\begin{aligned} \mathrm{P}_2\left(\frac{z^e}{r}\right) &= \frac{3}{2}\left(\frac{z^e}{r}\right)^2 - \frac{1}{2} \\ \mathrm{P}_4\left(\frac{z^e}{r}\right) &= \frac{35}{8}\left(\frac{z^e}{r}\right)^4 - \frac{30}{8}\left(\frac{z^e}{r}\right)^2 + \frac{3}{8} \\ \mathrm{P}_6\left(\frac{z^e}{r}\right) &= \frac{231}{16}\left(\frac{z^e}{r}\right)^6 - \frac{315}{16}\left(\frac{z^e}{r}\right)^4 + \frac{105}{16}\left(\frac{z^e}{r}\right)^2 - \frac{5}{16} \end{aligned}\right\} \tag{3.32}$$

将上式代入式（3.31），得到 J_6 引力位表达式为

$$\begin{aligned} V = \frac{\mu}{r} &- \mu J_2 a^2\left[\frac{3}{2}\frac{(z^e)^2}{r^5} - \frac{1}{2}\frac{1}{r^3}\right] - \mu J_4 a^4\left[\frac{35}{8}\frac{(z^e)^4}{r^9} - \frac{30}{8}\frac{(z^e)^2}{r^7} + \frac{3}{8}\frac{1}{r^5}\right] \\ &- \mu J_6 a^6\left[\frac{231}{16}\frac{(z^e)^6}{r^{13}} - \frac{315}{16}\frac{(z^e)^4}{r^{11}} + \frac{105}{16}\frac{(z^e)^2}{r^9} - \frac{5}{16}\frac{1}{r^7}\right] \end{aligned} \tag{3.33}$$

对引力位函数求梯度（**grad**(*)）即是引力矢量，地心地固系下引力 $\boldsymbol{G}_e$ 为

$$\boldsymbol{G}_e = \mathbf{grad}V = \frac{\partial V}{\partial x}\boldsymbol{i} + \frac{\partial V}{\partial y}\boldsymbol{j} + \frac{\partial V}{\partial z}\boldsymbol{k} \tag{3.34}$$

对 V 求偏导实际上是对式（3.33）中不同幂次的 $(z^e)^m/r^n$ 求偏导，可以看出该项对 x，y 求偏导结果形式相同，而对 z^e 求偏导是不同的，$(z^e)^m/r^n$ 分别对

x^e、z^e 求偏导，结果如下：

$$\frac{\partial}{\partial(x^e)}\left[\frac{(x^e)^m}{r^n}\right]=\frac{\mathrm{d}}{\mathrm{d}r}\left[\frac{(x^e)^m}{r^n}\right]\frac{\mathrm{d}r}{\mathrm{d}(x^e)}=-n\frac{(z^e)^m}{r^{n+2}}(x^e) \tag{3.35}$$

$$\begin{aligned}\frac{\partial}{\partial(z^e)}\left[\frac{(z^e)^m}{r^n}\right]&=(z^e)^m\frac{\mathrm{d}}{\mathrm{d}r}\left(\frac{1}{r^n}\right)\frac{\mathrm{d}r}{\mathrm{d}(z^e)}+\frac{1}{r^n}\frac{\mathrm{d}}{\mathrm{d}(z^e)}(z^e)^m\\&=-n\frac{(z^e)^m}{r^{n+2}}(z^e)+m\frac{(z^e)^{m-1}}{r^n}\end{aligned} \tag{3.36}$$

$$\begin{aligned}\boldsymbol{G}^e=&-\frac{\mu}{r^3}\left[\begin{aligned}&1+J_2\frac{3a^2}{2r^2}\left(1-\frac{5(z^e)^2}{r^2}\right)+J_4\frac{15a^4}{8r^6}\left(-1+\frac{14(z^e)^2}{r^2}-\frac{21(z^e)^2}{r^2}\right)\\&+J_6\frac{35a^6}{16r^6}\left(1-\frac{27(z^e)^2}{r^2}+\frac{99(z^e)^4}{r^4}-\frac{429(z^e)^6}{5r^6}\right)\end{aligned}\right]\begin{bmatrix}x^e\\y^e\\z^e\end{bmatrix}\\&-\frac{\mu}{r^3}\left[J_2\frac{3a^2}{r^2}+J_4\frac{5a^4}{2r^4}\left(\frac{7(z^e)^2}{r^2}-3\right)+J_6\frac{7a^6}{8\rho^6}\left(\frac{99(z^e)^4}{r^4}-\frac{90(z^e)^2}{r^2}+15\right)\right]\begin{bmatrix}0\\0\\z^e\end{bmatrix}\end{aligned} \tag{3.37}$$

将式（3.37）写为

$$\boldsymbol{G}^e=G_r\boldsymbol{P}^e+G_{\omega_e}\boldsymbol{\omega}_e \tag{3.38}$$

式中

$$\left.\begin{aligned}\boldsymbol{P}^e&=[x^e,\ y^e,\ z^e]^{\mathrm{T}}/r\\\boldsymbol{\omega}_e&=[0,\ 0,\ 1]^{\mathrm{T}}\end{aligned}\right\} \tag{3.39}$$

$$\left.\begin{aligned}G_r&=-\frac{\mu}{r^2}\left[\begin{aligned}&1+J_2\frac{3a^2}{2r^2}\left(1-\frac{5(z^e)^2}{r^2}\right)+J_4\frac{15a^4}{8r^4}\left(-1+\frac{14(z^e)^2}{r^2}-\frac{21(z^e)^4}{r^4}\right)\\&+J_6\frac{35a^6}{16r^6}\left(1-\frac{27(z^e)^2}{r^2}+\frac{99(z^e)^4}{r^4}-\frac{429(z^e)^6}{5r^6}\right)\end{aligned}\right]\\G_{\omega_e}&=-\frac{\mu}{r^2}\frac{(z^e)}{r}\left[J_2\frac{3a^2}{r^2}+J_4\frac{5a^4}{2r^4}\left(\frac{7(z^e)^2}{r^2}-3\right)+J_6\frac{7a^6}{8r^6}\left(\frac{99(z^e)^4}{r^4}-\frac{90(z^e)^2}{r^2}+15\right)\right]\end{aligned}\right\} \tag{3.40}$$

式（3.39）中：$\boldsymbol{P}^e$ 的物理意义就是制导炮弹地心地固系单位矢量；$\boldsymbol{\omega}_e$ 的物理意义就是地球自转单位矢量。以上模型根据导航系统提供载体地心位置单位矢量 $\boldsymbol{P}^e$ 与地球自转角速度单位矢量 $\boldsymbol{\omega}_e$，通过式（3.38）即可得到在地心地固系下描述的引力矢量。

引力与离心力相加得到重力 $\boldsymbol{g}^e$，如下式所示，至此地心地固系下重力表达式（引力计算至 J_6 项）推导完成。

$$\boldsymbol{g}^e=\boldsymbol{G}^e-\boldsymbol{\omega}_{ie}^e\times(\boldsymbol{\omega}_{ie}^e\times\boldsymbol{P}^e) \tag{3.41}$$

4. 发射系重力计算

为方便发射系导航中正常重力模型编程计算，下面介绍发射系重力计算公式 $\boldsymbol{g}^g$。将式（3.41）中 $\boldsymbol{g}^e$ 旋转至发射系下可以求得发射系重力 $\boldsymbol{g}^g$：

$$\begin{aligned}\boldsymbol{g}^g &= \boldsymbol{R}_e^g\boldsymbol{g}^e = \boldsymbol{R}_e^g[\boldsymbol{G}^e - \boldsymbol{\omega}_{ie}^e \times (\boldsymbol{\omega}_{ie}^e \times \boldsymbol{P}^e)] \\ &= \boldsymbol{R}_e^g\boldsymbol{G}^e - \boldsymbol{R}_e^g[\boldsymbol{\omega}_{ie}^e \times (\boldsymbol{\omega}_{ie}^e \times \boldsymbol{P}^e)]\end{aligned} \tag{3.42}$$

上式可以完成发射系下重力计算，但需要将发射系导航信息转换为地心地固系下导航信息，求得 $\boldsymbol{g}^e$ 再转换为 $\boldsymbol{g}^g$。为方便发射系导航中正常重力模型编程计算，推导由发射系导航信息直接求发射系重力的公式。推导时以 J_2 模型为例。

首先讨论引力部分，发射系下引力记为 $\boldsymbol{G}^g$，由式（3.42）中的引力部分可得

$$\begin{aligned}\boldsymbol{G}^g &= \boldsymbol{R}_e^g\boldsymbol{G}^e \\ &= \boldsymbol{R}_e^g(G_r\boldsymbol{P}^e + G_{\omega_e}\boldsymbol{\omega}_{ie}^e) \\ &= G_r(\boldsymbol{R}_e^g\boldsymbol{P}^e) + G_{\omega_e}(\boldsymbol{R}_e^g\boldsymbol{\omega}_{ie}^e) \\ &= G_r\boldsymbol{r}^0 + G_{\omega_e}\boldsymbol{\omega}_0^g\end{aligned} \tag{3.43}$$

式中：G_r 和 G_{ω_e} 使用式（3.40）计算即可；$\boldsymbol{\omega}_0^g$ 为发射系下沿地球自转轴指向北的单位矢量；$\boldsymbol{r}^0$ 为 $\boldsymbol{r}^g$ 的单位矢量，$\boldsymbol{r}^g$ 为 g 系下载体到地心的矢量。$\boldsymbol{r}^g$ 和 $\boldsymbol{\omega}_0^g$ 分别由下式计算：

$$\boldsymbol{r}^g = \boldsymbol{R}_e^g\boldsymbol{P}^e = \boldsymbol{P}^g + \boldsymbol{R}_0^g = \begin{bmatrix} x + \boldsymbol{R}_0^g(1) \\ y + \boldsymbol{R}_0^g(2) \\ z + \boldsymbol{R}_0^g(3)\end{bmatrix} \tag{3.44}$$

$$\boldsymbol{\omega}_0^g = \frac{\boldsymbol{\omega}_{ag}^g}{|\boldsymbol{\omega}_{ag}^g|} \tag{3.45}$$

式（3.44）中：$\boldsymbol{r}^g$ 为发射系下坐标原点到制导炮弹的位置矢量；$\boldsymbol{R}_0^g$ 为发射系下地心到坐标原点位置矢量，$|\boldsymbol{r}^g| = |\boldsymbol{P}^e| = r$。式（3.45）中，$\boldsymbol{\omega}_{ag}^g$ 定义参考式（3.16）。

参考式（2.8），将 $\boldsymbol{\omega}_e\times$写成 $\boldsymbol{\Omega}_{ie}^e$，则式（3.42）中的离心力部分为

$$\boldsymbol{R}_e^g[\boldsymbol{\omega}_{ie}^e \times (\boldsymbol{\omega}_{ie}^e \times \boldsymbol{P}^e)] = \boldsymbol{R}_e^g\boldsymbol{\Omega}_{ie}^e\boldsymbol{\Omega}_{ie}^e\boldsymbol{P}^e \tag{3.46}$$

参考式（3.16），有 $\boldsymbol{\Omega}_{ie}^e = \boldsymbol{\Omega}_{ag}^e$，参考式（2.14），有 $\boldsymbol{\Omega}_{ag}^e = \boldsymbol{R}_g^e\boldsymbol{\Omega}_{ag}^g\boldsymbol{R}_e^g$，代入上式，得

$$\begin{aligned}\boldsymbol{R}_e^g\boldsymbol{\Omega}_{ie}^e\boldsymbol{\Omega}_{ie}^e\boldsymbol{P}^e &= \boldsymbol{R}_e^g\boldsymbol{\Omega}_{ag}^e\boldsymbol{\Omega}_{ag}^e\boldsymbol{P}^e \\ &= \boldsymbol{R}_e^g(\boldsymbol{R}_g^e\boldsymbol{\Omega}_{ag}^g\boldsymbol{R}_e^g)(\boldsymbol{R}_g^e\boldsymbol{\Omega}_{ag}^g\boldsymbol{R}_e^g)\boldsymbol{P}^e\end{aligned}$$

$$
\begin{aligned}
&= (\boldsymbol{R}_e^g \boldsymbol{R}_g^e)\boldsymbol{\Omega}_{ag}^g (\boldsymbol{R}_e^g \boldsymbol{R}_g^e)\boldsymbol{\Omega}_{ag}^g \boldsymbol{R}_e^g \boldsymbol{P}^e \\
&= \boldsymbol{\Omega}_{ag}^g \boldsymbol{\Omega}_{ag}^g \boldsymbol{r}^g
\end{aligned} \tag{3.47}
$$

其中，$\boldsymbol{\Omega}_{ag}^g = (\boldsymbol{\omega}_{ag}^g \times)$。

综合式（3.42）~式（3.47），发射系重力计算公式如下：

$$
\left.\begin{aligned}
&\boldsymbol{g}^g = \boldsymbol{R}_e^g \boldsymbol{g}^e = \boldsymbol{G}^g - \boldsymbol{\omega}_{ag}^g \times (\boldsymbol{\omega}_{ag}^g \times \boldsymbol{r}^g) \\
&\boldsymbol{G}^g = G_r \boldsymbol{r}^0 + G_{\omega_e} \boldsymbol{\omega}_0^g
\end{aligned}\right\} \tag{3.48}
$$

式中，将模型简化为 J_2 模型，在发射系下计算重力，忽略式（3.40）中 G_r 和 G_{ω_e} 与 J_4 和 J_6 有关项，并做代换 $z^e = r\sin\phi$，得到 J_2 引力 G_r 和 G_{ω_e} 分别为

$$
G_r = -\frac{\mu}{r^2}\left[1 + \frac{3}{2}J_2\left(\frac{a}{r}\right)^2 (1 - 5\sin^2\phi)\right] \tag{3.49}
$$

$$
G_{\omega_e} = -\frac{\mu}{r^2}\left[3J_2\left(\frac{a}{r}\right)^2 \sin\phi\right] \tag{3.50}
$$

式中：$\sin\phi$ 如式（3.30）所示，地心纬度 ϕ 计算式为

$$
\phi = \arcsin\left(\frac{\boldsymbol{r}^g \cdot \boldsymbol{\omega}_{ag}^g}{|\boldsymbol{r}^g||\boldsymbol{\omega}_{ag}^g|}\right) \tag{3.51}
$$

式中：ϕ 为地心纬度；J_2 为地球重力场二阶带谐系数，参见表 2-2。

式（3.48）~式（3.51）即可完成发射系下 J_2 重力的计算，若需要计算 J_4、J_6 等高阶正常引力，只需依照式（3.40）计算 G_r 和 G_{ω_e}，保留 J_4、J_6 有关的项即可。

3.3 发射系捷联惯导数值更新算法

式（3.18）给出了发射系下捷联惯导微分方程组，在捷联惯导导航解算时，需要进行离散化数值更新。发射系捷联惯导导航解算包括姿态数值更新算法、速度数值更新算法和位置数值更新算法三部分。在导航解算的过程中，为了达到导航算法引入的误差最小，这三个数值更新过程必须选用高精度数值解算算法。在超声速、大机动、振动等恶劣环境下，刚体有限转动的不可交换性将给导航解算带来负面效应，如圆锥效应、划桨效应以及涡卷效应，分别在三个更新过程中引入姿态解算误差、速度解算误差以及位置解算误差。因此，在姿态更新中推导了圆锥效应补偿算法，在速度更新中推导了划桨效应补偿算法，在位置更新中推导了涡卷效应补偿算法。

本书中捷联惯导算法采用二子样更新算法，即假设陀螺仪角速度和加速度计比力测量均为线性模型，如下式所示：

$$\left.\begin{aligned}\boldsymbol{\omega}^b(t)&=\boldsymbol{a}+2\boldsymbol{b}(t-t_{k-1})\\ \boldsymbol{f}^b(t)&=\boldsymbol{A}+2\boldsymbol{B}(t-t_{k-1})\end{aligned}\right\}\tag{3.52}$$

式中：$\boldsymbol{a}$，$\boldsymbol{b}$，$\boldsymbol{A}$，$\boldsymbol{B}$ 均为常值矢量，相应的角增量和速度增量表达式为

$$\left.\begin{aligned}\Delta\boldsymbol{\theta}_t&=\boldsymbol{\theta}^b(t,\ t_{k-1})=\int_{t_{k-1}}^{t}\boldsymbol{\omega}^b(\tau)\mathrm{d}\tau=\boldsymbol{a}(t-t_{k-1})+\boldsymbol{b}(t-t_{k-1})^2\\ \Delta\boldsymbol{V}_t&=\boldsymbol{V}^b(t,\ t_{k-1})=\int_{t_{k-1}}^{t}\boldsymbol{f}^b(\tau)\mathrm{d}\tau=\boldsymbol{A}(t-t_{k-1})+\boldsymbol{B}(t-t_{k-1})^2\end{aligned}\right\}\tag{3.53}$$

若陀螺仪和加速度计在时间 $[t_{k-1},\ t_k]$ 内均进行两次等间隔采样，采样时刻分别为 t_{k-1} 和 t_k，且记 $T=t_k-t_{k-1}$ 和 $h=T/2$，则可得采样增量如下：

$$\left.\begin{aligned}\Delta\boldsymbol{\theta}_1&=\int_{t_{k-1}}^{t_{k-1}+h}\boldsymbol{\omega}^b(\tau)\mathrm{d}\tau=h\boldsymbol{a}+h^2\boldsymbol{b}=\frac{1}{2}\boldsymbol{a}T+\frac{1}{4}\boldsymbol{b}T^2\\ \Delta\boldsymbol{\theta}_2&=\int_{t_{k-1}+h}^{t_k}\boldsymbol{\omega}^b(\tau)\mathrm{d}\tau=h\boldsymbol{a}+3h^2\boldsymbol{b}=\frac{1}{2}\boldsymbol{a}T+\frac{3}{4}\boldsymbol{b}T^2\\ \Delta\boldsymbol{V}_1&=\int_{t_{k-1}}^{t_{k-1}+h}\boldsymbol{f}^b(\tau)\mathrm{d}\tau=h\boldsymbol{A}+h^2\boldsymbol{B}\\ \Delta\boldsymbol{V}_2&=\int_{t_{k-1}+h}^{t_k}\boldsymbol{f}^b(\tau)\mathrm{d}\tau=h\boldsymbol{A}+3h^2\boldsymbol{B}\end{aligned}\right\}\tag{3.54}$$

式中：$\Delta\boldsymbol{\theta}_1$ 和 $\Delta\boldsymbol{V}_1$ 是 $[t_{k-1},\ t_{k-1}+h]$ 时间段内 IMU 测量的角增量和速度增量；$\Delta\boldsymbol{\theta}_2$ 和 $\Delta\boldsymbol{V}_2$ 是 $[t_{k-1}+h,\ t_{k-1}+T]$ 时间段内 IMU 测量的角增量和速度增量。并且，$\Delta\boldsymbol{\theta}_k=\Delta\boldsymbol{\theta}_1+\Delta\boldsymbol{\theta}_2$，$\Delta\boldsymbol{V}_k=\Delta\boldsymbol{V}_1+\Delta\boldsymbol{V}_2$。

3.3.1　发射系姿态更新算法

在捷联惯导数值更新算法中，姿态更新算法是核心，其求解精度对整个捷联惯导算法的精度起着决定性的作用。传统的姿态解算算法有欧拉角法、方向余弦法和四元数法。相对于方向余弦法和欧拉角法，四元数法以其算法简单、计算量小，成为姿态更新的首选方法。但是，采用毕卡逼近法求解四元数微分方程时使用了陀螺的角增量输出，角增量虽然微小，但不能视作无穷小。刚体作有限转动时，刚体的空间角位置与旋转次序有关。四元数法中不可避免地引入了不可交换性误差，特别是在一些飞行器作高动态飞行时，这种误差就会表现得十分明显，必须采取有效措施加以克服。等效旋转矢量法在利用陀螺角增量计算旋转矢量时，对这种不可交换误差作了适当补偿，弥补了四元数法的不足。本节介绍基于旋转矢量的四元数姿态更新算法，分两步来完成：①旋转矢量的计算；②四元数的更新。

在发射系（g 系）中，姿态四元数更新算法的数值递推的形式为

$$\boldsymbol{q}_{b(k)}^{g(k)} = \boldsymbol{q}_{g(k-1)}^{g(k)} \boldsymbol{q}_{b(k-1)}^{g(k-1)} \boldsymbol{q}_{b(k)}^{b(k-1)} \tag{3.55}$$

式中：$\boldsymbol{q}_{b(k)}^{g(k)}$ 是发射系下 t_k 时刻的姿态四元数，$\boldsymbol{q}_{b(k-1)}^{g(k-1)}$ 是 g 系下 t_{k-1} 时刻的姿态四元数，$\boldsymbol{q}_{g(k-1)}^{g(k)}$ 是 g 系从 t_{k-1} 时刻到 t_k 时刻的变换四元数，$\boldsymbol{q}_{b(k)}^{b(k-1)}$ 是载体坐标系（b 系）从 t_{k-1} 时刻到 t_k 时刻的变换四元数。

（1）$\boldsymbol{q}_{g(k-1)}^{g(k)}$ 的计算利用到发射系相对于发惯系的转动角速度 $\boldsymbol{\omega}_{ag}^{g}(t)$（$t_{k-1} \leqslant t \leqslant t_k$），如式（3.17）所示，且 $t_k - t_{k-1} = T$，记 g 系从 t_{k-1} 时刻到 t_k 时刻的转动等效旋转矢量为 $\boldsymbol{\zeta}_k$，则有

$$\boldsymbol{\zeta}_k = \int_{t_{k-1}}^{t_k} \boldsymbol{\omega}_{ag}^{g}(t)\,\mathrm{d}t = \boldsymbol{\omega}_{ag}^{g} T \tag{3.56}$$

旋转矢量 $\boldsymbol{\zeta}_k$ 及其对应的四元数 $\boldsymbol{q}_{g(k-1)}^{g(k)}$ 有以下计算关系：

$$\boldsymbol{q}_{g(k-1)}^{g(k)} = \cos\frac{\zeta_k}{2} + \frac{\boldsymbol{\zeta}_k}{\zeta_k}\sin\frac{\zeta_k}{2} \tag{3.57}$$

式中：$\zeta_k = |\boldsymbol{\zeta}_k|$。

（2）$\boldsymbol{q}_{b(k)}^{b(k-1)}$ 的计算利用到载体坐标系相对于发惯系的转动角速度 $\boldsymbol{\omega}_{ab}^{b}(t)$，即三轴陀螺仪测量到的角速度 $\boldsymbol{\omega}^{b}$。记 $\boldsymbol{\Phi}_k$ 是从 t_{k-1} 时刻到 t_k 时刻载体坐标系相对于发惯系的等效旋转矢量，采用双子样算法有

$$\boldsymbol{\Phi}_k = \Delta\boldsymbol{\theta}_1 + \Delta\boldsymbol{\theta}_2 + \frac{2}{3}\Delta\boldsymbol{\theta}_1 \times \Delta\boldsymbol{\theta}_2 \tag{3.58}$$

式中：旋转矢量 $\boldsymbol{\Phi}_k$ 及其对应的四元数 $\boldsymbol{q}_{b(k)}^{b(k-1)}$ 有以下计算关系：

$$\boldsymbol{q}_{b(k)}^{b(k-1)} = \cos\frac{\Phi_k}{2} + \frac{\boldsymbol{\Phi}_k}{\Phi_k}\sin\frac{\Phi_k}{2} \tag{3.59}$$

式中，$\Phi_k = |\boldsymbol{\Phi}_k|$，将式（3.57）和式（3.59）代入式（3.55）完成姿态更新。

3.3.2 发射系速度更新算法

由式（3.18）的发射系比力方程，明确标注出各量时间参数，可得

$$\dot{\boldsymbol{V}}^{g}(t) = \boldsymbol{R}_{b}^{g}(t)\boldsymbol{f}^{b}(t) - 2\boldsymbol{\omega}_{ag}^{g}(t) \times \boldsymbol{V}^{g}(t) + \boldsymbol{g}^{g}(t) \tag{3.60}$$

上式两边同时在时间段 $[t_{k-1}, t_k]$ 内积分，得

$$\int_{t_{k-1}}^{t_k} \dot{\boldsymbol{V}}^{g}(t)\,\mathrm{d}t = \int_{t_{k-1}}^{t_k} [\boldsymbol{R}_{b}^{g}(t)\boldsymbol{f}^{b}(t) - 2\boldsymbol{\omega}_{ag}^{g}(t) \times \boldsymbol{V}^{g}(t) + \boldsymbol{g}^{g}(t)]\,\mathrm{d}t \tag{3.61}$$

即

$$\begin{aligned}\boldsymbol{V}_{k}^{g(k)} - \boldsymbol{V}_{k-1}^{g(k-1)} &= \int_{t_{k-1}}^{t_k} \boldsymbol{R}_{b}^{g}(t)\boldsymbol{f}^{b}(t)\,\mathrm{d}t + \int_{t_{k-1}}^{t_k} [-2\boldsymbol{\omega}_{ag}^{g}(t) \times \boldsymbol{V}^{g}(t) + \boldsymbol{g}^{g}(t)]\,\mathrm{d}t \\ &= \Delta\boldsymbol{V}_{\mathrm{sf}(k)}^{g} + \Delta\boldsymbol{V}_{\mathrm{cor/g}(k)}^{g}\end{aligned} \tag{3.62}$$

式中：$\boldsymbol{V}_k^{g(k)}$ 和 $\boldsymbol{V}_{k-1}^{g(k-1)}$ 分别为 t_k 和 t_{k-1} 时刻发射系的惯导速度，并且记

$$\Delta \boldsymbol{V}_{\mathrm{sf}(k)}^g = \int_{t_{k-1}}^{t_k} \boldsymbol{R}_b^g(t)\boldsymbol{f}^b(t)\,\mathrm{d}t \tag{3.63}$$

$$\Delta \boldsymbol{V}_{\mathrm{cor/g}(k)}^g = \int_{t_{k-1}}^{t_k} [-2\boldsymbol{\omega}_{ag}^g(t) \times \boldsymbol{V}^g(t) + \boldsymbol{g}^g(t)]\,\mathrm{d}t \tag{3.64}$$

$\Delta \boldsymbol{V}_{\mathrm{sf}(k)}^g$ 和 $\Delta \boldsymbol{V}_{\mathrm{cor/g}(k)}^g$ 分别称为时间段 T 内导航系比力速度增量和有害加速度的速度增量。将式（3.62）移项，可得发射系速度更新算法的递推形式，如下所示：

$$\boldsymbol{V}_k^{g(k)} = \boldsymbol{V}_{k-1}^{g(k-1)} + \Delta \boldsymbol{V}_{\mathrm{sf}(k)}^g + \Delta \boldsymbol{V}_{\mathrm{cor/g}(k)}^g \tag{3.65}$$

下面讨论 $\Delta \boldsymbol{V}_{\mathrm{sf}(k)}^g$ 和 $\Delta \boldsymbol{V}_{\mathrm{cor/g}(k)}^g$ 的数值积分算法。

1. 有害加速度的速度增量 $\Delta \boldsymbol{V}_{\mathrm{cor/g}(k)}^g$ 的计算

即使对于快速运动的飞行器，在短时间 $[t_{k-1}, t_k]$ 内其引起的发射系旋转和重力矢量变化都是很小的，因而一般认为 $\Delta \boldsymbol{V}_{\mathrm{cor/g}(k)}^g$ 的被积函数是时间的缓变量，可采用 $t_{k-1/2}=(t_{k-1}+t_k)/2$ 时刻的值进行近似代替，将式（3.64）近似为

$$\Delta \boldsymbol{V}_{\mathrm{cor/g}(k)}^g \approx (-2\boldsymbol{\omega}_{ag(k-1/2)}^g \times \boldsymbol{V}_{k-1/2}^g + \boldsymbol{g}_{k-1/2}^g)T \tag{3.66}$$

由于此时还未计算出 t_k 时刻的导航速度和位置等参数，因此上式中 $t_{k-1/2}$ 时刻的各式需使用外推法计算，表示如下：

$$\boldsymbol{x}_{k-1/2} = \boldsymbol{x}_{k-1} + \frac{\boldsymbol{x}_{k-1} - \boldsymbol{x}_{k-2}}{2} = \frac{3\boldsymbol{x}_{k-1} - \boldsymbol{x}_{k-2}}{2} \quad (\boldsymbol{x} = \boldsymbol{\omega}_{ag}^g,\ \boldsymbol{V}^g,\ \boldsymbol{g}^g) \tag{3.67}$$

式中，各参数在 t_{k-1} 和 t_{k-2} 时刻均是已知的。

2. 比力速度增量 $\Delta \boldsymbol{V}_{\mathrm{sf}(k)}^g$ 的计算

将式（3.63）右端被积矩阵作如下矩阵链乘分解：

$$\Delta \boldsymbol{V}_{\mathrm{sf}(k)}^g = \int_{t_{k-1}}^{t_k} \boldsymbol{R}_{g(k-1)}^{g(t)} \boldsymbol{R}_{b(k-1)}^{g(k-1)} \boldsymbol{R}_{b(t)}^{b(k-1)} \boldsymbol{f}^b(t)\,\mathrm{d}t \tag{3.68}$$

假设与变换矩阵 $\boldsymbol{R}_{g(k-1)}^{g(t)}$ 相对应的等效旋转矢量为 $\boldsymbol{\phi}_{ag}^g(t, t_{k-1})$，角增量为 $\boldsymbol{\theta}_{ag}^g(t, t_{k-1})$；而与 $\boldsymbol{R}_{b(t)}^{b(k-1)}$ 相对应的等效旋转矢量为 $\boldsymbol{\phi}_{ab}^b(t, t_{k-1})$，角增量为 $\boldsymbol{\theta}_{ab}^b(t, t_{k-1})$。对于 $t_{k-1} \leqslant t \leqslant t_k$，坐标变换矩阵和等效旋转矢量之间的关系有

$$\boldsymbol{R}_{b(t)}^{b(k-t)} = \boldsymbol{I} + \frac{\sin\Phi}{\Phi}(\boldsymbol{\Phi}\times) + \frac{1-\cos\Phi}{\Phi^2}(\boldsymbol{\Phi}\times)(\boldsymbol{\Phi}\times) \tag{3.69}$$

式中：$\boldsymbol{\Phi}$ 为 $n(t_{k-1})$ 坐标系至 $n(t)$ 坐标系的等效旋转矢量，$\Phi = |\boldsymbol{\Phi}|$；$(\boldsymbol{\Phi}\times)$ 表示 $\boldsymbol{\Phi}$ 的各分量构造成的叉乘反对称矩阵。对于速度更新周期 T 较短、$\boldsymbol{\Phi}$ 非常微小的情况，可以有如下近似：

$$\frac{\sin\boldsymbol{\Phi}}{\boldsymbol{\Phi}} \approx 1,\ \frac{1-\cos\boldsymbol{\Phi}}{\boldsymbol{\Phi}^2} \approx \frac{1}{2},\ \boldsymbol{\Phi} \approx \Delta\boldsymbol{\theta} \tag{3.70}$$

式中

$$\Delta\boldsymbol{\theta} = \int_{t_{k-1}}^{t} \boldsymbol{\omega}(\tau)\mathrm{d}\tau \quad (t_{k-1} \leqslant t \leqslant t_k) \tag{3.71}$$

$\boldsymbol{\omega}(\tau)$为$n(k-1)$坐标系相对于$n(t)$坐标系的旋转角速度，并且$(\boldsymbol{\Phi}\times)(\boldsymbol{\Phi}\times)$可视为二阶小量。这样式(3.69)可近似为

$$\boldsymbol{R}_{n(t)}^{n(k-1)} = \boldsymbol{I} + (\Delta\boldsymbol{\theta}\times) \tag{3.72}$$

则式(3.68)中可取如下一阶近似：

$$\boldsymbol{R}_{g(k-1)}^{g(t)} \approx \boldsymbol{I} - (\boldsymbol{\phi}_{ag}^{g}(t,\ t_{k-1})\times) \approx \boldsymbol{I} - (\boldsymbol{\theta}_{ag}^{g}(t,\ t_{k-1})\times) \tag{3.73}$$

$$\boldsymbol{R}_{b(t)}^{b(k-1)} \approx \boldsymbol{I} + (\boldsymbol{\phi}_{ab}^{b}(t,\ t_{k-1})\times) \approx \boldsymbol{I} + (\boldsymbol{\theta}_{ab}^{b}(t,\ t_{k-1})\times) \tag{3.74}$$

将式(3.73)和式(3.74)代入式(3.68)，展开并忽略$\boldsymbol{\theta}_{ab}^{b}(t,\ t_{k-1})$和$\boldsymbol{\theta}_{ag}^{g}(t,\ t_{k-1})$之间乘积的二阶小量，可得

$$\begin{aligned}\Delta\boldsymbol{V}_{\mathrm{sf}(k)}^{g} &\approx \int_{t_{k-1}}^{t_k} [\boldsymbol{I} - \boldsymbol{\theta}_{ag}^{g}(t,\ t_{k-1})\times]\boldsymbol{R}_{b(k-1)}^{g(k-1)}[\boldsymbol{I} + \boldsymbol{\theta}_{ab}^{b}(t,\ t_{k-1})\times]\boldsymbol{f}^{b}(t)\mathrm{d}t \\ &\approx \boldsymbol{R}_{b(k-1)}^{g(k-1)}\int_{t_{k-1}}^{t_k} \boldsymbol{f}^{b}(t)\mathrm{d}t - \int_{t_{k-1}}^{t_k} \boldsymbol{\theta}_{ag}^{g}(t,\ t_{k-1}) \times [\boldsymbol{R}_{b(k-1)}^{g(k-1)}\boldsymbol{f}^{b}(t)]\mathrm{d}t + \\ &\quad \boldsymbol{R}_{b(k-1)}^{g(k-1)}\int_{t_{k-1}}^{t_k} \boldsymbol{\theta}_{ab}^{b}(t,\ t_{k-1}) \times \boldsymbol{f}^{b}(t)\mathrm{d}t\end{aligned} \tag{3.75}$$

令

$$\Delta\boldsymbol{V}_k = \int_{t_{k-1}}^{t_k} \boldsymbol{f}^{b}(t)\mathrm{d}t \tag{3.76}$$

先分析式（3.75）右端的第三积分项，由于

$$\begin{aligned}&\frac{\mathrm{d}[\boldsymbol{\theta}_{ab}^{b}(t,\ t_{k-1}) \times \boldsymbol{V}^{b}(t,\ t_{k-1})]}{\mathrm{d}t} \\ &= \boldsymbol{\omega}_{ab}^{b}(t) \times \boldsymbol{V}^{b}(t,\ t_{k-1}) + \boldsymbol{\theta}_{ab}^{b}(t,\ t_{k-1}) \times \boldsymbol{f}^{b}(t) \\ &= -\boldsymbol{V}^{b}(t,\ t_{k-1}) \times \boldsymbol{\omega}_{ab}^{b}(t) - \boldsymbol{\theta}_{ab}^{b}(t,\ t_{k-1}) \times \boldsymbol{f}^{b}(t) + \\ &\quad 2\boldsymbol{\theta}_{ab}^{b}(t,\ t_{k-1}) \times \boldsymbol{f}^{b}(t)\end{aligned} \tag{3.77}$$

式（3.77）移项整理，可得

$$\begin{aligned}\boldsymbol{\theta}_{ab}^{b}(t,\ t_{k-1}) \times \boldsymbol{f}^{b}(t) &= \frac{1}{2}\frac{\mathrm{d}[\boldsymbol{\theta}_{ab}^{b}(t,\ t_{k-1}) \times \boldsymbol{V}^{b}(t,\ t_{k-1})]}{\mathrm{d}t} + \\ &\quad \frac{1}{2}[\boldsymbol{\theta}_{ab}^{b}(t,\ t_{k-1}) \times \boldsymbol{f}^{b}(t) + \boldsymbol{V}^{b}(t,\ t_{k-1}) \times \boldsymbol{\omega}_{ab}^{b}(t)]\end{aligned} \tag{3.78}$$

在时间段［t_{k-1}，t_k］内，对式（3.78）两边同时积分，得

$$\int_{t_{k-1}}^{t_k}\boldsymbol{\theta}_{ab}^b(t,\ t_{k-1})\times\boldsymbol{f}^b(t)\mathrm{d}t=\frac{1}{2}\Delta\boldsymbol{\theta}_k\times\Delta\boldsymbol{V}_k+\frac{1}{2}\int_{t_{k-1}}^{t_k}[\boldsymbol{\theta}_{ab}^b(t,\ t_{k-1})\times\boldsymbol{f}^b(t)+\boldsymbol{V}^b(t,\ t_{k-1})\times\boldsymbol{\omega}_{ab}^b(t)]\mathrm{d}t=\Delta\boldsymbol{V}_{\mathrm{rot}(k)}+\Delta\boldsymbol{V}_{\mathrm{scul}(k)} \tag{3.79}$$

记

$$\Delta\boldsymbol{V}_{\mathrm{rot}(k)}=\frac{1}{2}\Delta\boldsymbol{\theta}_k\times\Delta\boldsymbol{V}_k \tag{3.80}$$

$$\Delta\boldsymbol{V}_{\mathrm{scul}(k)}=\frac{1}{2}\int_{t_{k-1}}^{t_k}[\boldsymbol{\theta}_{ab}^b(t,\ t_{k-1})\times\boldsymbol{f}^b(t)+\boldsymbol{V}^b(t,\ t_{k-1})\times\boldsymbol{\omega}_{ab}^b(t)]\mathrm{d}t \tag{3.81}$$

式中

$$\left.\begin{aligned}\Delta\boldsymbol{\theta}_k&=\boldsymbol{\theta}_{ab}^b(t_k,\ t_{k-1})=\int_{t_{k-1}}^{t_k}\boldsymbol{\omega}_{ab}^b(t)\mathrm{d}t\\ \Delta\boldsymbol{V}_k&=\boldsymbol{V}^b(t_k,\ t_{k-1})=\int_{t_{k-1}}^{t_k}\boldsymbol{f}^b(t)\mathrm{d}t\end{aligned}\right\} \tag{3.82}$$

$\Delta\boldsymbol{V}_{\mathrm{rot}(k)}$ 称为速度的旋转误差补偿量，它由解算时间段内比力方向在空间旋转变化引起；$\Delta\boldsymbol{V}_{\mathrm{scul}(k)}$ 称为划桨误差补偿量，当飞行器同时做线振动和角振动时存在。一般情况下式（3.81）不能求得精确解，为了近似处理，假设陀螺仪角速度 $\boldsymbol{\omega}_{ab}^b(t)$ 和加速度计比力 $\boldsymbol{f}^b(t)$ 测量均为线性模型，如式（3.53）所示，相应的角增量和速度增量如下式：

$$\left.\begin{aligned}\Delta\boldsymbol{\theta}_{ab}^b(t,\ t_{k-1})&=\int_{t_{k-1}}^{t}\boldsymbol{\omega}_{ab}^b(\tau)\mathrm{d}\tau=\boldsymbol{a}(t-t_{k-1})+\boldsymbol{b}(t-t_{k-1})^2\\ \Delta\boldsymbol{V}^b(t,\ t_{k-1})&=\int_{t_{k-1}}^{t}\boldsymbol{f}^b(\tau)\mathrm{d}\tau=\boldsymbol{A}(t-t_{k-1})+\boldsymbol{B}(t-t_{k-1})^2\end{aligned}\right\} \tag{3.83}$$

将式（3.83）和式（3.52）代入式（3.81）并积分，可得

$$\begin{aligned}\Delta\boldsymbol{V}_{\mathrm{scul}(k)}&=\frac{1}{2}\int_{t_{k-1}}^{t_k}[(\boldsymbol{a}(t-t_{k-1})+\boldsymbol{b}(t-t_{k-1})^2)\times(\boldsymbol{A}+2\boldsymbol{B}(t-t_{k-1}))\\&\quad+(\boldsymbol{A}(t-t_{k-1})+\boldsymbol{B}(t-t_{k-1})^2)\times(\boldsymbol{a}+2\boldsymbol{b}(t-t_{k-1}))]\mathrm{d}t\\&=\frac{1}{2}\int_{t_{k-1}}^{t_k}(\boldsymbol{a}\times\boldsymbol{B}+\boldsymbol{A}\times\boldsymbol{b})(t-t_{k-1})^2\mathrm{d}t\\&=(\boldsymbol{a}\times\boldsymbol{B}+\boldsymbol{A}\times\boldsymbol{b})\frac{(t_k-t_{k-1})^3}{6}\end{aligned} \tag{3.84}$$

将 $\boldsymbol{a}$，$\boldsymbol{b}$，$\boldsymbol{A}$，$\boldsymbol{B}$ 的反解结果代入式（3.84），便得二子样速度划桨误差补偿算法，即

$$\Delta \boldsymbol{V}_{\mathrm{scul}(k)}=\left(\frac{3\Delta\boldsymbol{\theta}_1-\Delta\boldsymbol{\theta}_2}{2h}\times\frac{\Delta\boldsymbol{V}_2-\Delta\boldsymbol{V}_1}{2h^2}+\frac{3\Delta\boldsymbol{V}_1-\Delta\boldsymbol{V}_2}{2h}\times\frac{\Delta\boldsymbol{\theta}_2-\Delta\boldsymbol{\theta}_1}{2h^2}\right)\frac{(2h)^3}{6} \\ =\frac{2}{3}(\Delta\boldsymbol{\theta}_1\times\Delta\boldsymbol{V}_2+\Delta\boldsymbol{V}_1\times\Delta\boldsymbol{\theta}_2) \tag{3.85}$$

至于式（3.75）右端的第二积分项，其在形式上与第三积分项完全相同，若记

$$\left.\begin{aligned}
\Delta\boldsymbol{\theta}'_1 &= \int_{t_{k-1}}^{t_{k-1}+h}\boldsymbol{\omega}_{ag}^g(\tau)\mathrm{d}\tau \\
\Delta\boldsymbol{\theta}'_2 &= \int_{t_{k-1}+h}^{t_k}\boldsymbol{\omega}_{ag}^g(\tau)\mathrm{d}\tau \\
\Delta\boldsymbol{V}'_1 &= \int_{t_{k-1}}^{t_{k-1}+h}\boldsymbol{R}_{b(k-1)}^{g(k-1)}\boldsymbol{f}^b(\tau)\mathrm{d}\tau = \boldsymbol{R}_{b(k-1)}^{g(k-1)}\Delta\boldsymbol{V}_1 \\
\Delta\boldsymbol{V}'_2 &= \int_{t_{k-1}+h}^{t_k}\boldsymbol{R}_{b(k-1)}^{g(k-1)}\boldsymbol{f}^b(\tau)\mathrm{d}\tau = \boldsymbol{R}_{b(k-1)}^{g(k-1)}\Delta\boldsymbol{V}_2 \\
\Delta\boldsymbol{\theta}'_k &= \int_{t_{k-1}}^{t_k}\boldsymbol{\omega}_{ag}^g(\tau)\mathrm{d}\tau = \Delta\boldsymbol{\theta}'_1+\Delta\boldsymbol{\theta}'_2 \\
\Delta\boldsymbol{V}'_k &= \int_{t_{k-1}}^{t_k}\boldsymbol{R}_{b(k-1)}^{g(k-1)}\boldsymbol{f}^b(\tau)\mathrm{d}\tau = \boldsymbol{R}_{b(k-1)}^{g(k-1)}\Delta\boldsymbol{V}_k = \boldsymbol{R}_{b(k-1)}^{g(k-1)}(\Delta\boldsymbol{V}_1+\Delta\boldsymbol{V}_2) \\
\Delta\boldsymbol{V}'_{\mathrm{rot}(k)} &= \frac{1}{2}\Delta\boldsymbol{\theta}'_k\times\Delta\boldsymbol{V}'_k \\
\Delta\boldsymbol{V}'_{\mathrm{scul}(k)} &= \frac{2}{3}(\Delta\boldsymbol{\theta}'_1\times\Delta\boldsymbol{V}'_2+\Delta\boldsymbol{V}'_1\times\Delta\boldsymbol{\theta}'_2)
\end{aligned}\right\} \tag{3.86}$$

类比于式（3.80）、式（3.81）和式（3.85），则有

$$\begin{aligned}
&\int_{t_{k-1}}^{t_k}\boldsymbol{\theta}_{ag}^b(t,\ t_{k-1})\times[\boldsymbol{R}_{b(k-1)}^{g(k-1)}\boldsymbol{f}^b(t)]\mathrm{d}t \\
&=\frac{1}{2}\Delta\boldsymbol{\theta}'_k\times\Delta\boldsymbol{V}'_k+\frac{2}{3}(\Delta\boldsymbol{\theta}'_1\times\Delta\boldsymbol{V}'_2+\Delta\boldsymbol{V}'_1\times\Delta\boldsymbol{\theta}'_2) \\
&=\frac{1}{2}\Delta\boldsymbol{\theta}'_k\times(\boldsymbol{R}_{b(k-1)}^{n(k-1)}\Delta\boldsymbol{V})+\frac{2}{3}(\Delta\boldsymbol{\theta}'_1\times\Delta\boldsymbol{V}'_2+\Delta\boldsymbol{V}'_1\times\Delta\boldsymbol{\theta}'_2) \\
&=\Delta\boldsymbol{V}'_{\mathrm{rot}(k)}+\Delta\boldsymbol{V}'_{\mathrm{scul}(k)}
\end{aligned} \tag{3.87}$$

式中：$\Delta\boldsymbol{V}'_{\mathrm{rot}(k)}$ 为速度的旋转误差补偿量；$\Delta\boldsymbol{V}'_{\mathrm{scul}(k)}$ 为划桨误差补偿量。

又因 $\Delta\boldsymbol{\theta}'_1\approx\Delta\boldsymbol{\theta}'_2\approx\frac{1}{2}\Delta\boldsymbol{\theta}'_k\approx\frac{T}{2}\boldsymbol{\omega}_{ag(k-1/2)}^g$，则式（3.87）变为

$$\begin{aligned}&\int_{t_{k-1}}^{t_k} \boldsymbol{\theta}_{ag}^{b}(t,\ t_{k-1}) \times [\boldsymbol{R}_{b(k-1)}^{g(k-1)} \boldsymbol{f}^{b}(t)]\mathrm{d}t \\ &\approx \frac{1}{2}\Delta\boldsymbol{\theta}'_k \times [\boldsymbol{R}_{b(k-1)}^{g(k-1)}(\Delta\boldsymbol{V}_1 + \Delta\boldsymbol{V}_2)] + \frac{1}{3}\Delta\boldsymbol{\theta}'_k \times [\boldsymbol{R}_{b(k-1)}^{g(k-1)}(\Delta\boldsymbol{V}_2 - \Delta\boldsymbol{V}_1)] \\ &= \frac{T}{6}\boldsymbol{\omega}_{ag(k-1/2)}^{g} \times [\boldsymbol{R}_{b(k-1)}^{g(k-1)}(\Delta\boldsymbol{V}_1 + 5\Delta\boldsymbol{V}_2)]\end{aligned} \tag{3.88}$$

至此，求得了发射系比力速度增量的完整算法，即式（3.75）可表示为

$$\begin{aligned}\Delta\boldsymbol{V}_{\mathrm{sf}(k)}^{g} = {}& \boldsymbol{R}_{b(k-1)}^{g(k-1)}\Delta\boldsymbol{V}_k - \frac{T}{6}\boldsymbol{\omega}_{ag(k-1/2)}^{g} \times [\boldsymbol{R}_{b(k-1)}^{g(k-1)}(\Delta\boldsymbol{V}_1 + 5\Delta\boldsymbol{V}_2)] \\ & + \boldsymbol{R}_{b(k-1)}^{g(k-1)}(\Delta\boldsymbol{V}_{\mathrm{rot}(k)} + \Delta\boldsymbol{V}_{\mathrm{scul}(k)})\end{aligned} \tag{3.89}$$

最后，将式（3.66）和式（3.89）代入式（3.65），可完成发射系的速度更新。

3.3.3　发射系位置更新算法

在式（3.18）的发射系位置微分方程中，明确标注出各量时间参数，可得

$$\dot{\boldsymbol{P}}^{g}(t) = \boldsymbol{V}^{g}(t) \tag{3.90}$$

与捷联惯导姿态和速度更新算法相比，位置更新算法引起的误差一般比较小，可采用比较简单的梯形积分方法对式（3.90）离散化，得

$$\boldsymbol{P}_k - \boldsymbol{P}_{k-1} = \int_{t_{k-1}}^{t_k} \boldsymbol{V}^{g}\mathrm{d}t = (\boldsymbol{V}_{k-1}^{g} + \boldsymbol{V}_{k}^{g})\frac{T}{2} \tag{3.91}$$

上式移项，便可得到发射系位置更新算法：

$$\boldsymbol{P}_k = \boldsymbol{P}_{k-1} + (\boldsymbol{V}_{k-1}^{g} + \boldsymbol{V}_{k}^{g})\frac{T}{2} \tag{3.92}$$

当采用高精度的捷联惯导器件时，应该采用高精度的捷联惯导算法。由于 $[t_{k-1},\ t_k]$ 时间段很短，重力加速度和有害加速度补偿项在该时间段内变化十分缓慢，可近似看作常值，所以其积分值可近似看作时间的线性函数，根据式（3.65），有

$$\boldsymbol{V}^{g}(t) = \boldsymbol{V}_{k-1}^{g} + \Delta\boldsymbol{V}_{\mathrm{sf}(k)}^{g}(t) + \Delta\boldsymbol{V}_{\mathrm{cor/g}(k)}^{g}\frac{t - t_{k-1}}{T} \quad (t_{k-1} \leqslant t \leqslant t_k) \tag{3.93}$$

式中

$$\Delta\boldsymbol{V}_{\mathrm{sf}}^{g}(t) = \int_{t_{k-1}}^{t_k} \boldsymbol{R}_{b}^{g}(t)\boldsymbol{f}^{b}(t)\mathrm{d}t \tag{3.94}$$

对式（3.93）两边在 $[t_{k-1},\ t_k]$ 时间段内积分，得

$$\boldsymbol{P}_k = \boldsymbol{P}_{k-1} + \left(\boldsymbol{V}_{k-1}^{g} + \frac{1}{2}\Delta\boldsymbol{V}_{\mathrm{cor/g}(k)}^{g}\right)T + \Delta\boldsymbol{P}_{\mathrm{sf}(k)}^{g} \tag{3.95}$$

且令

$$\begin{aligned}\Delta \boldsymbol{P}^{g}_{\mathrm{sf}(k)} &= \int_{t_{k-1}}^{t_k} \Delta \boldsymbol{V}^{g}_{\mathrm{sf}(k)}\mathrm{d}t \\ &= \boldsymbol{R}_b^g \int_{t_{k-1}}^{t_k} \left[\Delta \boldsymbol{V}^b(t) + \frac{1}{2}\Delta \boldsymbol{\theta}^b_{ab}(t) \times \Delta \boldsymbol{V}^b(t) + \Delta \boldsymbol{V}^b_{\mathrm{scul}}(t)\right]\mathrm{d}t \\ &\quad + \int_{t_{k-1}}^{t_k} \left[\frac{1}{2}\Delta \boldsymbol{\theta}^b_{ag}(t) \times \boldsymbol{R}_b^g \Delta \boldsymbol{V}^b(t) + \Delta \boldsymbol{V}^g_{\mathrm{scul}}(t)\right]\mathrm{d}t \\ &= \Delta \boldsymbol{P}1^{g}_{\mathrm{sf}(k)} + \Delta \boldsymbol{P}2^{g}_{\mathrm{sf}(k)} \\ &= \boldsymbol{R}_b^g \Delta \boldsymbol{P}1^{b}_{\mathrm{sf}(k)} + \Delta \boldsymbol{P}2^{g}_{\mathrm{sf}(k)}\end{aligned} \tag{3.96}$$

$$\begin{aligned}\Delta \boldsymbol{P}1^{g}_{\mathrm{sf}(k)} &= \boldsymbol{R}_b^g \Delta \boldsymbol{P}1^{b}_{\mathrm{sf}(k)} \\ &= \boldsymbol{R}_b^g \int_{t_{k-1}}^{t_k} \left[\Delta \boldsymbol{V}^b(t) + \frac{1}{2}\Delta \boldsymbol{\theta}^b_{ab}(t) \times \Delta \boldsymbol{V}^b(t) + \Delta \boldsymbol{V}^b_{\mathrm{scul}}(t)\right]\mathrm{d}t\end{aligned} \tag{3.97}$$

$$\Delta \boldsymbol{P}2^{g}_{\mathrm{sf}(k)} = \int_{t_{k-1}}^{t_k} \left[\frac{1}{2}\Delta \boldsymbol{\theta}^b_{ag}(t) \times \boldsymbol{R}_b^g \Delta \boldsymbol{V}^b(t) + \Delta \boldsymbol{V}^g_{\mathrm{scul}}(t)\right]\mathrm{d}t \tag{3.98}$$

记

$$\boldsymbol{\gamma}_1 = \frac{1}{2}\int_{t_{k-1}}^{t_k} \Delta \boldsymbol{\theta}^b_{ab}(t) \times \Delta \boldsymbol{V}^b(t)\mathrm{d}t \tag{3.99}$$

对式（3.99）采用分部积分法求取，并记

$$\begin{aligned}\boldsymbol{\gamma}_2 &= \frac{1}{2}\int_{t_{k-1}}^{t_k} \Delta \boldsymbol{\theta}^b_{ab}(t) \times \Delta \boldsymbol{V}^b(t)\mathrm{d}t = \frac{1}{2}\boldsymbol{S}^b_{\Delta\theta(k)} \times \Delta \boldsymbol{V}^b_k - \\ &\quad \frac{1}{2}\int_{t_{k-1}}^{t_k} \boldsymbol{S}^b_{\Delta\theta}(t) \times \boldsymbol{f}^b(t)\mathrm{d}t\end{aligned} \tag{3.100}$$

$$\begin{aligned}\boldsymbol{\gamma}_3 &= \frac{1}{2}\int_{t_{k-1}}^{t_k} \Delta \boldsymbol{\theta}^b_{ab}(t) \times \Delta \boldsymbol{V}^b(t)\mathrm{d}t = \frac{1}{2}\boldsymbol{\theta}^b_k \times \boldsymbol{S}^b_{\Delta V(k)} + \\ &\quad \frac{1}{2}\int_{t_{k-1}}^{t_k} \boldsymbol{S}^b_{\Delta V}(t) \times \boldsymbol{\omega}^b(t)\mathrm{d}t\end{aligned} \tag{3.101}$$

则

$$\begin{aligned}\boldsymbol{\gamma}_1 &= \frac{1}{2}\int_{t_{k-1}}^{t_k} \Delta \boldsymbol{\theta}^b_{ab}(t) \times \Delta \boldsymbol{V}^b(t)\mathrm{d}t = \frac{1}{3}(\boldsymbol{\gamma}_1 + \boldsymbol{\gamma}_2 + \boldsymbol{\gamma}_3) \\ &= \frac{1}{6}\left(\boldsymbol{S}^b_{\Delta\theta(k)} \times \Delta \boldsymbol{V}^b_k + \frac{1}{2}\boldsymbol{\theta}^b_k \times \boldsymbol{S}^b_{\Delta V(k)}\right) + \frac{1}{6}\int_{t_{k-1}}^{t_k} \\ &\quad [\boldsymbol{S}^b_{\Delta V}(t) \times \boldsymbol{\omega}^b(t) - \boldsymbol{S}^b_{\Delta\theta}(t) \times \boldsymbol{f}^b(t) + \Delta\boldsymbol{\theta}^b(t) \times \Delta \boldsymbol{V}^b(t)]\mathrm{d}t\end{aligned} \tag{3.102}$$

将式（3.102）代入式（3.97），有

$$\Delta \boldsymbol{P}1^{b}_{\mathrm{sf}(k)} = \boldsymbol{S}^b_{\Delta V(k)} + \Delta \boldsymbol{P}_{\mathrm{rot}(k)} + \Delta \boldsymbol{P}_{\mathrm{scro}(k)} \tag{3.103}$$

式中

$$\boldsymbol{S}_{\Delta V(k)}^{b}=\int_{t_{k-1}}^{t_k}\Delta\boldsymbol{V}(t)\,\mathrm{d}t=\int_{t_{k-1}}^{t_k}\int_{t_{k-1}}^{t_k}\boldsymbol{f}^{b}(\tau)\,\mathrm{d}\tau\mathrm{d}t \tag{3.104}$$

$\boldsymbol{S}_{\Delta V(k)}^{b}$ 为比力的二次积分增量。

$$\Delta\boldsymbol{P}_{\mathrm{rot}(k)}=\frac{1}{6}(\boldsymbol{S}_{\Delta\theta(k)}^{b}\times\Delta\boldsymbol{V}_{k}^{b}+\Delta\boldsymbol{\theta}_{k}^{b}\times\boldsymbol{S}_{\Delta V(k)}^{b}) \tag{3.105}$$

$\Delta\boldsymbol{P}_{\mathrm{rot}(k)}$ 称为位置计算中的旋转效应补偿量。

$$\Delta\boldsymbol{P}_{\mathrm{scro}(k)}=\frac{1}{6}\int_{t_{k-1}}^{t_k}[\boldsymbol{S}_{\Delta V}^{b}(t)\times\boldsymbol{\omega}^{b}(t)-\boldsymbol{S}_{\Delta\theta}^{b}(t)\times\boldsymbol{f}^{b}(t)+\Delta\boldsymbol{\theta}^{b}(t)\times\Delta\boldsymbol{V}^{b}(t)+6\Delta\boldsymbol{V}_{\mathrm{scul}}^{b}(t)]\,\mathrm{d}t \tag{3.106}$$

$\Delta\boldsymbol{P}_{\mathrm{scro}(k)}$ 称为位置计算中的涡卷效应补偿量，上式说明，影响涡卷效应的因素有划桨效应和运载体角运动和线运动之间的耦合效应。

同理可求得

$$\Delta\boldsymbol{P}2_{\mathrm{sf}(k)}^{g}=\Delta\boldsymbol{P}'_{\mathrm{rot}(k)}+\Delta\boldsymbol{P}'_{\mathrm{scro}(k)} \tag{3.107}$$

式中

$$\Delta\boldsymbol{P}'_{\mathrm{rot}(k)}=\frac{1}{6}(\boldsymbol{S}_{\Delta\theta(k)}^{g}\times\Delta\boldsymbol{V}_{m}^{g}+\Delta\boldsymbol{\theta}_{m}^{g}\times\boldsymbol{S}_{\Delta V(k)}^{g}) \tag{3.108}$$

$$\Delta\boldsymbol{P}'_{\mathrm{scro}(k)}=\frac{1}{6}\int_{t_{k-1}}^{t_k}[\boldsymbol{S}_{\Delta V}^{g}(t)\times\boldsymbol{\omega}^{g}(t)-\boldsymbol{S}_{\Delta\theta}^{g}(t)\times\boldsymbol{f}^{g}(t)+\Delta\boldsymbol{\theta}^{g}(t)\times\Delta\boldsymbol{V}^{g}(t)+6\Delta\boldsymbol{V}_{\mathrm{scul}}^{g}(t)]\,\mathrm{d}t \tag{3.109}$$

由式（3.53）和式（3.83）可知

$$\left.\begin{aligned}\Delta\boldsymbol{\theta}_{ab}^{b}(t,\ t_{k-1})&=\int_{t_{k-1}}^{t}\boldsymbol{\omega}_{ab}^{b}(\tau)\,\mathrm{d}\tau=\boldsymbol{a}(t-t_{k-1})+\boldsymbol{b}(t-t_{k-1})^2\\\Delta\boldsymbol{V}^{b}(t,\ t_{k-1})&=\int_{t_{k-1}}^{t}\boldsymbol{f}^{b}(\tau)\,\mathrm{d}\tau=\boldsymbol{A}(t-t_{k-1})+\boldsymbol{B}(t-t_{k-1})^2\end{aligned}\right\} \tag{3.110}$$

则

$$\Delta\boldsymbol{\theta}_{k}=\int_{t_{k-1}}^{t_k}\boldsymbol{\omega}_{ab}^{b}(t)\,\mathrm{d}t=T\boldsymbol{a}+T^2\boldsymbol{b} \tag{3.111}$$

$$\Delta\boldsymbol{V}_{k}=\int_{t_{k-1}}^{t_k}\boldsymbol{f}^{b}(t)\,\mathrm{d}t=T\boldsymbol{A}+T^2\boldsymbol{B} \tag{3.112}$$

$$\boldsymbol{S}_{\Delta\theta_k}=\int_{t_{k-1}}^{t_k}\int_{t_{k-1}}^{\tau}\boldsymbol{\omega}_{ab}^{b}(\mu)\,\mathrm{d}\mu\mathrm{d}\tau=\frac{T^2}{2}\boldsymbol{a}+\frac{T^3}{3}\boldsymbol{b} \tag{3.113}$$

$$\boldsymbol{S}_{\Delta V_k}=\int_{t_{k-1}}^{t_k}\int_{t_{k-1}}^{\tau}\boldsymbol{f}(\mu)\,\mathrm{d}\mu\mathrm{d}\tau=\frac{T^2}{2}\boldsymbol{A}+\frac{T^3}{3}\boldsymbol{B} \tag{3.114}$$

$$\begin{aligned}\Delta\boldsymbol{V}_{\mathrm{scul}}(t)&=\frac{1}{2}\int_{t_{k-1}}^{t_k}[\Delta\boldsymbol{\theta}_{ab}^{b}(\tau)\times\boldsymbol{f}^{b}(\tau)+\Delta\boldsymbol{V}^{b}(\tau)\times\boldsymbol{\omega}_{ab}^{b}(\tau)]\mathrm{d}\tau\\&=\frac{1}{6}(t_k-t_{k-1})^3(\boldsymbol{a}\times\boldsymbol{B}+\boldsymbol{A}\times\boldsymbol{b})\end{aligned}\tag{3.115}$$

将式（3.111）~式（3.115）和 $\boldsymbol{a}$，$\boldsymbol{b}$，$\boldsymbol{A}$，$\boldsymbol{B}$ 的反解结果代入式（3.104）、式（3.105）和式（3.106）得

$$\boldsymbol{S}_{\Delta V(k)}^{b}=T\left(\frac{5}{6}\Delta\boldsymbol{V}_1+\frac{1}{6}\Delta\boldsymbol{V}_2\right)\tag{3.116}$$

$$\Delta\boldsymbol{P}_{\mathrm{rot}(k)}=T\left[\Delta\boldsymbol{\theta}_1\times\left(\frac{5}{18}\Delta\boldsymbol{V}_1+\frac{1}{6}\Delta\boldsymbol{V}_2\right)+\Delta\boldsymbol{\theta}_2\times\left(\frac{1}{6}\Delta\boldsymbol{V}_1+\frac{1}{18}\Delta\boldsymbol{V}_2\right)\right]\tag{3.117}$$

$$\Delta\boldsymbol{P}_{\mathrm{scro}(k)}=T\left[\Delta\boldsymbol{\theta}_1\times\left(\frac{11}{90}\Delta\boldsymbol{V}_1+\frac{1}{10}\Delta\boldsymbol{V}_2\right)+\Delta\boldsymbol{\theta}_2\times\left(\frac{1}{90}\Delta\boldsymbol{V}_2-\frac{7}{30}\Delta\boldsymbol{V}_1\right)\right]\tag{3.118}$$

类似可求得式（3.108）和式（3.109）为

$$\Delta\boldsymbol{P}'_{\mathrm{rot}(k)}=T\left(\Delta\boldsymbol{\theta}'_1\times\left[\frac{5}{18}\Delta\boldsymbol{V}'_1+\frac{1}{6}\Delta\boldsymbol{V}'_2\right]+\Delta\boldsymbol{\theta}_2\times\left[\frac{1}{6}\Delta\boldsymbol{V}'_1+\frac{1}{18}\Delta\boldsymbol{V}'_2\right]\right)\tag{3.119}$$

$$\Delta\boldsymbol{P}'_{\mathrm{scro}(k)}=T\left(\Delta\boldsymbol{\theta}'_1\times\left[\frac{11}{90}\Delta\boldsymbol{V}'_1+\frac{1}{10}\Delta\boldsymbol{V}'_2\right]+\Delta\boldsymbol{\theta}_2\times\left[\frac{1}{90}\Delta\boldsymbol{V}'_2-\frac{7}{30}\Delta\boldsymbol{V}'_1\right]\right)\tag{3.120}$$

又因为 $\Delta\boldsymbol{V}'_2=\boldsymbol{R}_{b(k-1)}^{g(k-1)}\ \Delta\boldsymbol{V}_2$，$\Delta\boldsymbol{\theta}'_1\approx\Delta\boldsymbol{\theta}'_2\approx\frac{1}{2}\Delta\boldsymbol{\theta}'_k\approx\frac{T}{2}\boldsymbol{\omega}_{ag(k-1/2)}^{g}$，故可得

$$\Delta\boldsymbol{P}'_{\mathrm{rot}(k)}=\frac{T^2}{9}\boldsymbol{\omega}_{ag(k-1/2)}^{g}\times[\boldsymbol{R}_{b(k-1)}^{g(k-1)}(2\Delta\boldsymbol{V}_1+\Delta\boldsymbol{V}_2)]\tag{3.121}$$

$$\Delta\boldsymbol{P}'_{\mathrm{scro}(k)}=\frac{T^2}{18}\boldsymbol{\omega}_{ag(k-1/2)}^{g}\times[\boldsymbol{R}_{b(k-1)}^{g(k-1)}(\Delta\boldsymbol{V}_2-\Delta\boldsymbol{V}_1)]\tag{3.122}$$

$$\begin{aligned}\Delta\boldsymbol{P}2_{\mathrm{sf}(k)}^{g}&=\Delta\boldsymbol{P}'_{\mathrm{rot}(k)}+\Delta\boldsymbol{P}'_{\mathrm{scro}(k)}\\&=\frac{T^2}{6}\boldsymbol{\omega}_{ag(k-1/2)}^{g}\times[\boldsymbol{R}_{b(k-1)}^{g(k-1)}(\Delta\boldsymbol{V}_1+\Delta\boldsymbol{V}_2)]\end{aligned}\tag{3.123}$$

至此，完成发射系位置更新算法推导。将式（3.116）~式（3.118）代入式（3.103），式（3.103）和式（3.123）代入式（3.96），式（3.66）和式（3.96）代入式（3.95），可完成发射系位置更新。

3.3.4 发射系更新算法总结

综上所述，在捷联惯导数值更新过程中，输入为上一时刻的姿态 $\boldsymbol{q}_{b(k-1)}^{g(k-1)}$、速度 $\boldsymbol{V}_{k-1}^{g(k-1)}$、位置为 $\boldsymbol{P}_{k-1}^{g}$，以及 IMU 的角增量 $\Delta\boldsymbol{\theta}_1$、$\Delta\boldsymbol{\theta}_2$ 和速度增量 $\Delta\boldsymbol{V}_1$、$\Delta\boldsymbol{V}_2$，并且 $\Delta\boldsymbol{\theta}_k=\Delta\boldsymbol{\theta}_1+\Delta\boldsymbol{\theta}_2$，$\Delta\boldsymbol{V}_k=\Delta\boldsymbol{V}_1+\Delta\boldsymbol{V}_2$，输出为当前时刻的姿态 $\boldsymbol{q}_{b(k)}^{g(k)}$、速

度 $\boldsymbol{V}_k^{g(k)}$、位置 $\boldsymbol{P}_k^g$，更新算法如表 3-1 所示。

表 3-1　发射系姿态、速度、位置更新算法

	算法公式	算法说明	公式编号
姿态更新	$\boldsymbol{q}_{b(k)}^{g(k)} = \boldsymbol{q}_{g(k-1)}^{g(k)} \boldsymbol{q}_{b(k-1)}^{g(k-1)} \boldsymbol{q}_{b(k)}^{b(k-1)}$	姿态更新总式	式（3.55）
	$\boldsymbol{q}_{g(k-1)}^{g(k)} = \cos\dfrac{\zeta_k}{2}+\dfrac{\boldsymbol{\zeta}_k}{\zeta_k}\sin\dfrac{\zeta_k}{2}$	g 系转动的变换四元数	式（3.57）
	$\boldsymbol{q}_{b(k)}^{b(k-1)} = \cos\dfrac{\Phi_k}{2}+\dfrac{\boldsymbol{\Phi}_k}{\Phi_k}\sin\dfrac{\Phi_k}{2}$	b 系转动的变换四元数	式（3.59）
	$\boldsymbol{\zeta}_k = \int_{t_{k-1}}^{t_k} \boldsymbol{\omega}_{ag}^g(t)\,\mathrm{d}t = \boldsymbol{\omega}_{ag}^g T$	g 系转动的等效旋转矢量	式（3.56）
	$\boldsymbol{\Phi}_k = \Delta\boldsymbol{\theta}_1+\Delta\boldsymbol{\theta}_2+\dfrac{2}{3}\Delta\boldsymbol{\theta}_1\times\Delta\boldsymbol{\theta}_2$	b 系转动的等效旋转矢量	式（3.58）
速度更新	$\Delta\boldsymbol{V}_k^{g(k)} = \Delta\boldsymbol{V}_{k-1}^{g(k-1)}+\Delta\boldsymbol{V}_{\mathrm{cor/g}(k)}^g+\Delta\boldsymbol{V}_{\mathrm{sf}(k)}^g$	速度更新总式	式（3.65）
	$\Delta\boldsymbol{V}_{\mathrm{cor/g}(k)}^g \approx (-2\boldsymbol{\omega}_{ag(k-1/2)}^g \times \boldsymbol{V}_{k-1/2}^g + \boldsymbol{g}_{k-1/2}^g)T$	有害加速度的速度增量	式（3.66）
	$\Delta\boldsymbol{V}_{\mathrm{sf}(k)}^g = \boldsymbol{R}_{b(k-1)}^{g(k-1)}(\Delta\boldsymbol{V}_k+\Delta\boldsymbol{V}_{\mathrm{rot}(k)}+\Delta\boldsymbol{V}_{\mathrm{scul}(k)}) -\dfrac{T}{6}\boldsymbol{\omega}_{ag(k-1/2)}^g \times [\boldsymbol{R}_{b(k-1)}^{g(k-1)}(\Delta\boldsymbol{V}_1+5\Delta\boldsymbol{V}_2)]$	比力速度增量	式（3.89）
	$\Delta\boldsymbol{V}_{\mathrm{rot}(k)} = \dfrac{1}{2}\Delta\boldsymbol{\theta}_k\times\Delta\boldsymbol{V}_k$	旋转效应补偿量	式（3.80）
	$\Delta\boldsymbol{V}_{\mathrm{scul}(k)} = \dfrac{2}{3}(\Delta\boldsymbol{\theta}_1\times\Delta\boldsymbol{V}_2+\Delta\boldsymbol{V}_1\times\Delta\boldsymbol{\theta}_2)$	划桨效应补偿量	式（3.85）
位置更新	$\boldsymbol{P}_k=\boldsymbol{P}_{k-1}+\left(\boldsymbol{V}_{k-1}^g+\dfrac{1}{2}\Delta\boldsymbol{V}_{\mathrm{cor/g}(k)}^g\right)T+\Delta\boldsymbol{P}_{\mathrm{sf}(k)}^g$	位置更新总式	式（3.95）
	$\Delta\boldsymbol{P}_{\mathrm{sf}(k)}^g = \boldsymbol{R}_b^g\Delta\boldsymbol{P}1_{\mathrm{sf}(k)}^b+\Delta\boldsymbol{P}2_{\mathrm{sf}(k)}^g$	比力位置增量	式（3.96）
	$\Delta\boldsymbol{P}1_{\mathrm{sf}(k)}^b = \boldsymbol{S}_{\Delta V(k)}^b+\Delta\boldsymbol{P}_{\mathrm{rot}(k)}+\Delta\boldsymbol{P}_{\mathrm{scro}(k)}$		式（3.103）
	$\Delta\boldsymbol{P}2_{\mathrm{sf}(k)}^g = \dfrac{T^2}{6}\boldsymbol{\omega}_{ag(k-1/2)}^g \times [\boldsymbol{R}_{b(k-1)}^{g(k-1)}(\Delta\boldsymbol{V}_1+\Delta\boldsymbol{V}_2)]$		式（3.123）
	$\boldsymbol{S}_{\Delta V(k)}^b = T\left(\dfrac{5}{6}\Delta\boldsymbol{V}_1+\dfrac{1}{6}\Delta\boldsymbol{V}_2\right)$	比力二次积分	式（3.116）
	$\Delta\boldsymbol{P}_{\mathrm{rot}(k)} = T\left[\Delta\boldsymbol{\theta}_1\times\left(\dfrac{5}{18}\Delta\boldsymbol{V}_1+\dfrac{1}{6}\Delta\boldsymbol{V}_2\right)+\Delta\boldsymbol{\theta}_2\times\left(\dfrac{1}{6}\Delta\boldsymbol{V}_1+\dfrac{1}{18}\Delta\boldsymbol{V}_2\right)\right]$	旋转效应补偿量	式(3.117)
	$\Delta\boldsymbol{P}_{\mathrm{scro}(k)} = T\left[\Delta\boldsymbol{\theta}_1\times\left(\dfrac{11}{90}\Delta\boldsymbol{V}_1+\dfrac{1}{10}\Delta\boldsymbol{V}_2\right)+\Delta\boldsymbol{\theta}_2\times\left(\dfrac{1}{90}\Delta\boldsymbol{V}_2-\dfrac{7}{30}\Delta\boldsymbol{V}_1\right)\right]$	涡卷效应补偿量	式(3.118)

3.4 发射系捷联惯导数值更新简化算法

3.3 节介绍了发射系下的捷联惯导二子样数值更新算法，本节将介绍发射系下的捷联惯导数值更新简化算法，简化算法可以在保证算法精度降低很小的基础上降低运算量。

（1）姿态更新简化算法同式（3.55）~式（3.59），完成姿态更新。

（2）速度更新简化算法为

$$\Delta \boldsymbol{V}_k^{g(k)} = \Delta \boldsymbol{V}_{k-1}^{g(k-1)} + \Delta \boldsymbol{V}_{\mathrm{sf}(k)}^{g} + \Delta \boldsymbol{V}_{\mathrm{cor/g}(k)}^{g} \tag{3.124}$$

速度更新简化算法认为更新周期内陀螺仪的两次输出 $\Delta\boldsymbol{\theta}_1$、$\Delta\boldsymbol{\theta}_2$ 分别在 t_{k-1} 和 t_k 时刻的姿态下，则有

$$\Delta \boldsymbol{V}_{\mathrm{sf}(k)}^{g} = \boldsymbol{R}_{b(k-1)}^{g(k-1)} \Delta\boldsymbol{\theta}_1 + \boldsymbol{R}_{b(k)}^{g(k)} \Delta\boldsymbol{\theta}_2 \tag{3.125}$$

$\Delta \boldsymbol{V}_{\mathrm{cor/g}(k)}^{g}$ 的计算方法同式（3.66），至此完成速度更新。

（3）位置更新简化算法可采用比较简单的梯形积分方法，如式（3.92）所示。

3.5 发射系制导炮弹捷联惯导算法仿真

本节给出了制导炮弹的飞行弹道，在飞行弹道的基础上，从发射零点进行发射系捷联惯导算法解算，不考虑对准误差。需要注意的是，制导炮弹在实际飞行时，需要先对准再进行导航解算。本节的目的是验证捷联惯导算法的算法精度。

3.5.1 制导炮弹飞行弹道

飞行弹道的发射点位置设置为：北纬 34.2°、东经 108.9°、高度 400m，仿真时间 82s。取 17 个不同的发射方位角（0°、40°、45°、60°、90°、130°、135°、150°、180°、220°、225°、240°、270°、310°、315°、330°、350°）和 8 个不同的初始滚转角（0°、45°、90°、135°、180°、-135°、-90°、-45°）进行组合设计，共得到 136 条仿真弹道，飞行时间约 80s，如图 3-3 所示。图 3-4~图 3-6 给出了发射系的位置数据，图 3-7~图 3-9 给出了发射系的速度数据，图 3-10~图 3-12 给出了发射系的姿态数据，图 3-13 和图 3-14 给出了攻角和侧滑角，图 3-15~图 3-17 给出了三轴陀螺仪数据，图 3-18~图 3-20 给出了三轴加速度计数据。

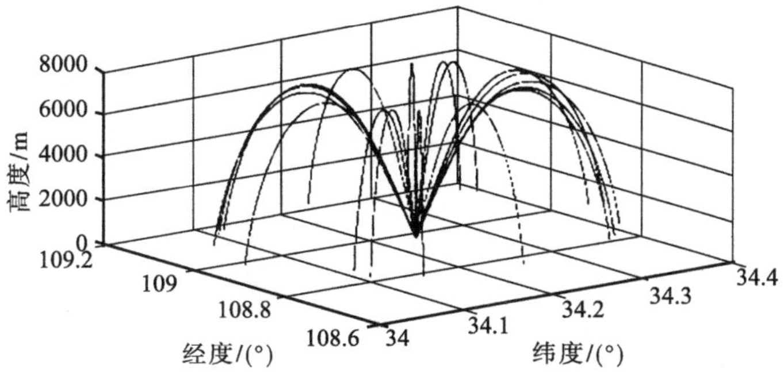

图 3-3　仿真弹道图

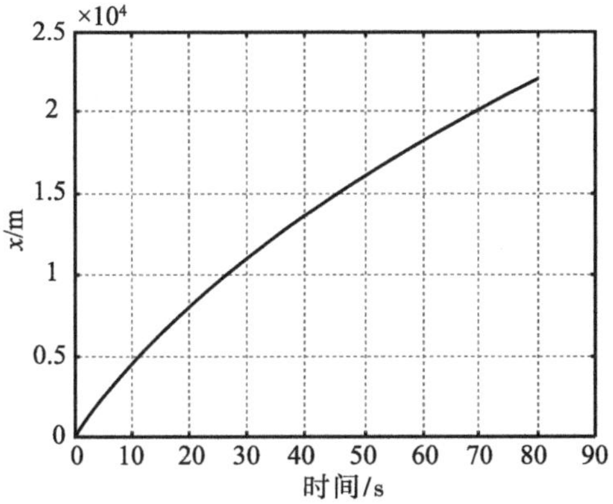

图 3-4　发射系位置 x

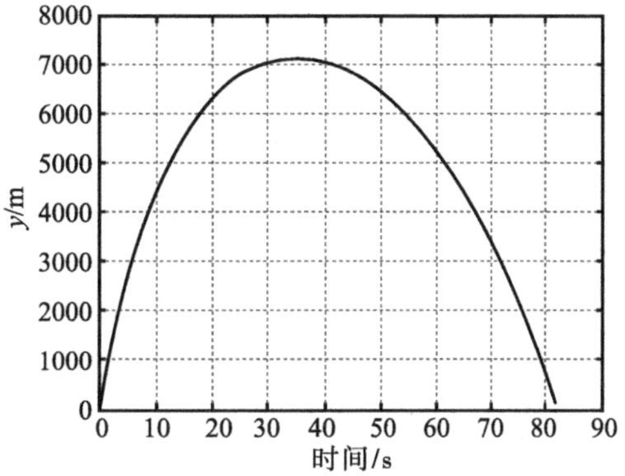

图 3-5　发射系位置 y

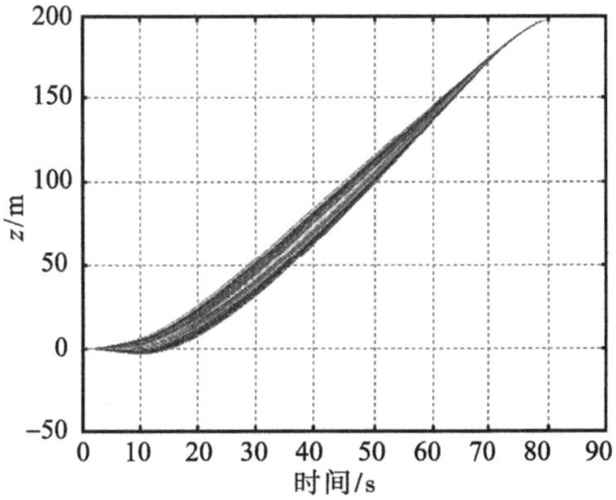

图 3-6　发射系位置 z

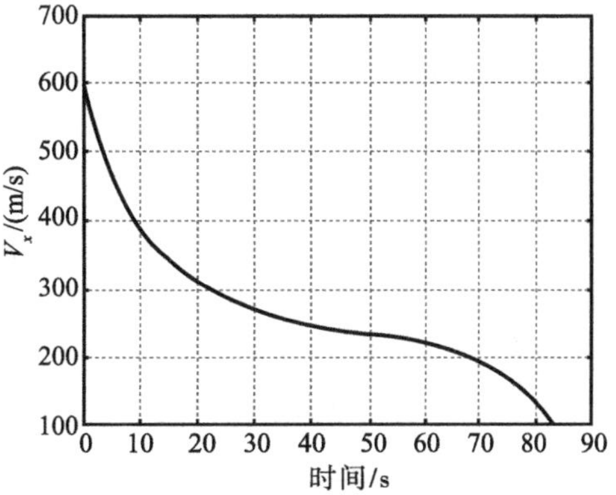

图 3-7　发射系速度 V_x

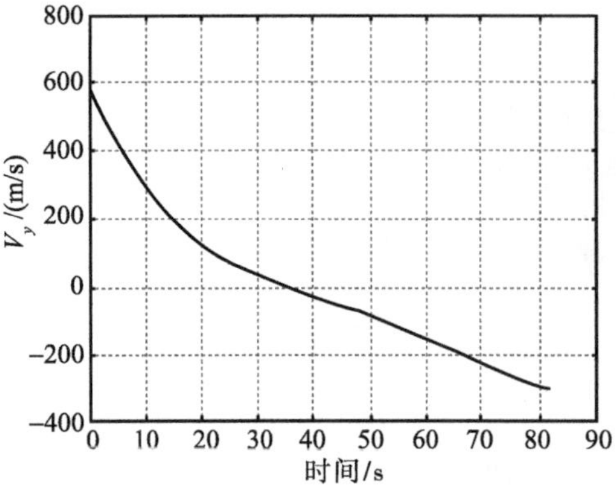

图 3-8　发射系速度 V_y

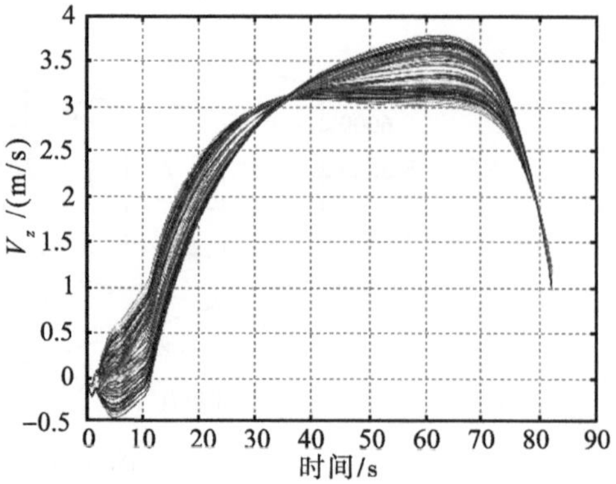

图 3-9　发射系速度 V_z

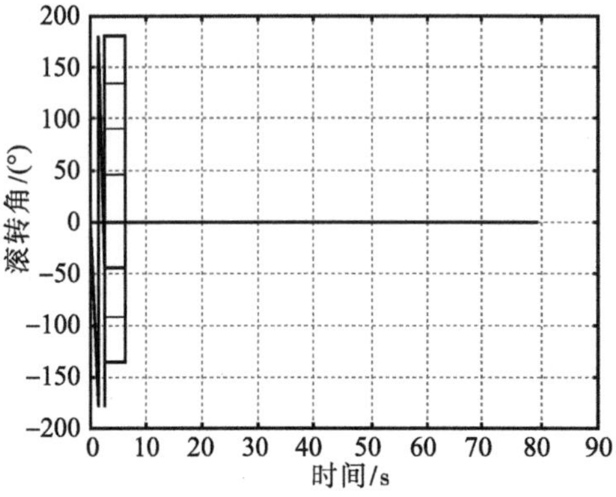

图 3-10　发射系滚转角

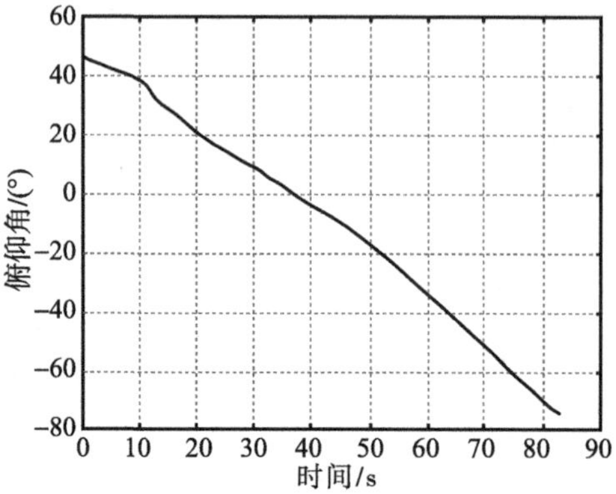

图 3-11　发射系俯仰角

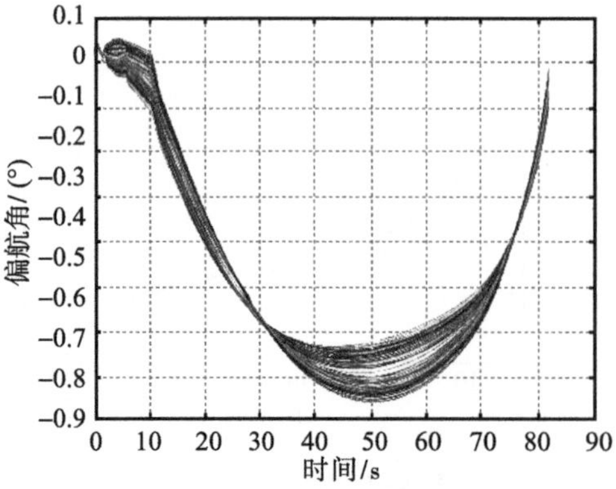

图 3-12　发射系偏航角

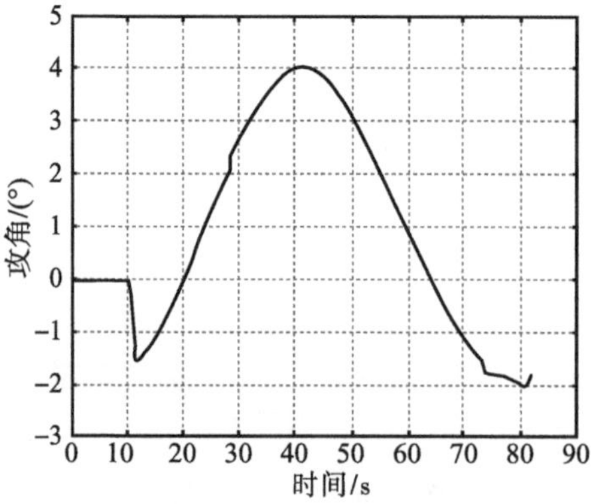

图 3-13　攻角

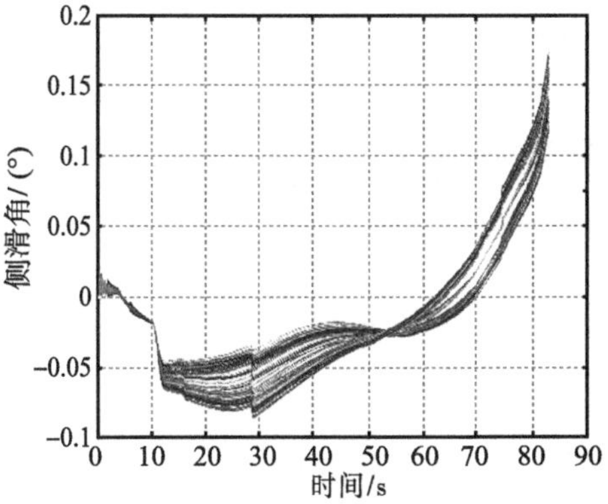

图 3-14　侧滑角

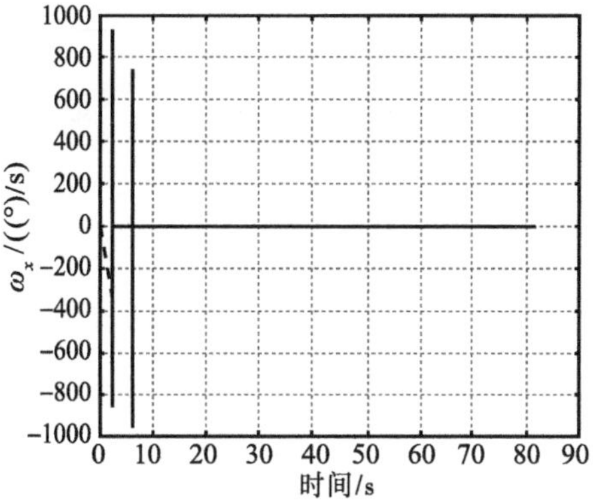

图 3-15　陀螺仪 x

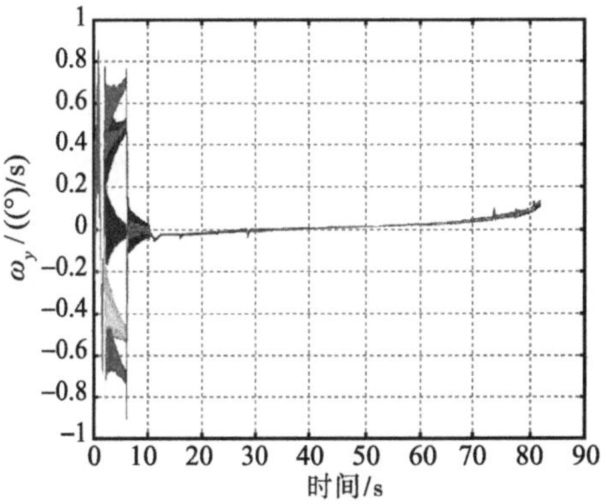

图 3-16　陀螺仪 y

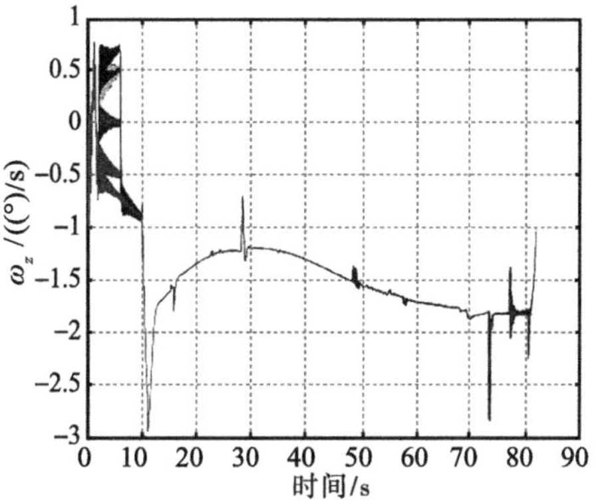

图 3-17　陀螺仪 z

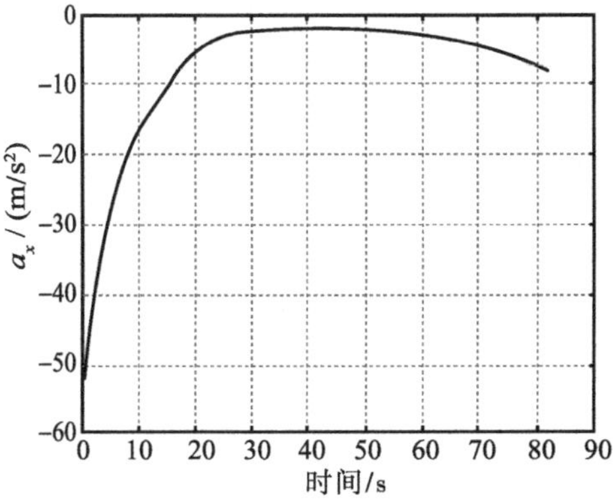

图 3-18　加速度计 x

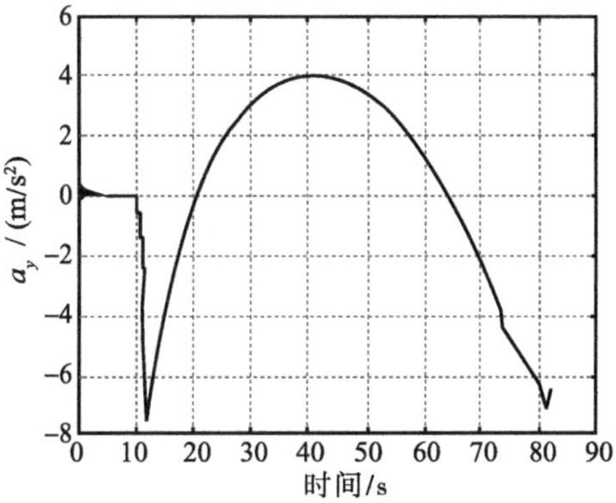

图 3-19　加速度计 y

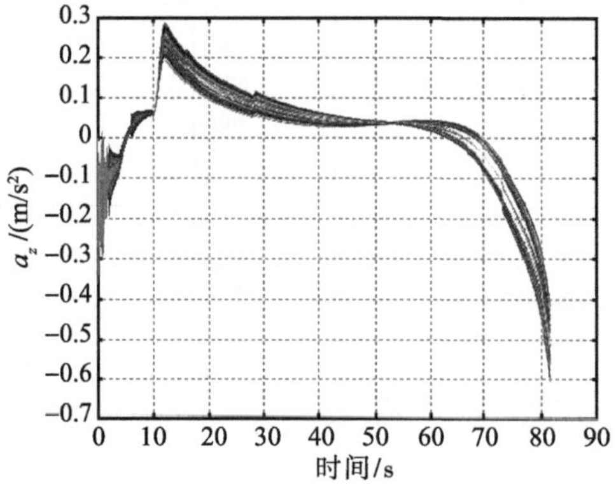

图 3-20　加速度计 z

3.5.2　无惯组误差捷联惯导算法仿真

采用 3.5.1 节的仿真弹道，不加惯组误差，对 136 条仿真弹道进行捷联惯导解算，惯导解算误差如图 3-21～图 3-29 所示，落点误差统计结果如表 3-2 所示。从仿真 136 条统计结果可以看出，无惯组误差捷联惯导算法误差很小，三轴位置误差在 0.04m（1σ）以内，三轴速度误差在 0.0005m/s（1σ）以内，三轴姿态误差在 0.0001°（1σ）以内。

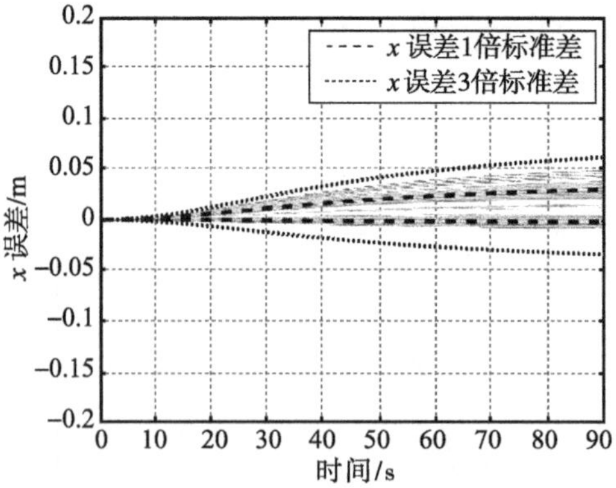

图 3-21　发射系位置 x 方向误差

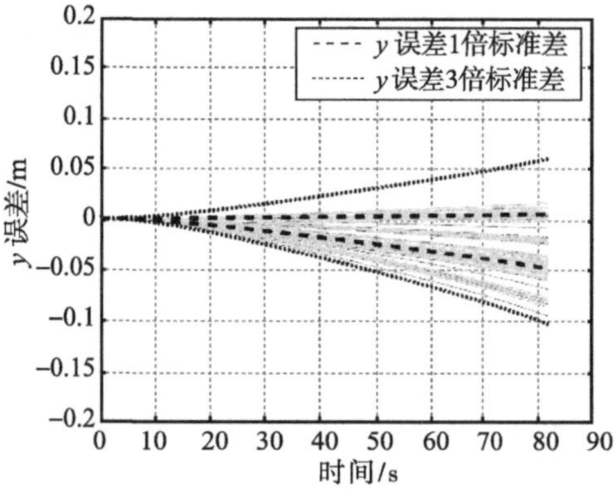

图 3-22　发射系位置 y 方向误差

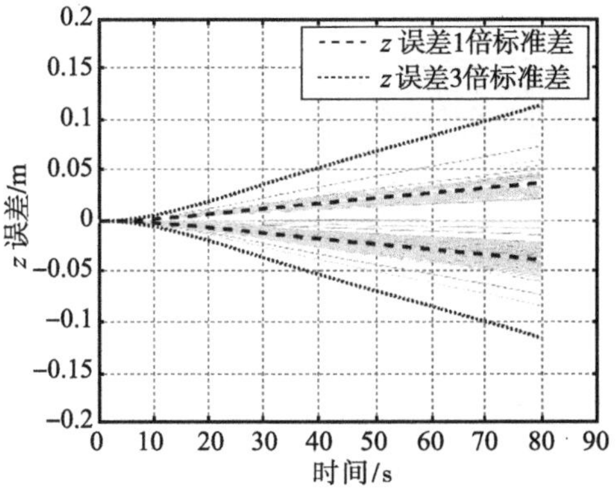

图 3-23　发射系位置 z 方向误差

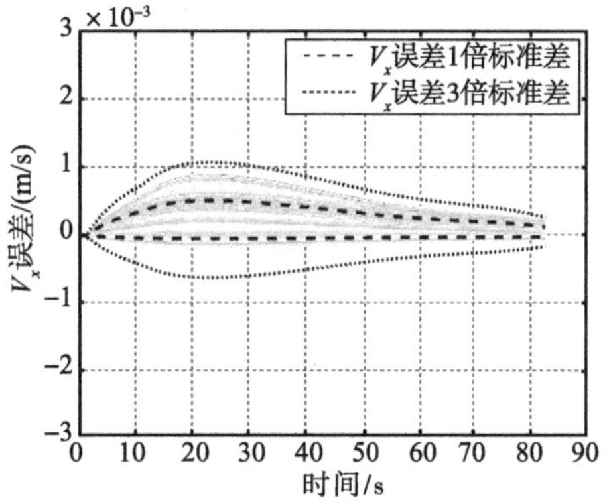

图 3-24　发射系速度 V_x 误差

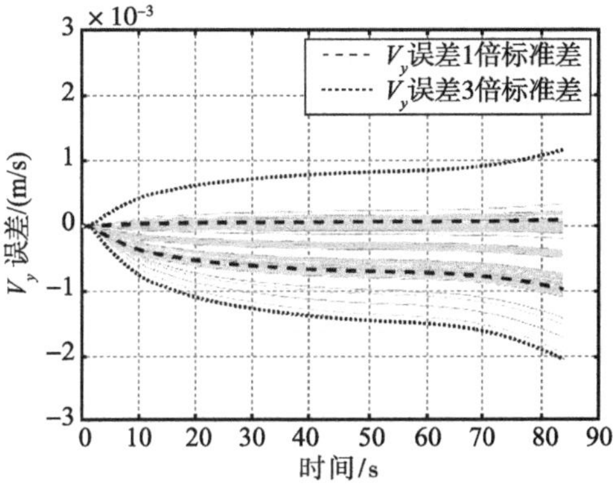

图 3-25　发射系速度 V_y 误差

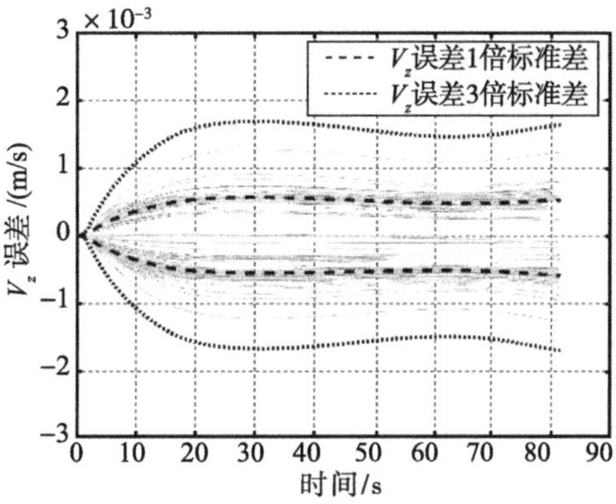

图 3-26　发射系速度 V_z 误差

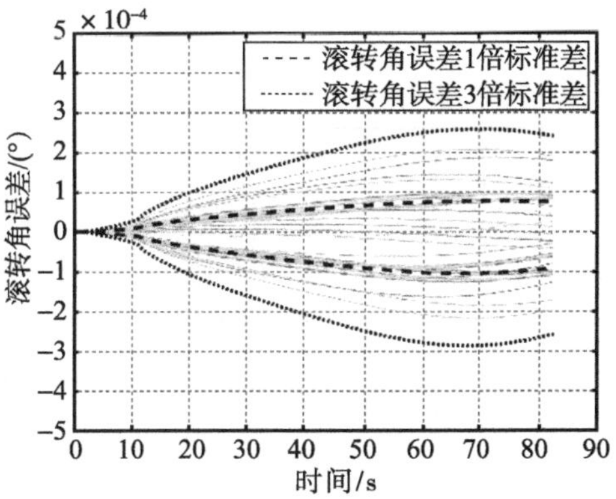

图 3-27　发射系滚转角误差

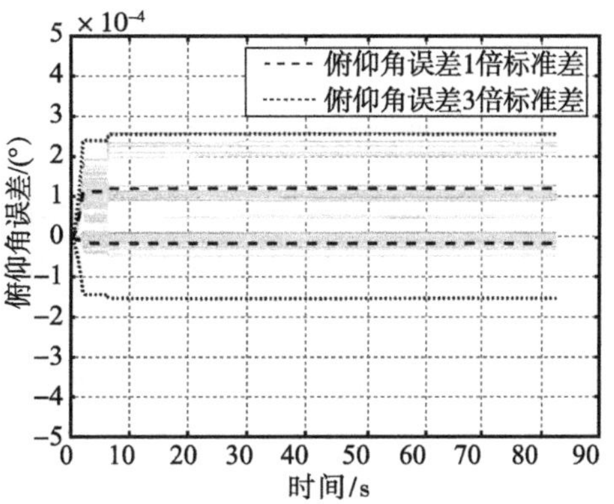

图 3-28　发射系俯仰角误差

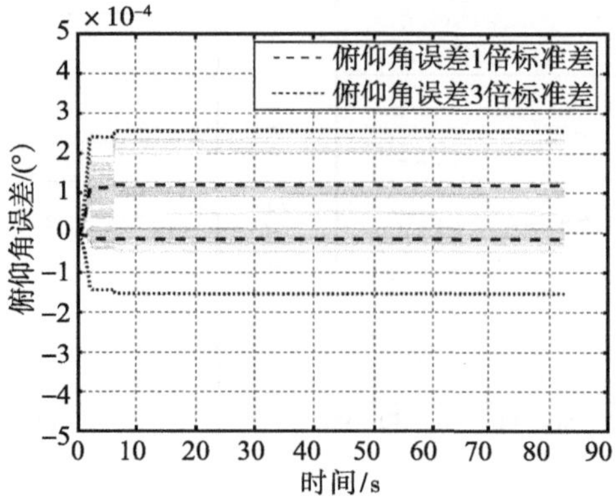

图 3-29　发射系偏航角误差

表 3-2　落点误差统计结果

误差统计	发射系位置误差/m			发射系速度误差/(m/s)			发射系姿态误差/(°)		
	x	y	z	V_x	V_y	V_z	滚转角	俯仰角	偏航角
均值	0.0123	-0.0217	-0.0007	0.0001	-0.0004	-0.0000	-0.0000	-0.0000	0.0001
标准差	0.0142	0.0266	0.0386	0.0001	0.0005	0.0005	0.0001	0.0000	0.0001

3.5.3 有惯组误差捷联惯导算法仿真

制导炮弹要求 MEMS IMU 具备抗高过载能力，考虑到炮射大冲击作用对于 MEMS IMU 的测量精度产生较大影响，仿真采用的 MEMS IMU 的技术指标如表 3-3 所示。

表 3-3　MEMS IMU 技术指标

项目	误差项	误差值（1σ）
陀螺仪	零偏	100°/h
	标度因数误差	1000ppm
	随机噪声	100°/h
	安装误差	5′
	输出周期	2.5ms

续表

项目	误差项	误差值（1σ）
加速度计	零偏	5m*g*
	标度因数误差	1000ppm
	随机噪声	5m*g*
	安装误差	5′
	输出周期	2.5ms

采用 3.5.1 节的仿真弹道，加入表 3-3 中的惯组误差，对 136 条仿真弹道进行捷联惯导解算，惯导解算误差如图 3-30～图 3-38 所示，落点误差统计结果如表 3-4 所示。从仿真结果可以看出，有惯组误差捷联惯导算法误差较大，三轴位置误差 1 倍标准差在 240m 以内，三轴速度误差 1 倍标准差在 8m/s 以内，三轴姿态误差 1 倍标准差在 2°以内。

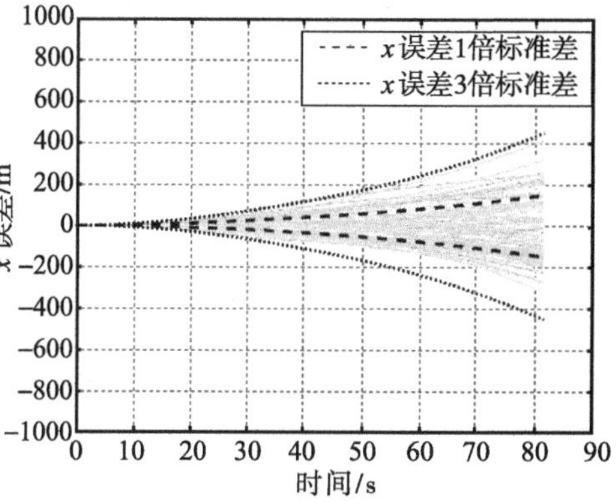

图 3-30　发射系位置 x 方向误差

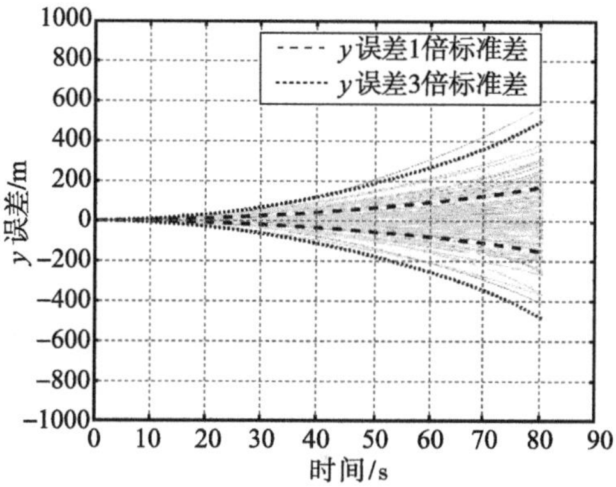

图 3-31　发射系位置 y 方向误差

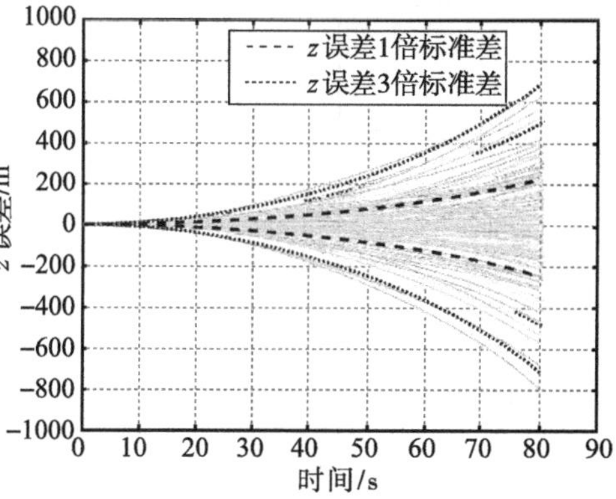

图 3-32　发射系位置 z 方向误差

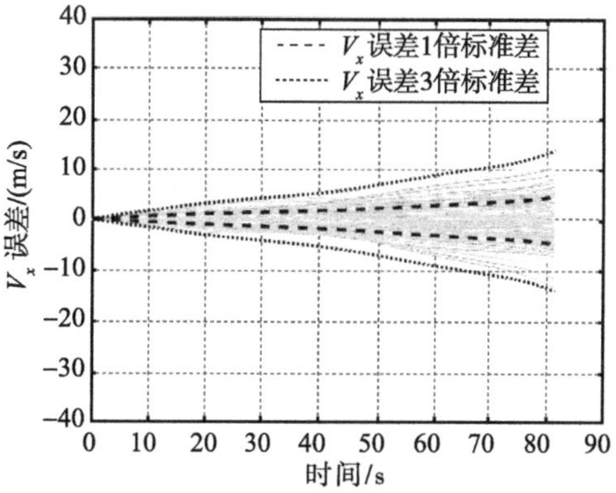

图 3-33　发射系速度 V_x 误差

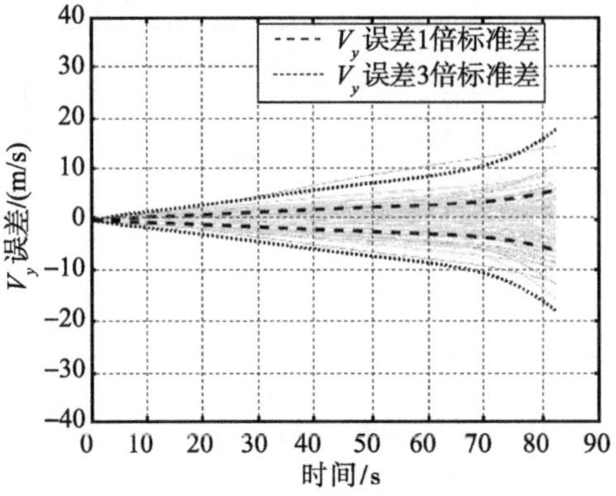

图 3-34　发射系速度 V_y 误差

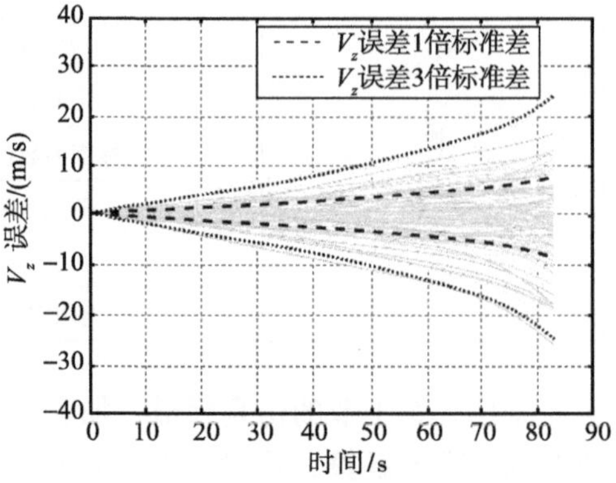

图 3-35　发射系速度 V_z 误差

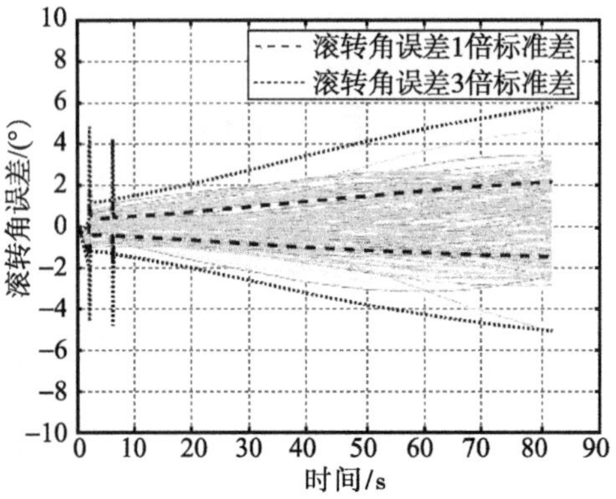

图 3-36　发射系滚转角误差

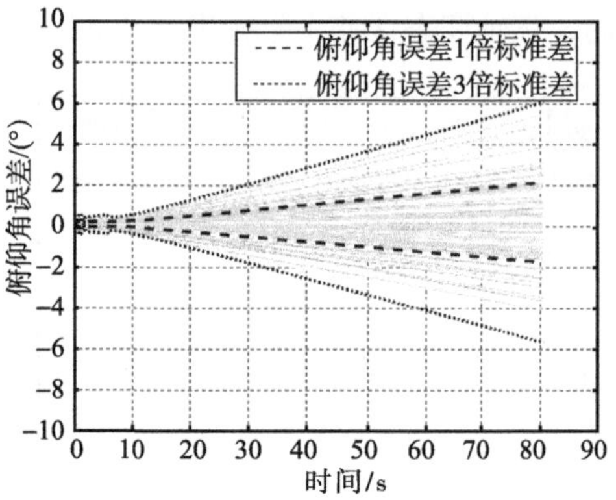

图 3-37　发射系俯仰角误差

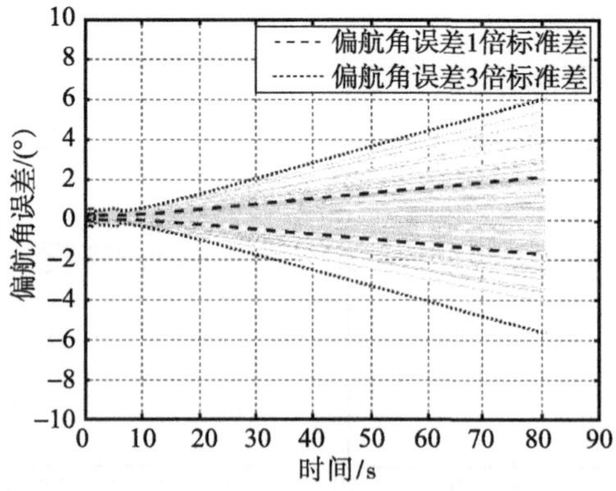

图 3-38　发射系偏航角误差

表 3-4　落点误差统计结果

误差统计	发射系位置误差/m			发射系速度误差/(m/s)			发射系姿态误差/(°)		
	x	y	z	V_x	V_y	V_z	滚转角	俯仰角	偏航角
均值	-0. 8249	8. 480	-14. 00	-0. 0790	-0. 0078	-0. 7218	0. 3228	-0. 1071	0. 1050
标准差	148. 1	166. 3	236. 8	4. 600	5. 975	7. 978	1. 784	1. 900	1. 949

通过与无惯组误差捷联惯导算法仿真结果进行对比，可以看出，捷联惯导算法本身误差很小，但由惯性器件引起的导航误差很大。另外，由于需要进行空中对准，捷联算法的初始误差还将增大，会带来更大的惯性导航误差。因此，制导炮弹纯惯性导航飞行时无法进行精确打击，需要采用组合导航进行制导飞行。

第4章 发射系制导炮弹空中对准算法

制导炮弹发射时承受高过载、高转速等恶劣条件，导航系统无法在此条件下正常工作，无法进行地面初始对准。通常，制导炮弹采用发射后上电方案，上电后进入有控飞行时，惯性导航系统在弹体倾斜稳定或旋转状态下进行空中对准。在粗对准时，制导炮弹的位置、速度和俯仰角、偏航角等初值可以直接从装订的弹道数据或卫星接收机数据中获得。但在发射过程中，由于弹体主动旋转或扰动旋转，无法获得滚转角初始值。因此，在研究制导炮弹空中对准时，弹体初始滚转角辨识是该领域的技术难点。本章在发射坐标系导航理论的框架下，介绍了制导炮弹利用陀螺仪、加速度计、卫星接收机等测量数据实现空中对准的相关算法。

4.1 基于陀螺仪的滚转角测量算法

如1.5节所述，利用弹道倾角向重力方向弯曲的现象，通过分析弹道倾角角速度在弹体系径向（横向和法向）两个方向的分量，可以辨识得到弹体滚转姿态角。

4.1.1 基于陀螺仪的滚转角测量原理

如2.3.5节中的图2-8所示（重画为图4-1），发射系按照3-2-1的顺序依次旋转 φ、ψ、γ，与弹体坐标系对应轴指向平行，制导炮弹弹体坐标系相对发射坐标系的转动角速度 $\boldsymbol{\omega}_{gb}^{b}$（简写为 $\boldsymbol{\omega}$），利用坐标转换的方法可以将转动角速度投影到弹体坐标系，如式（4.1）所示。

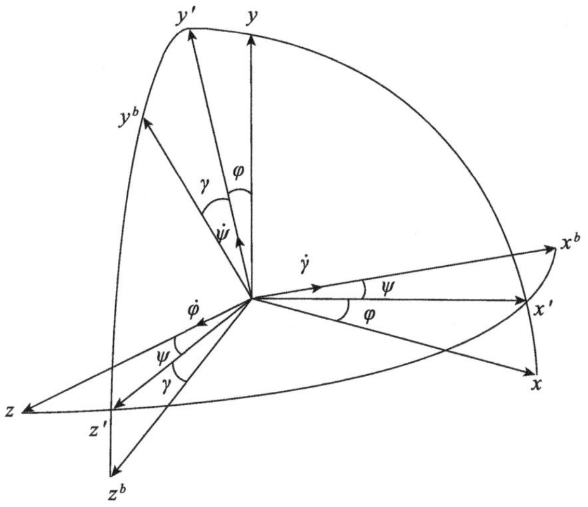

图 4-1　发射坐标系和弹体坐标系

$$\boldsymbol{\omega}=\begin{bmatrix}\omega_x\\ \omega_y\\ \omega_z\end{bmatrix}=\boldsymbol{R}_x(\gamma)\,\boldsymbol{R}_y(\psi)\begin{bmatrix}0\\0\\ \dot{\varphi}\end{bmatrix}+\boldsymbol{R}_x(\gamma)\begin{bmatrix}0\\ \dot{\psi}\\ 0\end{bmatrix}+\begin{bmatrix}\dot{\gamma}\\0\\0\end{bmatrix} \tag{4.1}$$

经过矩阵运算得转动角速度在弹体坐标系中的分量为

$$\begin{bmatrix}\omega_x\\ \omega_y\\ \omega_z\end{bmatrix}=\begin{bmatrix}\dot{\gamma}-\dot{\varphi}\sin\psi\\ \dot{\psi}\cos\gamma+\dot{\varphi}\cos\psi\sin\gamma\\ \dot{\varphi}\cos\psi\cos\gamma-\dot{\psi}\sin\gamma\end{bmatrix} \tag{4.2}$$

于是，得到关于姿态角的三个微分方程为

$$\left.\begin{aligned}&\dot{\varphi}=(\omega_y\sin\gamma+\omega_z\cos\gamma)/\cos\psi\\ &\dot{\psi}=\omega_y\cos\gamma-\omega_z\sin\gamma\\ &\dot{\gamma}=\omega_x+\tan\psi(\omega_y\sin\gamma+\omega_z\cos\gamma)\end{aligned}\right\} \tag{4.3}$$

即

$$\left.\begin{aligned}\omega_y\sin\gamma+\omega_z\cos\gamma&=\dot{\varphi}\cos\psi\\ -\omega_z\sin\gamma+\omega_y\cos\gamma&=\dot{\psi}\end{aligned}\right\} \tag{4.4}$$

由式（4.4），将 $\sin\gamma$ 和 $\cos\gamma$ 作为变量，得到

$$\left.\begin{aligned}\sin\gamma&=\frac{\omega_y\dot{\varphi}\cos\psi-\omega_z\dot{\psi}}{\omega_y^2+\omega_z^2}\\ \cos\gamma&=\frac{\omega_y\dot{\psi}+\omega_z\dot{\varphi}\cos\psi}{\omega_y^2+\omega_z^2}\end{aligned}\right\} \tag{4.5}$$

由上式解得滚转角 γ 为

$$\gamma=\arctan2(\sin\gamma,\ \cos\gamma)=\arctan2(\omega_y\dot{\varphi}\cos\psi-\omega_z\dot{\psi},\ \omega_y\dot{\psi}+\omega_z\dot{\varphi}\cos\psi)\tag{4.6}$$

由于制导炮弹飞行在射面内，因此偏航角 $\dot{\psi}\approx 0$ 时，式（4.6）可简化为

$$\gamma=\arctan2(\omega_y\dot{\varphi}\cos\psi,\ \omega_z\dot{\varphi}\cos\psi)\tag{4.7}$$

在制导炮弹飞行初段，俯仰角 φ 数值逐步减小，偏航角 ψ 在 0°附近，因此 $\dot{\varphi}\cos\psi<0$，式（4.7）可简化为

$$\gamma=\arctan2(-\omega_y,\ -\omega_z)\tag{4.8}$$

由式（4.8）知，制导炮弹飞行中弹道重力转弯的角速度，可分解到弹体的俯仰角速度和偏航角速度中，并且其数值大小与弹体滚转角相关。通过横法向陀螺仪的测量值，有了法向角速率测量值 $\hat{\omega}_y$ 和横向角速率测量值 $\hat{\omega}_z$，就可以进行滚转角辨识。由于测量系统存在误差，为了提高精度，取一段时间内 $\hat{\omega}_y$ 的均值 $\bar{\omega}_y$ 以及 $\hat{\omega}_z$ 的均值 $\bar{\omega}_z$，如式（4.9）所示。

$$\left.\begin{aligned}\bar{\omega}_y&=\frac{1}{n}\sum_{i=1}^{n}\hat{\omega}_{yi}\\ \bar{\omega}_z&=\frac{1}{n}\sum_{i=1}^{n}\hat{\omega}_{zi}\end{aligned}\right\}\tag{4.9}$$

式中：n 为一段时间内测量次数；$\hat{\omega}_{yi}$、$\hat{\omega}_{zi}$ 分别为第 i（$i\leqslant n$）次测量的偏航角速率测量值、俯仰角速率测量值。

将式（4.9）代入式（4.10），得

$$\gamma=\arctan2(-\bar{\omega}_y,\ -\bar{\omega}_z)\tag{4.10}$$

在式（4.9）中，偏航角速率和俯仰角速率的精确测量值按照式（4.11）计算，然而，由于制导炮弹的陀螺仪误差远大于地球自转角速度，并且滚转角测量时间较短；因此，在滚转角的测量中，不考虑发射系相对于发惯系的旋转角速度 $\boldsymbol{\omega}_{ag}^{g}$，式（4.9）可直接采用横向和法向陀螺仪测量数据作为俯仰角速率和偏航角速率的测量值。

$$\boldsymbol{\omega}_{gb}^{b}=\boldsymbol{\omega}_{ab}^{b}-\boldsymbol{\omega}_{ag}^{b}=\boldsymbol{\omega}_{ab}^{b}-\boldsymbol{R}_{g}^{b}\boldsymbol{\omega}_{ag}^{g}\tag{4.11}$$

采用表 3-3 所示的陀螺仪技术指标，以及 3.5.1 节的仿真弹道，对 136 条飞行弹道进行空中对准算法仿真，滚转角测量结果如图 4-2 所示，滚转角测量误差在 8°以内。该方案的定姿精度依赖于陀螺精度，目前制导炮弹多采用低成本低精度 MEMS 陀螺，高过载冲击后陀螺漂移变化很大，影响滚转角测量精度。将表 3-3 所示的陀螺仪技术指标放大 3 倍，采用 3.5.1 节的仿真弹道，对 136 条飞行弹道进行空中对准算法仿真，滚转角测量结果如图 4-3 所示，滚转角测量误差在 20°以内。将表 3-3 所示的陀螺仪技术指标放大 5

倍，采用 3.5.1 节的仿真弹道，对 136 条飞行弹道进行空中对准算法仿真，滚转角测量结果如图 4-4 所示，滚转角测量误差在 40°以内。对比图 4-2、图 4-3 和图 4-4 的滚转角测量结果，可以看出，随着陀螺仪指标的恶化，测量结果误差明显增大。

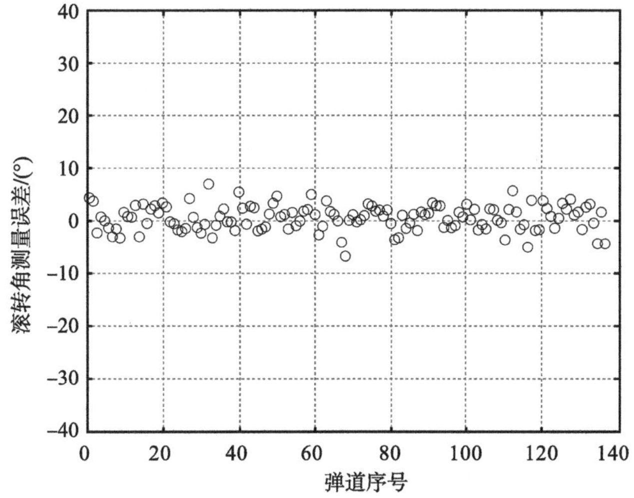

图 4-2　滚转角测量结果（1 倍）

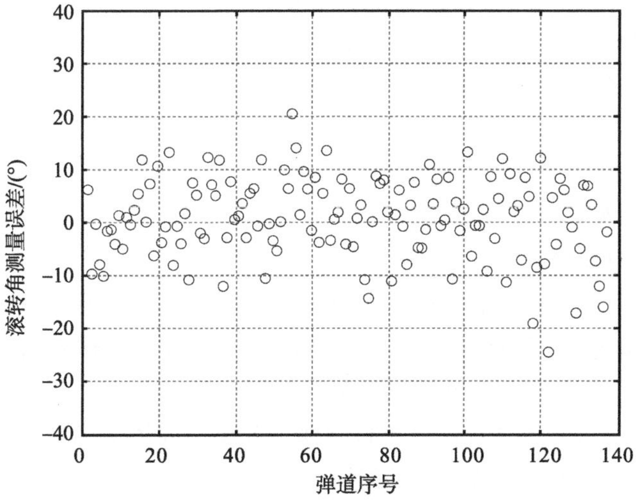

图 4-3　滚转角测量结果（3 倍）

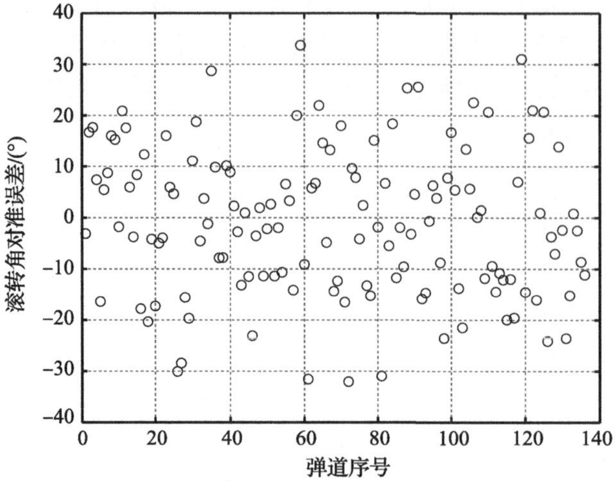

图 4-4　滚转角测量结果（5 倍）

4.1.2　基于旋转调制法的滚转角测量原理

针对以上滚转角测量误差随陀螺仪指标增大而增大的问题，本节介绍基于旋转调制法的滚转角测量算法，以实现高精度的滚转角测量和陀螺误差补偿。

1. 双位置旋转调制法自补偿原理

伪弹体坐标系（wb 系）是为双位置旋转调制需求设定的坐标系。伪弹体坐标系和弹体坐标系的关系如图 4-5 所示，结合弹体坐标系给出伪弹体坐标系的定义：在弹体绕 x^b 轴以角速度 ω 旋转开始时刻，伪弹体坐标系与弹体坐标系重合，伪弹体坐标系原点 O^{wb} 为弹体质心，x^{wb} 轴沿弹体纵轴指向弹体正前方，y^{wb} 轴在弹体主对称轴平面内并且指向弹体上方，z^{wb} 轴与 x^{wb} 轴、y^{wb} 轴构成右手直角坐标系并且指向弹体右方。旋转开始后，伪弹体坐标系三轴指向不变，仍保持为旋转开始时刻的指向。

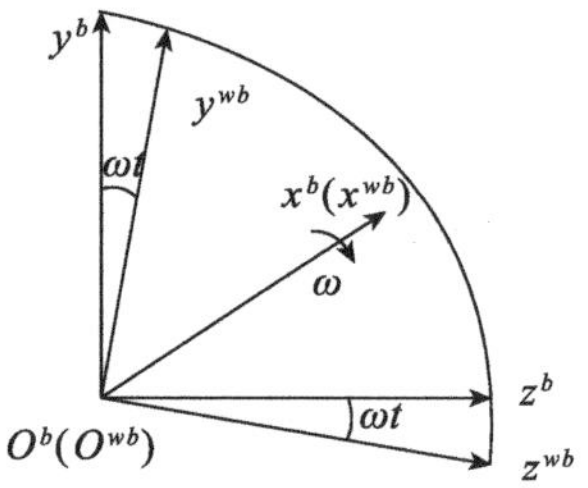

图 4-5　弹体坐标系和伪弹体坐标系

如图 4-5 所示，旋转开始时刻伪弹体坐标系与弹体坐标系重合，在弹体绕 x^b 轴以角速度 ω 开始旋转后，t 时刻伪弹体坐标系与弹体坐标系之间的关系为

$$\boldsymbol{R}_{wb}^{b}=(\boldsymbol{R}_{b}^{wb})^{\mathrm{T}}=\begin{bmatrix}1 & 0 & 0\\0 & \cos\omega t & \sin\omega t\\0 & -\sin\omega t & \cos\omega t\end{bmatrix}\tag{4.12}$$

设 $\boldsymbol{\varepsilon}_x^b$、$\boldsymbol{\varepsilon}_y^b$、$\boldsymbol{\varepsilon}_z^b$ 为陀螺常值漂移，t 时刻惯性器件偏差的调制形式可表示为

$$\boldsymbol{\varepsilon}_{wb}=\boldsymbol{R}_b^{wb}\boldsymbol{\varepsilon}_b=\boldsymbol{R}_b^{wb}\begin{bmatrix}\boldsymbol{\varepsilon}_x^b\\ \boldsymbol{\varepsilon}_y^b\\ \boldsymbol{\varepsilon}_z^b\end{bmatrix}=\begin{bmatrix}1 & 0 & 0\\ 0 & \cos\omega t & -\sin\omega t\\ 0 & \sin\omega t & \cos\omega t\end{bmatrix}\begin{bmatrix}\boldsymbol{\varepsilon}_x^b\\ \boldsymbol{\varepsilon}_y^b\\ \boldsymbol{\varepsilon}_z^b\end{bmatrix}=\begin{bmatrix}\boldsymbol{\varepsilon}_x^b\\ \boldsymbol{\varepsilon}_y^b\cos\omega t-\boldsymbol{\varepsilon}_z^b\sin\omega t\\ \boldsymbol{\varepsilon}_y^b\sin\omega t+\boldsymbol{\varepsilon}_z^b\cos\omega t\end{bmatrix} \quad (4.13)$$

由式（4.13）可见，垂直于弹体纵轴的径向（横向和法向）方向上的两个陀螺仪偏差由于旋转被调制成周期性变化信号，信号的幅值大于陀螺常值漂移，但它们在一个转动周期内的均值为零，因此不会影响系统导航精度。

设旋转开始时刻为 t_1（位置 1），转动角速度为 ω，转动周期为 T，设旋转到指定位置的时间为 t_2（位置 2）。由式（4.13）可以得到，t_1 和 t_2 时刻的陀螺仪偏差的调制形式 $\boldsymbol{\varepsilon}_{wb_1}$、$\boldsymbol{\varepsilon}_{wb_2}$ 分别为

$$\boldsymbol{\varepsilon}_{wb_1}=\begin{bmatrix}\boldsymbol{\varepsilon}_{x_1}^{wb}\\ \boldsymbol{\varepsilon}_{y_1}^{wb}\\ \boldsymbol{\varepsilon}_{z_1}^{wb}\end{bmatrix}=\begin{bmatrix}\boldsymbol{\varepsilon}_x^b\\ \boldsymbol{\varepsilon}_y^b\cos\omega t_1-\boldsymbol{\varepsilon}_z^b\sin\omega t_1\\ \boldsymbol{\varepsilon}_y^b\sin\omega t_1+\boldsymbol{\varepsilon}_z^b\cos\omega t_1\end{bmatrix}\quad \boldsymbol{\varepsilon}_{wb_2}=\begin{bmatrix}\boldsymbol{\varepsilon}_{x_2}^{wb}\\ \boldsymbol{\varepsilon}_{y_2}^{wb}\\ \boldsymbol{\varepsilon}_{z_2}^{wb}\end{bmatrix}=\begin{bmatrix}\boldsymbol{\varepsilon}_x^b\\ \boldsymbol{\varepsilon}_y^b\cos\omega t_2-\boldsymbol{\varepsilon}_z^b\sin\omega t_2\\ \boldsymbol{\varepsilon}_y^b\sin\omega t_2+\boldsymbol{\varepsilon}_z^b\cos\omega t_2\end{bmatrix} \quad (4.14)$$

在双位置（转 180°）方案中，t_1 和 t_2 的关系为

$$t_2=t_1+\frac{T}{2} \quad (4.15)$$

将式（4.15）代入式（4.14），t_2 时刻的陀螺仪偏差 $\boldsymbol{\varepsilon}_{wb_2}$ 可表示为

$$\boldsymbol{\varepsilon}_{wb_2}=\begin{bmatrix}\boldsymbol{\varepsilon}_x^b\\ \boldsymbol{\varepsilon}_y^b\cos\omega\left(t_1+\dfrac{T}{2}\right)-\boldsymbol{\varepsilon}_z^b\sin\omega\left(t_1+\dfrac{T}{2}\right)\\ \boldsymbol{\varepsilon}_y^b\sin\omega\left(t_1+\dfrac{T}{2}\right)+\boldsymbol{\varepsilon}_z^b\cos\omega\left(t_1+\dfrac{T}{2}\right)\end{bmatrix}=\begin{bmatrix}\boldsymbol{\varepsilon}_x^b\\ -\boldsymbol{\varepsilon}_y^b\cos\omega t_1+\boldsymbol{\varepsilon}_z^b\sin\omega t_1\\ -\boldsymbol{\varepsilon}_y^b\sin\omega t_1-\boldsymbol{\varepsilon}_z^b\cos\omega t_1\end{bmatrix} \quad (4.16)$$

如图 4-6 所示，给一恒定的俯仰角和偏航角的角速率 ω_y 和 ω_z。在位置 1，由于常值漂移 $\boldsymbol{\varepsilon}_{wb_1}$ 的存在，横向和法向陀螺仪测量值为

$$\left.\begin{aligned}\omega_{y_1}&=\omega_y+\boldsymbol{\varepsilon}_{y_1}^{wb}\\ \omega_{z_1}&=\omega_z+\boldsymbol{\varepsilon}_{z_1}^{wb}\end{aligned}\right\} \quad (4.17)$$

在位置 2（绕 x 轴转 180°后），由于常值漂移 $\boldsymbol{\varepsilon}_{wb_2}$ 的存在，横向和法向陀螺仪测量值为

$$\begin{bmatrix}\omega_{y_2}\\ \omega_{z_2}\end{bmatrix}=\begin{bmatrix}\cos\pi & \sin\pi\\ -\sin\pi & \cos\pi\end{bmatrix}\begin{bmatrix}\omega_y+\boldsymbol{\varepsilon}_{y_2}^{wb}\\ \omega_z+\boldsymbol{\varepsilon}_{z_2}^{wb}\end{bmatrix}=\begin{bmatrix}-\omega_y-\boldsymbol{\varepsilon}_{y_2}^{wb}\\ -\omega_z-\boldsymbol{\varepsilon}_{z_2}^{wb}\end{bmatrix} \quad (4.18)$$

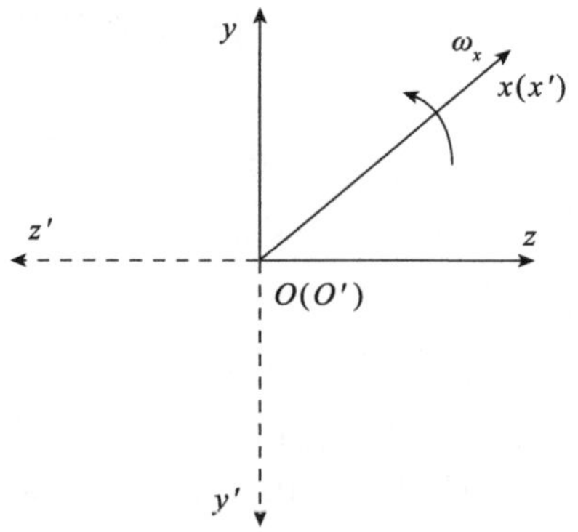

图 4-6　绕 x 轴转 180°示意图

由式（4.17）和式（4.18）得弹体横法向角速度为

$$\left.\begin{aligned}\omega_y &= \frac{(\omega_{y_1}-\omega_{y_2})-(\varepsilon_{y_1}^{wb}+\varepsilon_{y_2}^{wb})}{2}\\ \omega_z &= \frac{(\omega_{z_1}-\omega_{z_2})-(\varepsilon_{z_1}^{wb}+\varepsilon_{z_2}^{wb})}{2}\end{aligned}\right\} \tag{4.19}$$

将式（4.14）和（4.16）代入式（4.19），可以消去横法向陀螺仪零偏的影响，弹体横法向角速度为

$$\left.\begin{aligned}\omega_y &= (\omega_{y_1}-\omega_{y_2})/2\\ \omega_z &= (\omega_{z_1}-\omega_{z_2})/2\end{aligned}\right\} \tag{4.20}$$

将式（4.20）代入式（4.8）解得双位置旋转调制法的滚转角为

$$\gamma=\mathrm{arctan2}(-\omega_y,\ -\omega_z)=\mathrm{arctan2}[-(\omega_{y_1}-\omega_{y_2}),\ -(\omega_{z_1}-\omega_{z_2})] \tag{4.21}$$

由式（4.17）和式（4.18）得调制形式的横法向陀螺零偏测量值为

$$\left.\begin{aligned}\varepsilon_{y_1}^{wb}-\varepsilon_{y_2}^{wb} &= \omega_{y_1}+\omega_{y_2}\\ \varepsilon_{z_1}^{wb}-\varepsilon_{z_2}^{wb} &= \omega_{z_1}+\omega_{z_2}\end{aligned}\right\} \tag{4.22}$$

将式（4.14）和（4.16）代入式（4.22），横法向陀螺的零偏为

$$\left.\begin{aligned}\varepsilon_y^b &= \frac{\omega_{y_1}+\omega_{y_2}}{2}\cos\omega t_1+\frac{\omega_{z_1}+\omega_{z_2}}{2}\sin\omega t_1\\ \varepsilon_z^b &= \frac{\omega_{z_1}+\omega_{z_2}}{2}\cos\omega t_1-\frac{\omega_{y_1}+\omega_{y_2}}{2}\sin\omega t_1\end{aligned}\right\} \tag{4.23}$$

由伪弹体坐标系的定义知，在旋转开始时刻 $t_1=0$，将 $t_1=0$ 代入式（4.23），消去调制信息，横法向陀螺的零偏为

$$\left.\begin{array}{l}\varepsilon_y^b=(\omega_{y_1}+\omega_{y_2})/2\\ \varepsilon_z^b=(\omega_{z_1}+\omega_{z_2})/2\end{array}\right\}\tag{4.24}$$

如式（4.21）和式（4.24）所示，通过引入旋转调制思想，设计了旋转调制方案，在不增加旋转机构的基础上，通过弹体自身双位置滚转，消除了横法向陀螺仪零偏的影响，实现了横法向陀螺仪的误差补偿。至此，解决了基于陀螺仪的滚转角测量方法中滚转角测量结果随陀螺指标增大而增大的问题，实现了高精度的滚转角测量。

2. 双位置旋转调制法仿真弹道

旋转调制法仿真弹道与 3.5.1 节的仿真弹道的发射点初值、发射方位角和初始滚转角设置相同，都为 136 条；不同之处为：旋转调制法仿真弹道在 6s 时控制系统控制弹体旋转 180°，达到旋转调制的目的。旋转调制法仿真弹道如图 4-7 所示，数据如图 4-8～图 4-24 所示。

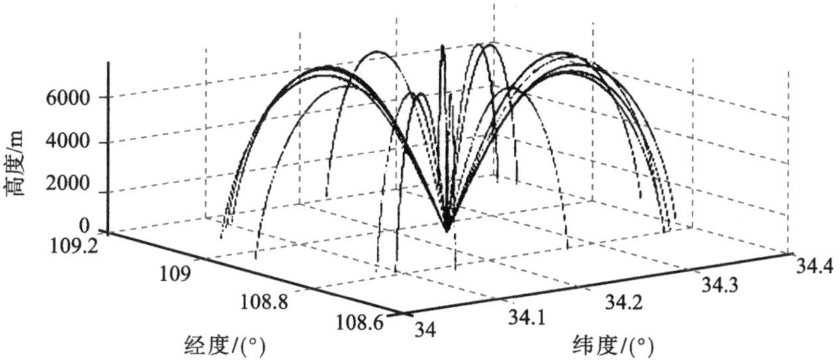

图 4-7　仿真轨迹图

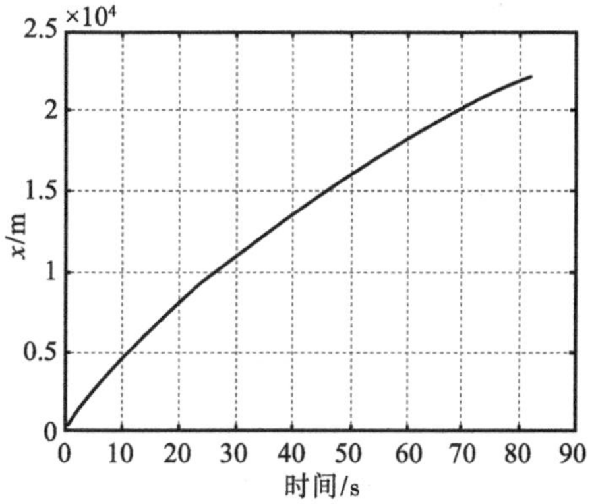

图 4-8　发射系位置 x

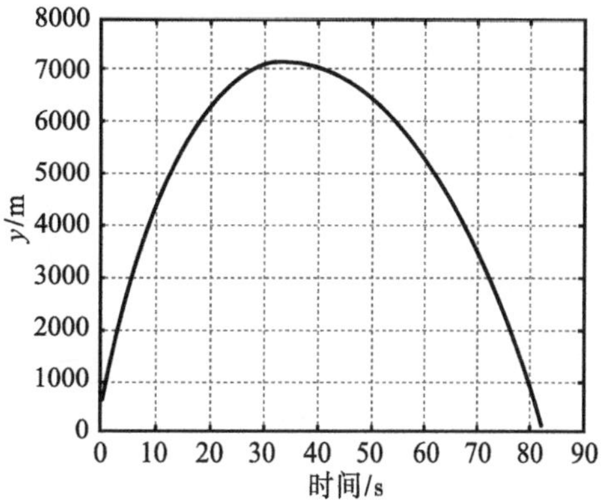

图 4-9　发射系位置 y

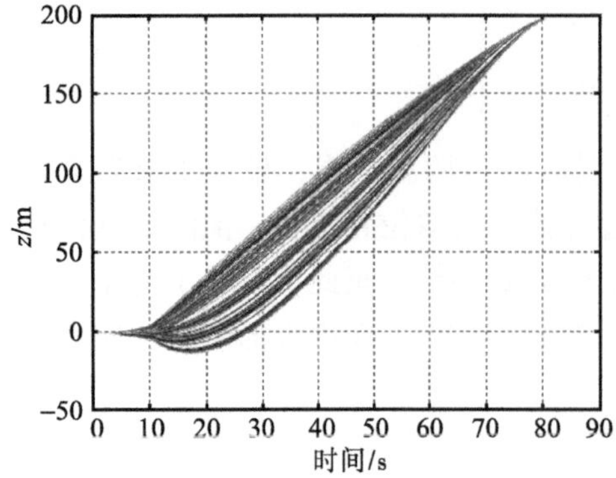

图 4-10　发射系位置 z

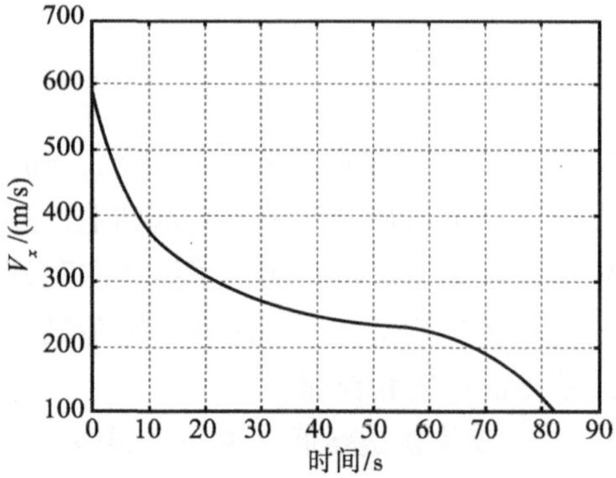

图 4-11　发射系速度 V_x

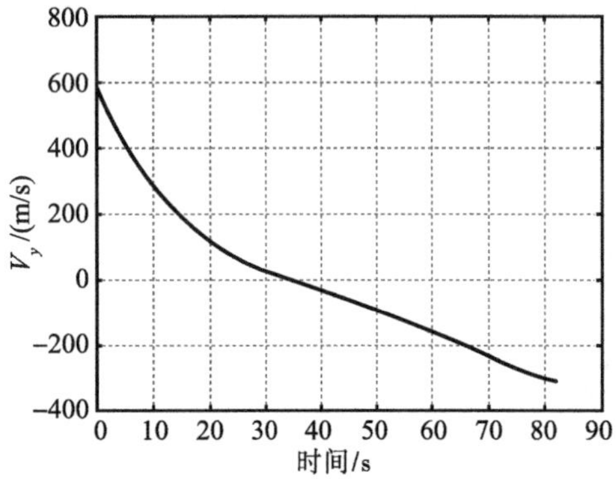

图 4-12　发射系速度 V_y

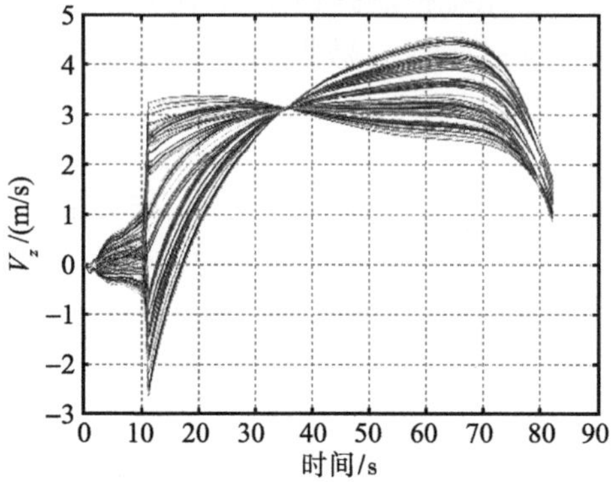

图 4-13　发射系速度 V_z

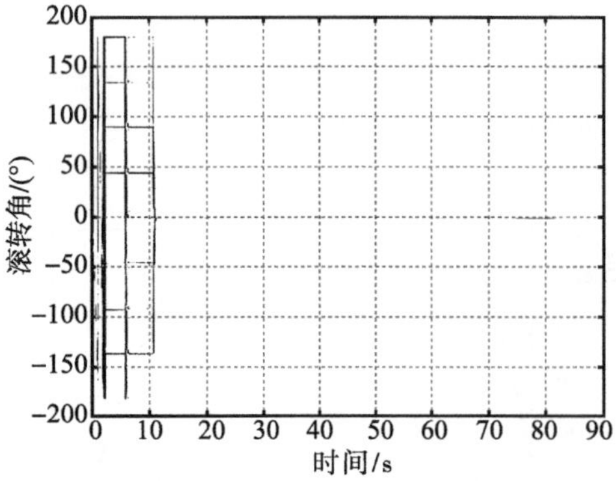

图 4-14　发射系滚转角

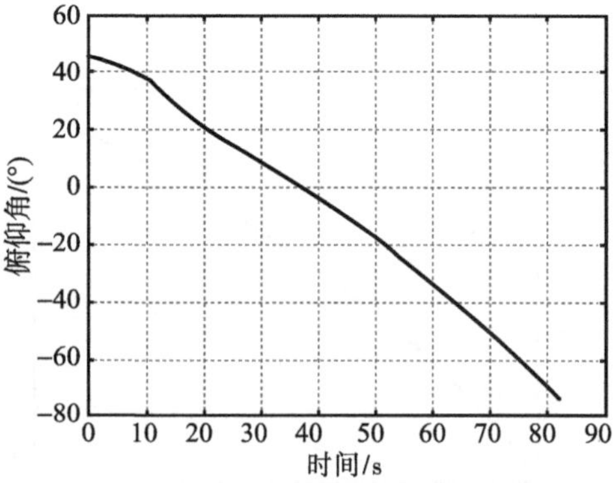

图 4-15　发射系俯仰角

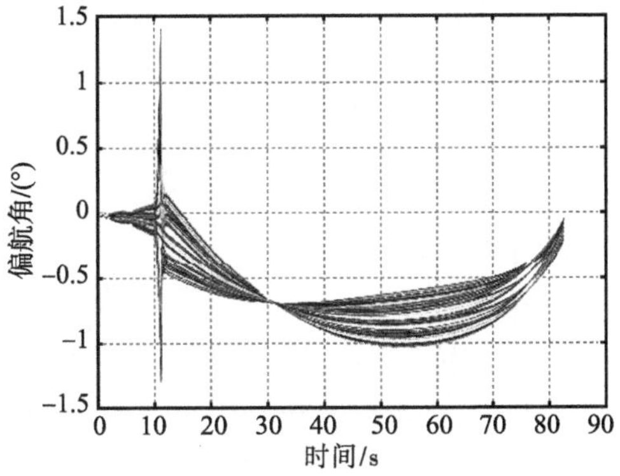

图 4-16　发射系偏航角

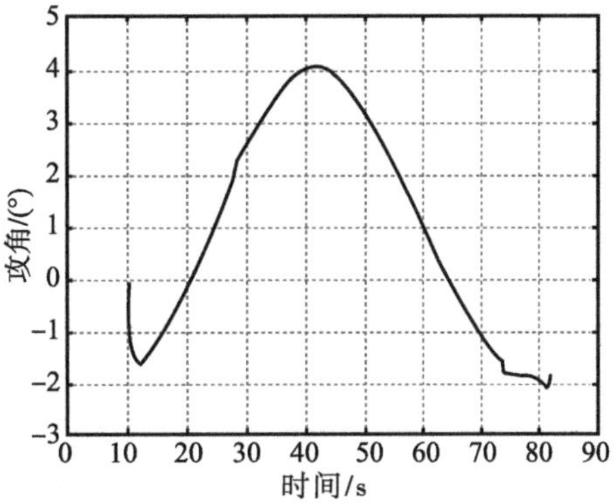

图 4-17　攻角

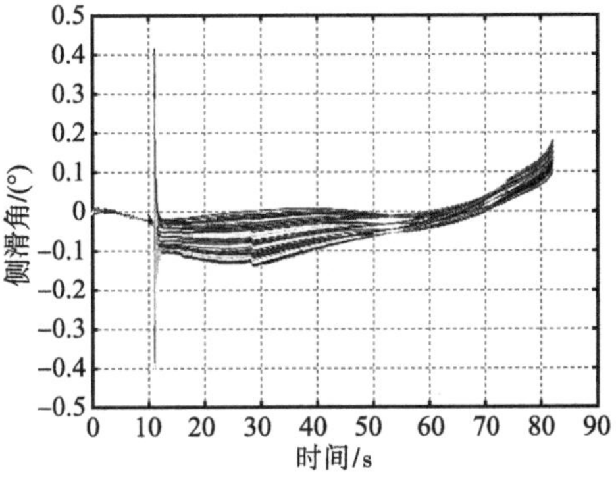

图 4-18　侧滑角

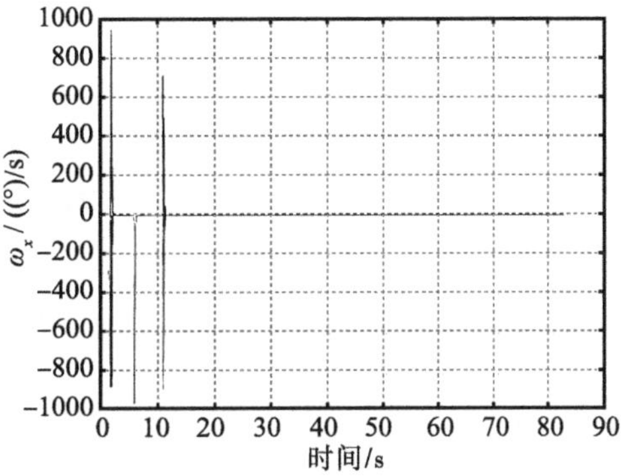

图 4-19　陀螺仪 x

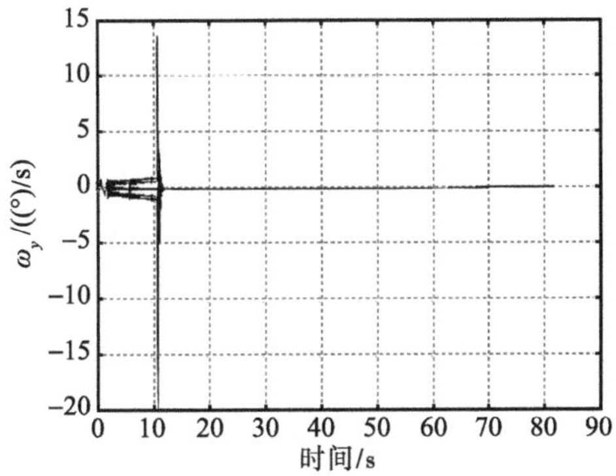

图 4-20　陀螺仪 y

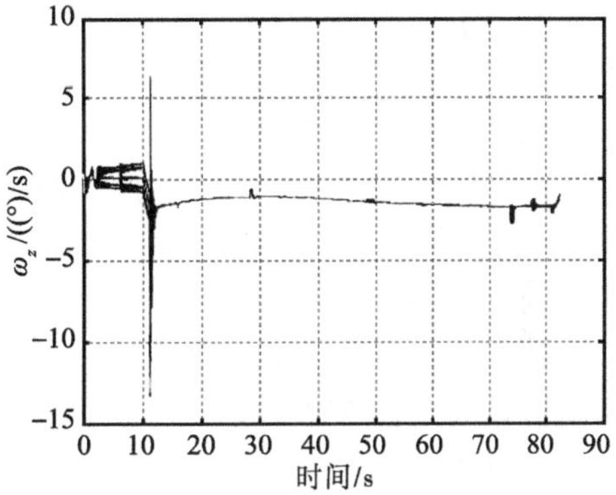

图 4-21　陀螺仪 z

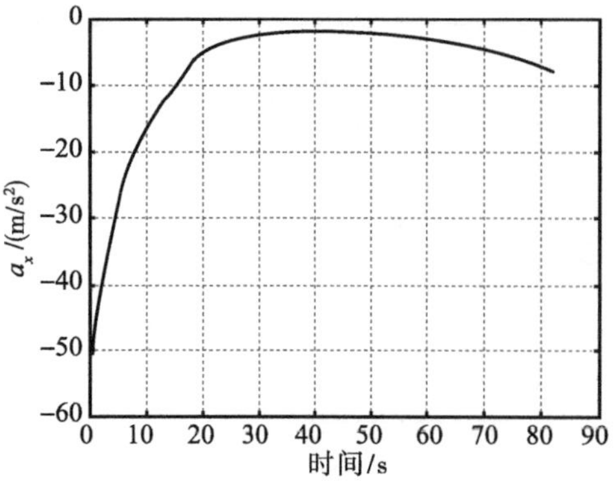

图 4-22　加速度计 x

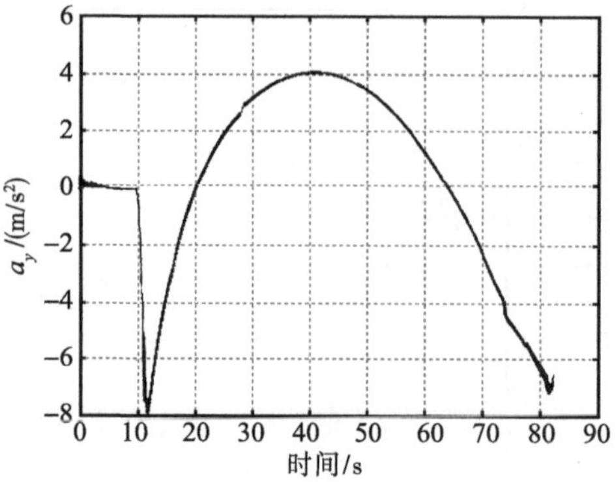

图 4-23　加速度计 y

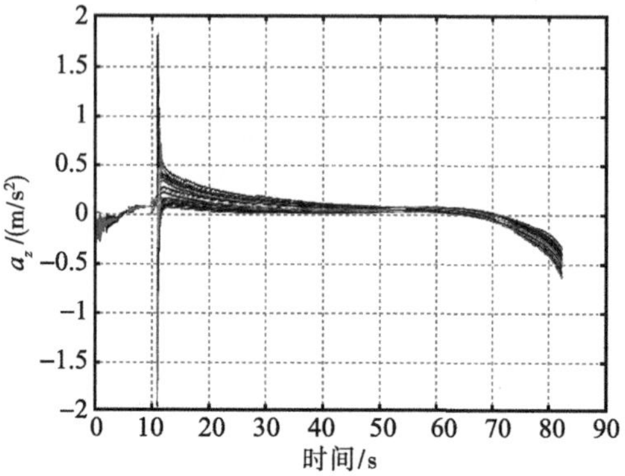

图 4-24　加速度计 z

3. 双位置旋转调制法仿真结果

采用表 3-3 所示的陀螺仪技术指标，采用本节的仿真弹道，对 136 条飞行弹道进行双位置旋转调制法空中对准算法仿真，滚转角测量结果如图 4-25 所示，滚转角测量误差在 1°以内。将表 3-3 所示的陀螺仪技术指标放大 3 倍，采用上述相同弹道进行空中对准算法仿真，滚转角测量结果如图 4-26 所示，滚转角测量误差在 1.5°以内。将表 3-3 所示的陀螺仪技术指标放大 5 倍，采用上述相同弹道进行空中对准算法仿真，滚转角测量结果如图 4-27 所示，滚转角测量误差在 2°以内。

通过图 4-25、图 4-26 和图 4-27 的对比，可以看出，使用双位置旋转调制法的滚转角测量结果随陀螺指标恶化而增大的幅度很小。通过图 4-2 和图 4-25、图 4-3 和图 4-26 以及图 4-4 和图 4-27 的对比，可以看出，双位置旋转调制法实现了高精度的滚转角测量。

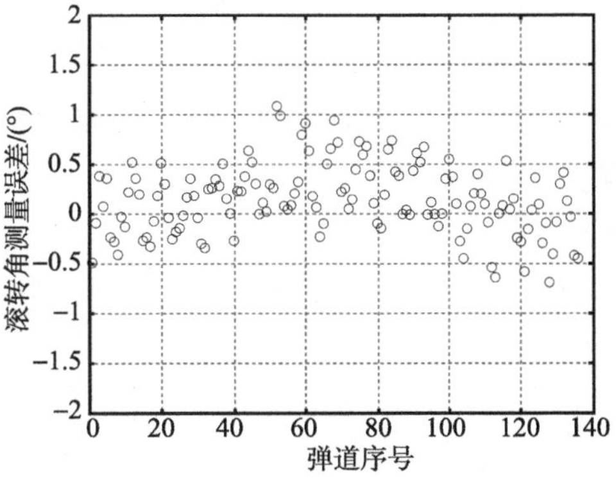

图 4-25　旋转调制法滚转角测量结果(1 倍)

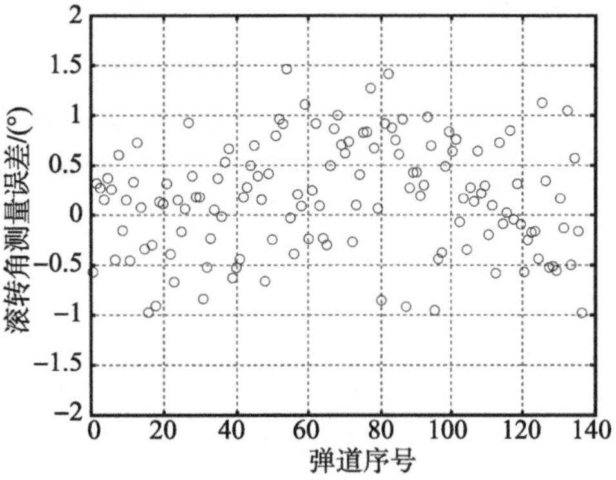

图 4-26　旋转调制法滚转角测量结果(3 倍)

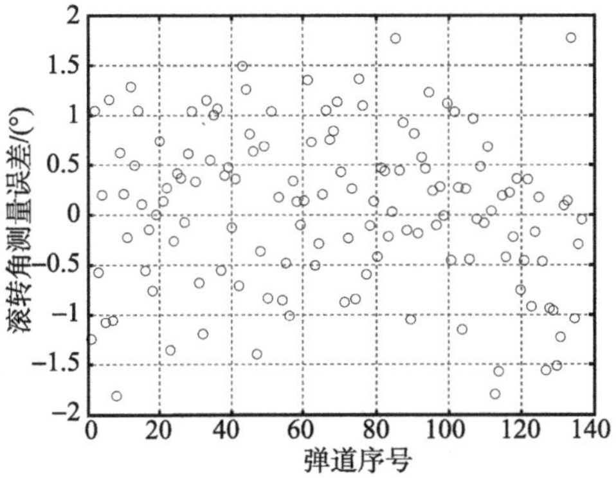

图 4-27　旋转调制法滚转角测量结果（5 倍）

4.2　基于加速度计和卫导的滚转角测量算法

4.2.1　基于加速度计和卫导数据的滚转角测量原理

如式（3.18）所示的发射系下的速度微分方程，此处再次列出，如下所示：

$$\dot{\boldsymbol{V}}^g = \boldsymbol{R}_b^g \boldsymbol{f}^b - 2\boldsymbol{\Omega}_{ag}^g \boldsymbol{V}^g + \boldsymbol{g}^g \tag{4.25}$$

下面对式（4.25）中每一项进行分析。

$\boldsymbol{V}^g$ 和 $\dot{\boldsymbol{V}}^g$ 是发射系下速度矢量和变化量，在空中对准阶段，$\boldsymbol{V}^g$ 由卫星接收机测量转换后再转换到发射系下，$\dot{\boldsymbol{V}}^g$ 可以通过 $\boldsymbol{V}^g$ 的差分获得，如式（4.26）所示。

$$\dot{\boldsymbol{V}}^g = \frac{\boldsymbol{V}_2^g - \boldsymbol{V}_1^g}{T} \tag{4.26}$$

式中：$\boldsymbol{V}_1^g$、$\boldsymbol{V}_2^g$ 分别是卫星接收机在 t_1、t_2 时刻收到的发射系下速度矢量；$T=t_2-t_1$。

$\boldsymbol{f}^b$ 是三轴加速度计测量值，$\boldsymbol{g}^g$ 是发射系下的正常重力模型。$\boldsymbol{\Omega}_{ag}^g$ 为 $\boldsymbol{\omega}_{ag}^g$ 的反对称矩阵，$\boldsymbol{\omega}_{ag}^g$ 如式（3.17）所示，$\boldsymbol{\Omega}_{ag}^g$ 如式（4.27）所示。

$$\boldsymbol{\Omega}_{ag}^g=\boldsymbol{\omega}_e\begin{bmatrix}0 & \cos B_0\sin A_0 & \sin B_0\\ -\cos B_0\sin A_0 & 0 & -\cos B_0\cos A_0\\ -\sin B_0 & \cos B_0\cos A_0 & 0\end{bmatrix} \tag{4.27}$$

$\boldsymbol{R}_b^g=(\boldsymbol{R}_g^b)^{\mathrm{T}}$，由式（2.56）可知，$\boldsymbol{R}_b^g$ 中包含俯仰角 φ、偏航角 ψ 和滚转角 γ，其中俯仰角 φ 和偏航角 ψ 可以由卫星接收机数据按照式（4.74）解得。因此 $\boldsymbol{R}_b^g$ 中只包含滚转角 γ 一个未知量，式（4.25）中只包含滚转角 γ 一个未知量，其他量均可以通过卫星接收机、加速度计和初始信息得到，可视为已知量。式（4.25）移项，得

$$\dot{\boldsymbol{V}}^g+2\boldsymbol{\Omega}_{ag}^g\boldsymbol{V}^g-\boldsymbol{g}^g=\boldsymbol{R}_b^g\boldsymbol{f}^b \tag{4.28}$$

记 $\boldsymbol{a}=\dot{\boldsymbol{V}}^g+2\boldsymbol{\Omega}_{ag}^g\boldsymbol{V}^g-\boldsymbol{g}^g$，可表示为 $\boldsymbol{a}=[a_x\quad a_y\quad a_z]^{\mathrm{T}}$，将 $\boldsymbol{a}$ 代入式（4.28），并展开得

$$\begin{bmatrix}a_x\\ a_y\\ a_z\end{bmatrix}=\begin{bmatrix}\cos\psi\cos\varphi & \sin\gamma\sin\psi\cos\varphi-\cos\gamma\sin\varphi & \cos\gamma\sin\psi\cos\varphi+\sin\gamma\sin\varphi\\ \cos\psi\sin\varphi & \sin\gamma\sin\psi\sin\varphi+\cos\gamma\cos\varphi & \cos\gamma\sin\psi\sin\varphi-\sin\gamma\cos\varphi\\ -\sin\psi & \sin\gamma\cos\psi & \cos\gamma\cos\psi\end{bmatrix}\begin{bmatrix}f_x^b\\ f_y^b\\ f_z^b\end{bmatrix} \tag{4.29}$$

式（4.29）移项，得

$$\begin{bmatrix}a_x-\cos\psi\cos\varphi f_x^b\\ a_y-\cos\psi\sin\varphi f_x^b\\ a_z+\sin\psi f_x^b\end{bmatrix}=\begin{bmatrix}\sin\gamma\ (\sin\psi\cos\varphi f_y^b+\sin\varphi f_z^b)\ +\cos\gamma\ (\sin\psi\cos\varphi f_z^b-\sin\varphi f_y^b)\\ \sin\gamma\ (\sin\psi\sin\varphi f_z^b-\cos\varphi f_y^b)\ +\cos\gamma\ (\sin\psi\sin\varphi f_z^b+\cos\varphi f_y^b)\\ \sin\gamma\cos\psi f_y^b+\cos\gamma\cos\psi f_z^b\end{bmatrix} \tag{4.30}$$

记

$$\left.\begin{aligned}a_1&=a_x-\cos\psi\cos\varphi f_x^b\\ a_2&=a_y-\cos\psi\sin\varphi f_x^b\\ a_3&=a_z+\sin\psi f_x^b\\ b_1&=\sin\psi\cos\varphi f_y^b+\sin\varphi f_z^b\\ b_2&=\sin\psi\sin\varphi f_y^b-\cos\varphi f_z^b\\ b_3&=\cos\psi f_y^b\\ c_1&=\sin\psi\cos\varphi f_z^b-\sin\varphi f_y^b\\ c_2&=\sin\psi\sin\varphi f_z^b+\cos\varphi f_y^b\\ c_3&=\cos\psi f_z^b\end{aligned}\right\}$$

以上 9 个量均为已知量，式（4.30）可化为

$$\begin{bmatrix} a_1 \\ a_2 \\ a_3 \end{bmatrix} = \begin{bmatrix} b_1\sin\gamma + c_1\cos\gamma \\ b_2\sin\gamma + c_2\cos\gamma \\ b_3\sin\gamma + c_3\cos\gamma \end{bmatrix} \tag{4.31}$$

任取式（4.31）中的两项，可以求解滚转角。分为以下三种情况：

（1）取$\begin{cases} b_1\sin\gamma+c_1\cos\gamma=a_1 \\ b_2\sin\gamma+c_2\cos\gamma=a_2 \end{cases}$，解得

$$\left.\begin{aligned} \sin\gamma &= \frac{a_1c_2 - a_2c_1}{b_1c_2 - b_2c_1} \\ \cos\gamma &= \frac{b_1a_2 - b_2a_1}{b_1c_2 - b_2c_1} \end{aligned}\right\} \tag{4.32}$$

由式（4.32）解得

$$\gamma_1 = \operatorname{arctan2}(\sin\gamma,\ \cos\gamma) = \operatorname{arctan2}\left(\frac{a_1c_2 - a_2c_1}{b_1c_2 - b_2c_1},\ \frac{b_1a_2 - b_2a_1}{b_1c_2 - b_2c_1}\right) \tag{4.33}$$

（2）取$\begin{cases} b_2\sin\gamma+c_2\cos\gamma=a_2 \\ b_3\sin\gamma+c_3\cos\gamma=a_3 \end{cases}$，解得

$$\left.\begin{aligned} \sin\gamma &= \frac{a_2c_3-a_3c_2}{b_2c_3-b_3c_2} \\ \cos\gamma &= \frac{b_2a_3-b_3a_2}{b_2c_3-b_3c_2} \end{aligned}\right\} \tag{4.34}$$

由式（4.34）解得

$$\gamma_2 = \operatorname{arctan2}(\sin\gamma,\ \cos\gamma) = \operatorname{arctan2}\left(\frac{a_2c_3-a_3c_2}{b_2c_3-b_3c_2},\ \frac{b_2a_3-b_3a_2}{b_2c_3-b_3c_2}\right) \tag{4.35}$$

（3）取$\begin{cases} b_1\sin\gamma+c_1\cos\gamma=a_1 \\ b_3\sin\gamma+c_3\cos\gamma=a_3 \end{cases}$，解得

$$\left.\begin{aligned} \sin\gamma &= \frac{a_1c_3-a_3c_1}{b_1c_3-b_3c_1} \\ \cos\gamma &= \frac{b_1a_3-b_3a_1}{b_1c_3-b_3c_1} \end{aligned}\right\} \tag{4.36}$$

由式（4.36）解得

$$\gamma_3 = \operatorname{arctan2}(\sin\gamma,\ \cos\gamma) = \operatorname{arctan2}\left(\frac{a_1c_3 - a_3c_1}{b_1c_3 - b_3c_1},\ \frac{b_1a_3 - b_3a_1}{b_1c_3 - b_3c_1}\right) \tag{4.37}$$

为了增加滚转角测量的可观测性，需要在滚转角测量过程中进行弹体机动。当沿制导炮弹的法向（y 轴）进行半正弦拉机动，f_y 比较大，而 f_z 比较小。此外，偏航角 ψ 为小量。因此，b_1、b_2 的值很小，通过式（4.33）计算时，受误差影响大，计算结果不准确。取式（4.35）、式（4.37）的计算结果的均值作为最终求解结果

$$\gamma = \frac{1}{2}(\gamma_2 + \gamma_3) \tag{4.38}$$

4.2.2 弹道机动法仿真弹道

弹道机动法仿真弹道与 3.5.1 节的仿真弹道的发射点初值、发射方位角和初始滚转角设置相同，都为 136 条；不同之处为：弹道机动法仿真弹道在 10~13s 沿制导炮弹的法向进行半正弦拉机动，增强滚转角测量的精度。弹道机动法仿真弹道如图 4-28 所示，数据如图 4-29~图 4-45 所示。

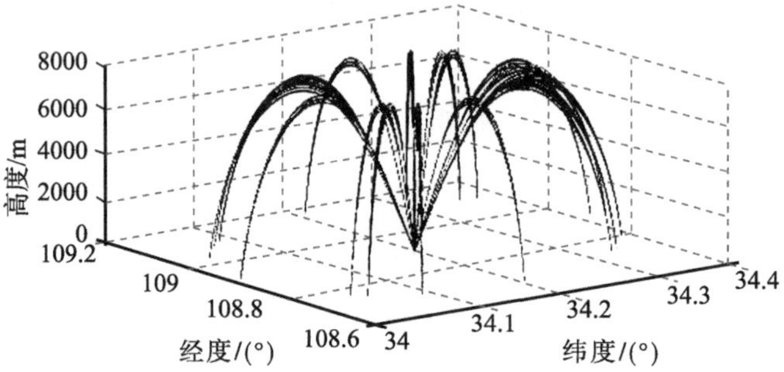

图 4-28　仿真轨迹图

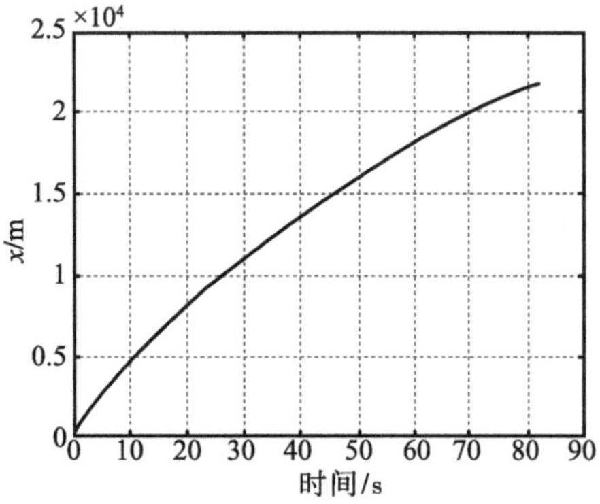

图 4-29　发射系位置 x

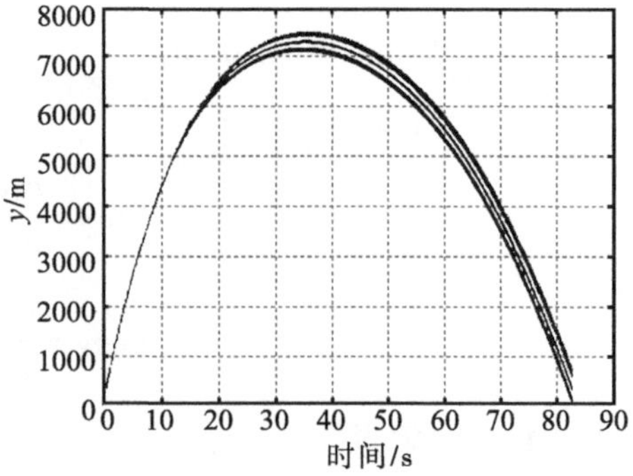

图 4-30　发射系位置 y

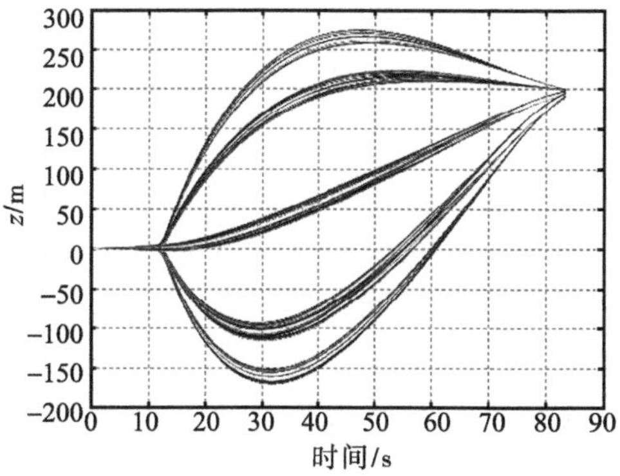

图 4-31　发射系位置 z

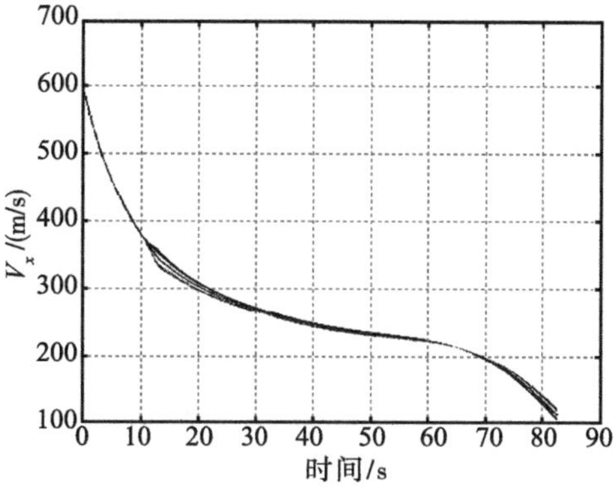

图 4-32　发射系速度 V_x

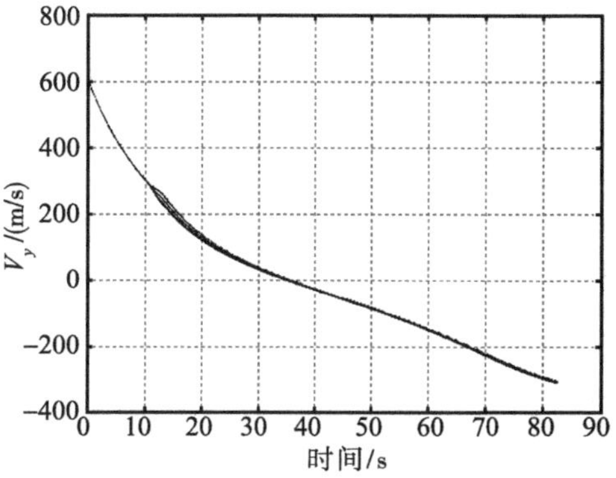

图 4-33　发射系速度 V_y

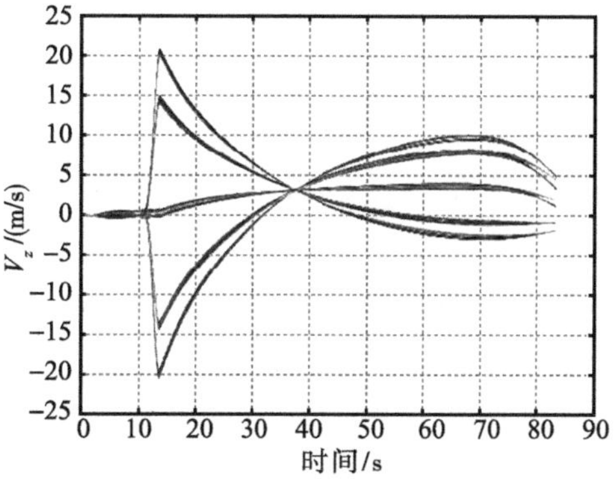

图 4-34　发射系速度 V_z

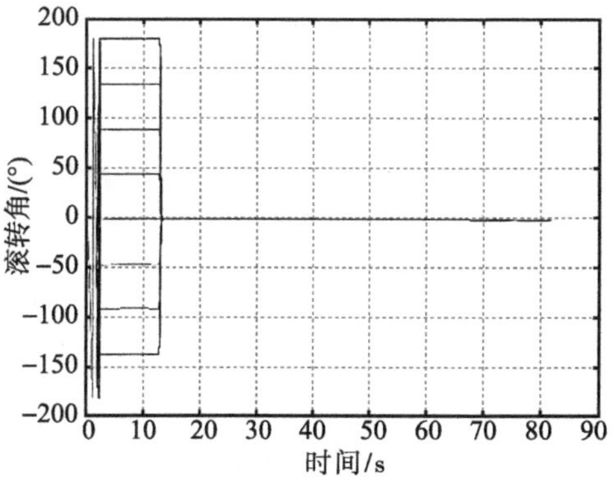

图 4-35　发射系滚转角

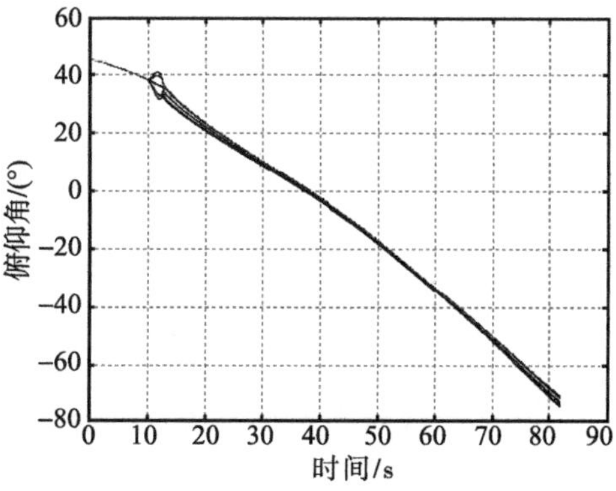

图 4-36　发射系俯仰角

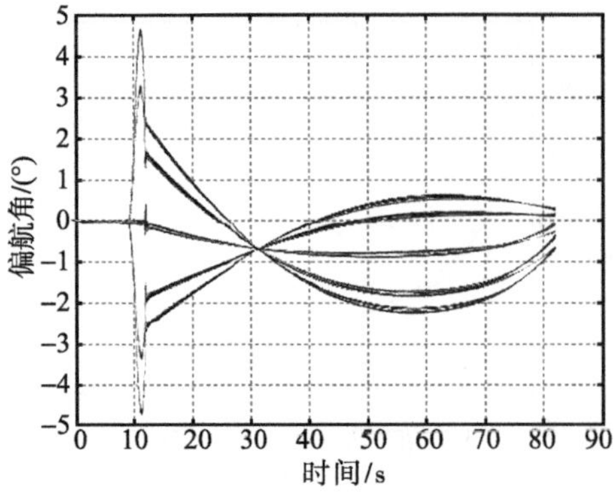

图 4-37　发射系偏航角

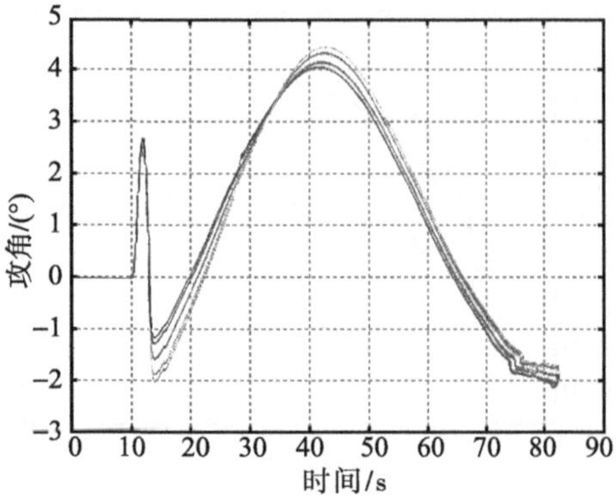

图 4-38　攻角

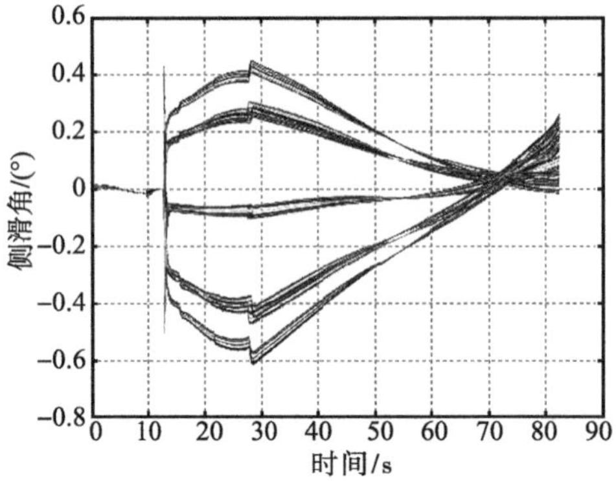

图 4-39　侧滑角

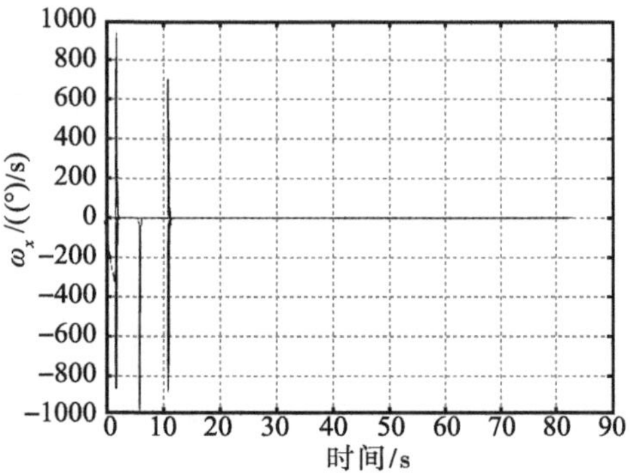

图 4-40　陀螺仪 x

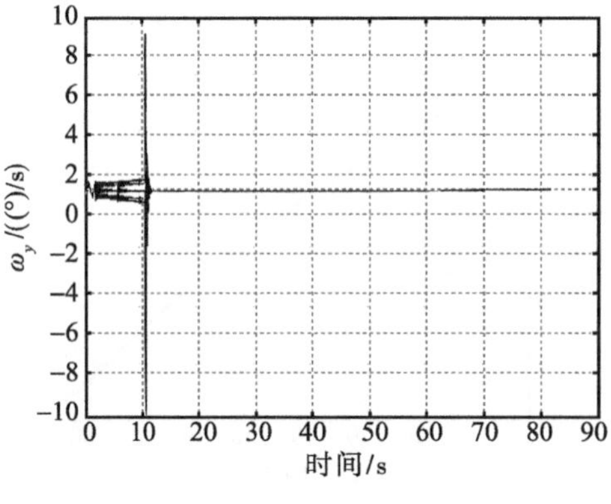

图 4-41　陀螺仪 y

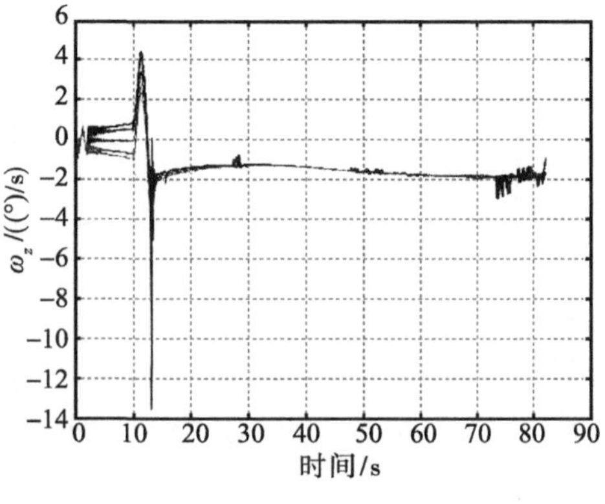

图 4-42　陀螺仪 z

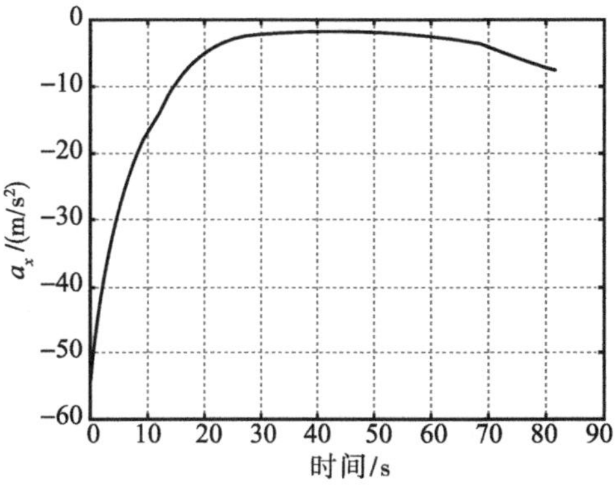

图 4-43　加速度计 x

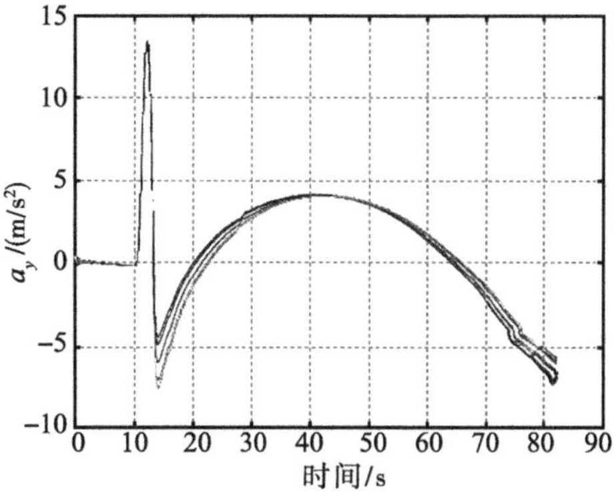

图 4-44　加速度计 y

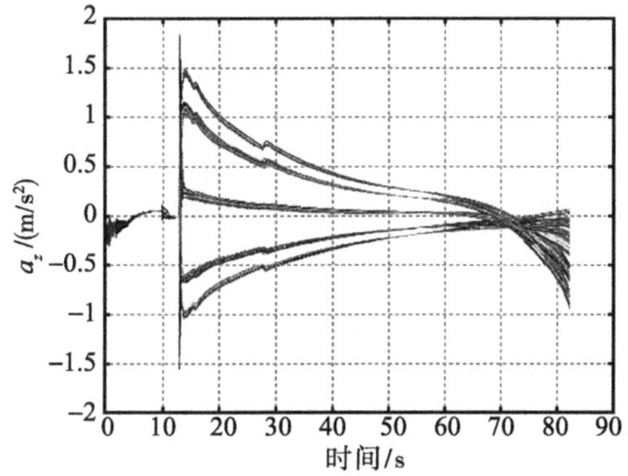

图 4-45　加速度计 z

4.2.3　弹道机动法仿真结果

GNSS 接收机技术指标如表 4-1 所示。

表 4-1　GNSS 接收机技术指标

主要参数	性能指标
定位精度	8m（1σ）
测速精度	0.3m/s（1σ）

采用表 3-3 所示的加速度计技术指标和表 4-1 所示的 GNSS 指标，采用 4.2.2 节的仿真弹道，对 136 条仿真弹道进行空中对准仿真，滚转角测量结果如图 4-46 所示，滚转角测量误差在 8°以内。

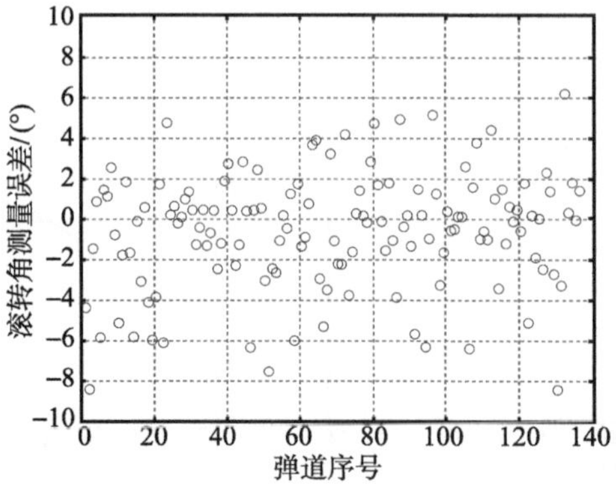

图 4-46　基于加速度计和卫导的滚转角测量结果

4.3　基于卫导数据的滚转角测量算法

在 4.2 节中，需要同时利用加速度计和卫星接收机数据进行滚转角测量；本节在发射坐标系的基础上，在滚转角估计开始时刻，建立伪发射坐标系，直接利用卫星接收机数据进行滚转角测量。

4.3.1　基于伪发射系的滚转角测量原理

1. 伪发射坐标系

伪发射坐标系（简称伪发射系，w 系）和发射系的关系如式（4.39）所示，结合发射系给出伪发射系的定义（如图 4-47 所示）：在制导炮弹机动开始时刻，以制导炮弹质心作为伪发射系的原点 O^w；x^w 轴指向为机动开始时刻的制导炮弹速度方向，在发射系的 $x^gO^gy^g$ 平面内，与发射系轴 x^g 相差角度为弹道倾角 φ_g^w；以 $x^wO^wy^w$ 平面内垂直 x^w 轴向上为 y^w 轴正方向，z^w 轴正方向符合右手定则。根据制导炮弹的特点，弹体在无控静稳定状态时攻角和侧滑角都很小，可认为 $x^wO^wy^w$ 在射面 $x^gO^gy^g$ 内。

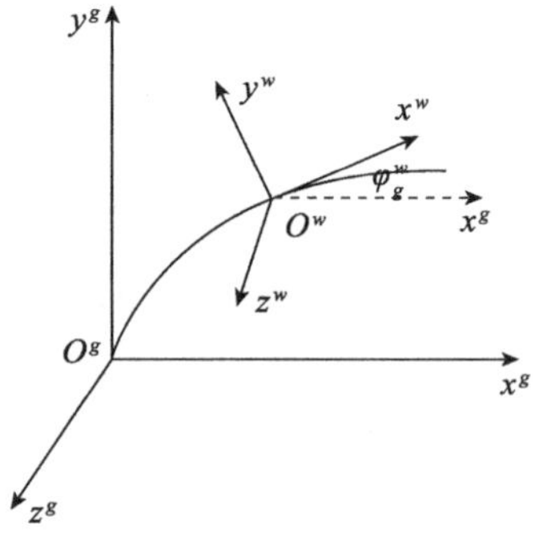

图 4-47　发射系和伪发射系

2. 发射系与伪发射系之间的转换关系

发射系到伪发射系的姿态矩阵为 $\boldsymbol{R}_g^w$，伪发射系相对发射系的姿态角为机

动开始时刻的弹道倾角 φ_g^w，由发射系转到伪发射系的姿态矩阵为

$$R_g^w = R_z(\varphi_g^w) = \begin{bmatrix} \cos\varphi_g^w & \sin\varphi_g^w & 0 \\ -\sin\varphi_g^w & \cos\varphi_g^w & 0 \\ 0 & 0 & 1 \end{bmatrix} \tag{4.39}$$

3. 伪发射系与弹体坐标系之间的转换关系

伪发射系与弹体坐标系的转换如图 4-48 所示，转换矩阵 $\boldsymbol{R}_w^b$ 为

$$R_w^b = \begin{bmatrix} 1 & 0 & 0 \\ 0 & \cos\gamma^w & \sin\gamma^w \\ 0 & -\sin\gamma^w & \cos\gamma^w \end{bmatrix} \begin{bmatrix} \cos\psi^w & 0 & -\sin\psi^w \\ 0 & 1 & 0 \\ \sin\psi^w & 0 & \cos\psi^w \end{bmatrix} \begin{bmatrix} \cos\varphi^w & \sin\varphi^w & 0 \\ -\sin\varphi^w & \cos\varphi^w & 0 \\ 0 & 0 & 1 \end{bmatrix} \tag{4.40}$$

在伪发射系下，φ^w 和 ψ^w 均为小值，γ^w 为需要辨识的滚转角，式（4.40）可化简为

$$R_w^b \approx \begin{bmatrix} 1 & 0 & 0 \\ 0 & \cos\gamma^w & \sin\gamma^w \\ 0 & -\sin\gamma^w & \cos\gamma^w \end{bmatrix} \tag{4.41}$$

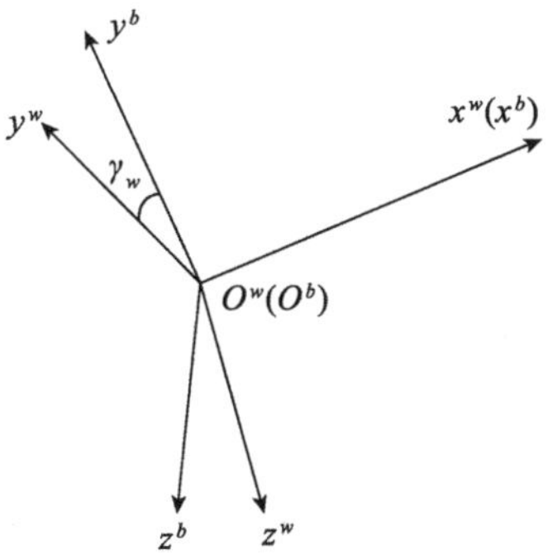

图 4-48　伪发射系和弹体坐标系

4.3.2　基于加速度矢量的滚转角测量原理

发射系下的速度微分方程如式（4.25）所示，此处再次列出，如下所示：

$$\boldsymbol{a}^g = \dot{\boldsymbol{V}}^g = \boldsymbol{R}_b^g \boldsymbol{f}^b - 2\boldsymbol{\Omega}_{ag}^g \boldsymbol{V}^g + \boldsymbol{g}^g \tag{4.42}$$

在制导炮弹滚转角辨识中，$-2\boldsymbol{\Omega}_{ag}^g \boldsymbol{V}^g$ 为小量，可忽略，式（4.42）左乘转换矩阵 $\boldsymbol{R}_g^w$，得

$$\boldsymbol{R}_g^w \boldsymbol{a}^g = \boldsymbol{R}_g^w \boldsymbol{R}_b^g \boldsymbol{f}^b + \boldsymbol{R}_g^w \boldsymbol{g}^g \tag{4.43}$$

记 $\boldsymbol{a}^w = \boldsymbol{R}_g^w \boldsymbol{a}^g$，$\boldsymbol{R}_b^w = \boldsymbol{R}_g^w \boldsymbol{R}_b^g$，$\boldsymbol{g}^w = \boldsymbol{R}_g^w \boldsymbol{g}^g$，式（4.43）可表示为伪发射系下的速度微

分方程：

$$\boldsymbol{a}^w = \boldsymbol{R}_b^w \boldsymbol{f}^b + \boldsymbol{g}^w \tag{4.44}$$

式中：$\boldsymbol{a}^w$ 为伪发射系中的加速度，由卫导测量的速度差分获得；$\boldsymbol{f}^b$为三轴加速度计测量值；$\boldsymbol{g}^w$ 为弹体在伪发射系中的重力矢量，通过 $\boldsymbol{R}_g^w$ 和 $\boldsymbol{g}^g$ 可得到，$\boldsymbol{R}_g^w$ 通过式（4.39）计算得到，$\boldsymbol{g}^g$ 可以由地球重力模型给出。可见，式（4.44）中只有 $\boldsymbol{R}_w^b$ 一个未知矩阵，通过式（4.41）可以看出，$\boldsymbol{R}_w^b$ 中只有一个未知量 γ^w。因此，可以通过式（4.44）求解 γ^w。

式（4.44）移项并展开，得

$$\begin{bmatrix} a_x^w - g_x^w \\ a_y^w - g_y^w \\ a_z^w - g_z^w \end{bmatrix} = \begin{bmatrix} 1 & 0 & 0 \\ 0 & \cos\gamma^w & -\sin\gamma^w \\ 0 & \sin\gamma^w & \cos\gamma^w \end{bmatrix} \begin{bmatrix} f_x^b \\ f_y^b \\ f_z^b \end{bmatrix} = \begin{bmatrix} f_x^b \\ f_y^b\cos\gamma^w - f_z^b\sin\gamma^w \\ f_y^b\sin\gamma^w + f_z^b\cos\gamma^w \end{bmatrix} \tag{4.45}$$

记

$$\begin{bmatrix} \mathrm{d}a_x^w \\ \mathrm{d}a_y^w \\ \mathrm{d}a_z^w \end{bmatrix} = \begin{bmatrix} a_x^w - g_x^w \\ a_y^w - g_y^w \\ a_z^w - g_z^w \end{bmatrix}$$

根据 $y^wO^wz^w$ 平面内的加速度，由式（4.45）可得关于滚转角 γ^w 的表达式为

$$\begin{cases} \sin\gamma^w = \dfrac{\mathrm{d}a_z^w f_y^b - \mathrm{d}a_y^w f_z^b}{(f_y^b)^2 + (f_z^b)^2} \\ \cos\gamma^w = \dfrac{\mathrm{d}a_y^w f_y^b + \mathrm{d}a_z^w f_z^b}{(f_y^b)^2 + (f_z^b)^2} \end{cases} \tag{4.46}$$

由式（4.46）可得，滚转角求解公式为

$$\begin{aligned} \gamma^w &= \operatorname{arctan2}\left(\frac{\mathrm{d}a_z^w f_y^b - \mathrm{d}a_y^w f_z^b}{(f_y^b)^2 + (f_z^b)^2}, \frac{\mathrm{d}a_y^w f_y^b + \mathrm{d}a_z^w f_z^b}{(f_y^b)^2 + (f_z^b)^2}\right) \\ &= \operatorname{arctan2}(\mathrm{d}a_z^w f_y^b - \mathrm{d}a_y^w f_z^b, \mathrm{d}a_y^w f_y^b + \mathrm{d}a_z^w f_z^b) \end{aligned} \tag{4.47}$$

制导炮弹做机动时，尽量减少滚转角估计算法的复杂性，只做横向或法向机动，即只在弹体 y 轴做机动或只在弹体 z 轴做机动，分为下面四种情况：

（1）只在 y 轴上做正向机动 $f_y^b>0$，则 f_y^b数值变化大，而 $f_z^b\approx0$。式（4.47）可化简为

$$\gamma = \operatorname{arctan2}(+\mathrm{d}a_z^w, +\mathrm{d}a_y^w) \tag{4.48}$$

（2）只在 y 轴上做负向机动 $f_y^b<0$，则 f_y^b数值变化大，而 $f_z^b\approx0$。式（4.47）可化简为

$$\gamma = \arctan2(-\mathrm{d}a_z^w,\ -\mathrm{d}a_y^w) \tag{4.49}$$

（3）只在 z 轴上做正向机动 $f_z^b>0$，则 f_z^b 数值变化大，而 $f_y^b\approx 0$。式（4.47）可化简为

$$\gamma = \arctan2(-\mathrm{d}a_y^w,\ +\mathrm{d}a_z^w) \tag{4.50}$$

（4）只在 z 轴上做负向机动 $f_z^b<0$，则 f_z^b 数值变化大，而 $f_y^b\approx 0$。式（4.47）可化简为

$$\gamma = \arctan2(+\mathrm{d}a_y^w,\ -\mathrm{d}a_z^w) \tag{4.51}$$

由式（4.48）~式（4.51）可知，γ^w 为伪发射系下加速度投影到 $y^wO^wz^w$ 平面内的角度，不需要加速度计信息，直接利用卫星接收机数据就可以计算出来。只在弹体 y 轴做正向机动的情况下，滚转角计算示意图如图 4-49 所示。采用表 4-1 所示的 GNSS 指标，以及 4.2.2 节的仿真弹道，对 136 条飞行弹道进行空中对准算法仿真，滚转角测量结果如图 4-50 所示，滚转角测量误差在 6°以内。

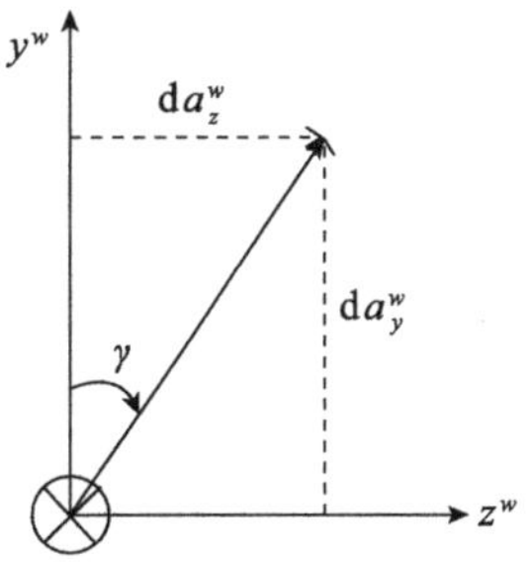

图 4-49　基于加速度矢量的滚转角计算示意图

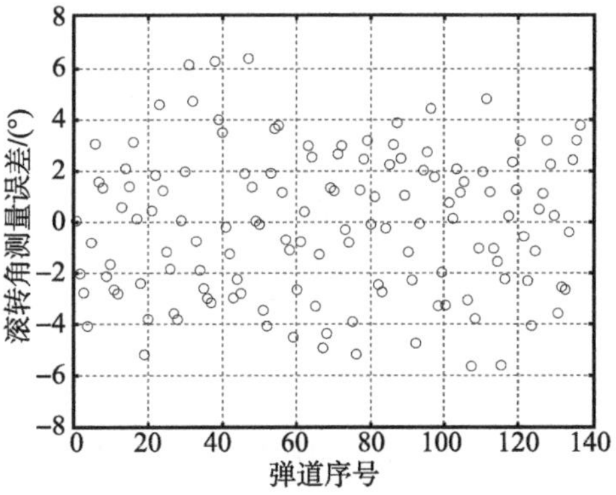

图 4-50　基于加速度矢量的滚转角测量结果

4.3.3　基于速度矢量的滚转角测量算法

发射系下的速度微分方程如式（4.25）所示，此处再次列出，如下所示：

$$\dot{\boldsymbol{V}}^g = \boldsymbol{R}_b^g \boldsymbol{f}^b - 2\boldsymbol{\Omega}_{ag}^g \boldsymbol{V}^g + \boldsymbol{g}^g \tag{4.52}$$

在制导炮弹滚转角辨识中，$-2\boldsymbol{\Omega}_{ag}^g \boldsymbol{V}^g$ 为小量，可忽略，式（4.52）左乘转换矩阵 $\boldsymbol{R}_g^w$，得

$$\boldsymbol{R}_g^w \dot{\boldsymbol{V}}^g = \boldsymbol{R}_g^w \boldsymbol{R}_b^g \boldsymbol{f}^b + \boldsymbol{R}_g^w \boldsymbol{g}^g \tag{4.53}$$

记 $\dot{\boldsymbol{V}}^w=\boldsymbol{R}_g^w\dot{\boldsymbol{V}}^g$，$\boldsymbol{R}_b^w=\boldsymbol{R}_g^w\boldsymbol{R}_b^g$，$\boldsymbol{g}^w=\boldsymbol{R}_g^w\boldsymbol{g}^g$，式（4.53）可表示为伪发射系下的速度微分方程：

$$\dot{\boldsymbol{V}}^w=\boldsymbol{R}_b^w\boldsymbol{f}^b+\boldsymbol{g}^w \tag{4.54}$$

式中：$\dot{\boldsymbol{V}}^w$ 为伪发射系中的速度的一阶导数，可以由卫导测量后得到；$\boldsymbol{f}^b$是三轴加速度计测量值；$\boldsymbol{g}^w$ 为弹体在伪发射系中的重力矢量，通过 $\boldsymbol{R}_g^w$ 和 $\boldsymbol{g}^g$ 可得到，$\boldsymbol{R}_g^w$ 通过式（4.39）计算得到，$\boldsymbol{g}^g$ 可以由地球重力模型给出。可见，式（4.54）中只有 $\boldsymbol{R}_w^b$ 一个未知矩阵，通过式（4.41）可以看出，$\boldsymbol{R}_w^b$ 中只有一个未知量 γ^w，因此，可以通过式（4.54）求解 γ^w。

式（4.44）移项并展开，得

$$\begin{bmatrix}\dot{V}_x^w-g_x^w\\ \dot{V}_y^w-g_y^w\\ \dot{V}_z^w-g_z^w\end{bmatrix}=\begin{bmatrix}1&0&0\\0&\cos\gamma^w&-\sin\gamma^w\\0&\sin\gamma^w&\cos\gamma^w\end{bmatrix}\begin{bmatrix}f_x^b\\f_y^b\\f_z^b\end{bmatrix}=\begin{bmatrix}f_x^b\\f_y^b\cos\gamma^w-f_z^b\sin\gamma^w\\f_y^b\sin\gamma^w+f_z^b\cos\gamma^w\end{bmatrix} \tag{4.55}$$

记 $\begin{bmatrix}\mathrm{d}V_x^w\\\mathrm{d}V_y^w\\\mathrm{d}V_z^w\end{bmatrix}=\begin{bmatrix}\dot{V}_x^w-g_x^w\\\dot{V}_y^w-g_y^w\\\dot{V}_z^w-g_z^w\end{bmatrix}$，根据 $y^wO^wz^w$ 平面内的速度矢量，由式（4.45）可得关于滚转角 γ^w 的表达式为

$$\begin{cases}\sin\gamma^w=\dfrac{\mathrm{d}V_z^wf_y^b-\mathrm{d}V_y^wf_z^b}{(f_y^b)^2+(f_z^b)^2}\\[2ex]\cos\gamma^w=\dfrac{\mathrm{d}V_y^wf_y^b+\mathrm{d}V_z^wf_z^b}{(f_y^b)^2+(f_z^b)^2}\end{cases} \tag{4.56}$$

由式（4.56）可得，滚转角求解公式为

$$\begin{aligned}\gamma^w&=\mathrm{arctan2}\left(\frac{\mathrm{d}V_z^wf_y^b-\mathrm{d}V_y^wf_z^b}{(f_y^b)^2+(f_z^b)^2},\ \frac{\mathrm{d}V_y^wf_y^b+\mathrm{d}V_z^wf_z^b}{(f_y^b)^2+(f_z^b)^2}\right)\\&=\mathrm{arctan2}(\mathrm{d}V_z^wf_y^b-\mathrm{d}V_y^wf_z^b,\ \mathrm{d}V_y^wf_y^b+\mathrm{d}V_z^wf_z^b)\end{aligned} \tag{4.57}$$

制导炮弹做机动时，尽量减少滚转角估计算法的复杂性，只做横向或法向机动，即只在弹体 y 轴做机动或只在弹体 z 轴做机动，分为下面四种情况：

（1）只在 y 轴上做正向机动 $f_y^b>0$，则 f_y^b 数值变化大，而 $f_z^b\approx0$。式（4.57）可化简为

$$\gamma^w=\mathrm{arctan2}(+\mathrm{d}V_z^w,\ +\mathrm{d}V_y^w) \tag{4.58}$$

（2）只在 y 轴上做负向机动 $f_y^b<0$，则 f_y^b 数值变化大，而 $f_z^b\approx0$。式（4.57）可化简为

$$\gamma^w = \arctan2(-\mathrm{d}V_z^w,\ -\mathrm{d}V_y^w) \tag{4.59}$$

（3）只在 z 轴上做正向机动 $f_z^b>0$，则 f_z^b 数值变化大，而 $f_y^b\approx 0$。式（4.57）可化简为

$$\gamma^w = \arctan2(-\mathrm{d}V_y^w,\ +\mathrm{d}V_z^w) \tag{4.60}$$

（4）只在 z 轴上做负向机动 $f_z^b<0$，则 f_z^b 数值变化大，而 $f_y^b\approx 0$。式（4.57）可化简为

$$\gamma^w = \arctan2(+\mathrm{d}V_y^w,\ -\mathrm{d}V_z^w) \tag{4.61}$$

由式（4.58）~式（4.61）可知，γ^w 为伪发射系下速度矢量投影到 $y^wO^wz^w$ 平面内的角度，不需要加速度计信息，直接利用卫星接收机速度就可以计算出来。只在弹体 y 轴做正向机动的情况下，滚转角计算示意图如图 4-51 所示。

采用表 4-1 所示的 GNSS 指标，采用 4.2.2 节的仿真弹道，对 136 条飞行弹道进行空中对准算法仿真，滚转角测量结果如图 4-52 所示，滚转角测量误差在 7°以内。

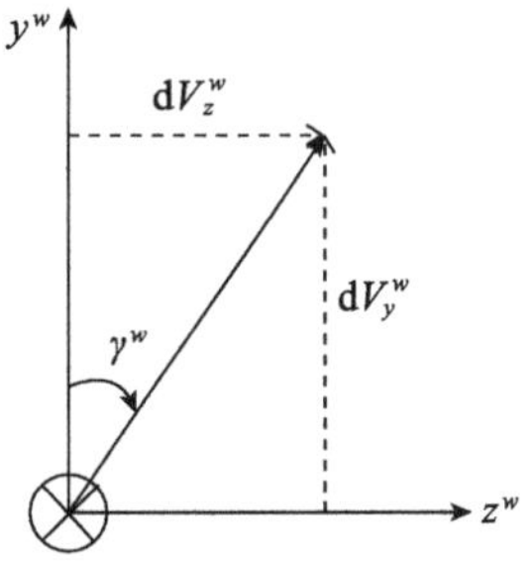

图 4-51　基于速度矢量的滚转角计算示意图

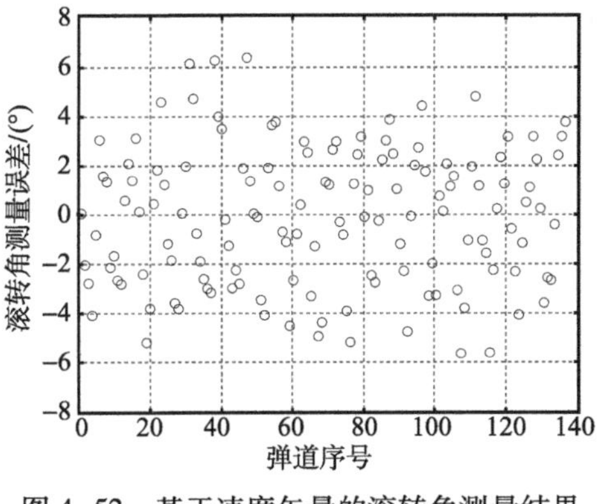

图 4-52　基于速度矢量的滚转角测量结果

4.3.4　基于位置矢量的滚转角测量算法

发射系下的位置微分方程如式（3.18）所示，在制导炮弹滚轴角辨识中，$-2\boldsymbol{\Omega}_{ag}^g\mathbf{V}^g$ 为小量，可忽略，如下所示：

$$\ddot{\boldsymbol{P}}^g = \boldsymbol{R}_b^g\boldsymbol{f}^b + \boldsymbol{g}^g \tag{4.62}$$

式（4.62）左乘转换矩阵 $\boldsymbol{R}_g^w$，得

$$\boldsymbol{R}_g^w\ddot{\boldsymbol{P}}^g = \boldsymbol{R}_g^w\boldsymbol{R}_b^g\boldsymbol{f}^b + \boldsymbol{R}_g^w\boldsymbol{g}^g \tag{4.63}$$

记 $\ddot{\boldsymbol{P}}^w=\boldsymbol{R}_g^w\ddot{\boldsymbol{P}}^g$，$\boldsymbol{R}_b^w=\boldsymbol{R}_g^w\boldsymbol{R}_b^g$，$\boldsymbol{g}^w=\boldsymbol{R}_g^w\boldsymbol{g}^g$，式（4.63）可表示为伪发射系下的位置微分方程：

$$\ddot{\boldsymbol{P}}^w=\boldsymbol{R}_b^w\boldsymbol{f}^b+\boldsymbol{g}^w \tag{4.64}$$

式中：$\ddot{\boldsymbol{P}}^w$ 为伪发射系中的位置的二阶导数，可以由卫导测量后得到；$\boldsymbol{f}^b$ 是三轴加速度计测量值；$\boldsymbol{g}^w$ 为弹体在伪发射系中的重力矢量，可通过 $\boldsymbol{R}_g^w$ 和 $\boldsymbol{g}^g$ 得到，$\boldsymbol{R}_g^w$ 通过式（4.39）计算得到，$\boldsymbol{g}^g$ 可以由地球重力模型给出。因此，式（4.64）中只有 $\boldsymbol{R}_b^w$ 一个未知矩阵，通过式（4.41）可以看出，$\boldsymbol{R}_b^w$ 中只有一个未知 γ^w，可以通过式（4.64）求解 γ^w。

式（4.64）移项并展开，得

$$\begin{bmatrix}\ddot{P}_x^w-g_x^w\\ \ddot{P}_y^w-g_y^w\\ \ddot{P}_z^w-g_z^w\end{bmatrix}=\begin{bmatrix}1&0&0\\0&\cos\gamma^w&-\sin\gamma^w\\0&\sin\gamma^w&\cos\gamma^w\end{bmatrix}\begin{bmatrix}f_x^b\\f_y^b\\f_z^b\end{bmatrix}=\begin{bmatrix}f_x^b\\f_y^b\cos\gamma^w-f_z^b\sin\gamma^w\\f_y^b\sin\gamma^w+f_z^b\cos\gamma^w\end{bmatrix} \tag{4.65}$$

对式（4.65）积分两次，得

$$\begin{bmatrix}\Delta P_x^w-\dfrac{1}{2}g_x^w t^2\\ \Delta P_y^w-\dfrac{1}{2}g_y^w t^2\\ \Delta P_z^w-\dfrac{1}{2}g_z^w t^2\end{bmatrix}=\begin{bmatrix}f_x^b\\f_y^b\cos\gamma^w-f_z^b\sin\gamma^w\\f_y^b\sin\gamma^w+f_z^b\cos\gamma^w\end{bmatrix}\cdot\frac{1}{2}t^2 \tag{4.66}$$

记 $\begin{bmatrix}\mathrm{d}P_x^w\\ \mathrm{d}P_y^w\\ \mathrm{d}P_z^w\end{bmatrix}=\begin{bmatrix}\Delta P_x^w-\dfrac{1}{2}g_x^w t^2\\ \Delta P_y^w-\dfrac{1}{2}g_y^w t^2\\ \Delta P_z^w-\dfrac{1}{2}g_z^w t^2\end{bmatrix}$，根据 $y^wO^wz^w$ 平面内的位置矢量，由式（4.66）可得关于滚转角 γ^w 的表达式为

$$\left.\begin{aligned}\sin\gamma^w&=\frac{\mathrm{d}P_z^w f_y^b-\mathrm{d}P_y^w f_z^b}{\dfrac{1}{2}t^2((f_y^b)^2+(f_z^b)^2)}\\ \cos\gamma^w&=\frac{\mathrm{d}P_y^w f_y^b+\mathrm{d}P_z^w f_z^b}{\dfrac{1}{2}t^2((f_y^b)^2+(f_z^b)^2)}\end{aligned}\right\} \tag{4.67}$$

由式（4.67）可得，滚转角求解公式为

$$\gamma^w = \arctan2\left(\frac{\mathrm{d}P_z^w f_y^b - \mathrm{d}P_y^w f_z^b}{\frac{1}{2}t^2[(f_y^b)^2 + (f_z^b)^2]}, \frac{\mathrm{d}P_y^w f_y^b + \mathrm{d}P_z^w f_z^b}{\frac{1}{2}t^2[(f_y^b)^2 + (f_z^b)^2]}\right)$$
$$= \arctan2(\mathrm{d}P_z^w f_y^b - \mathrm{d}P_y^w f_z^b, \ \mathrm{d}P_y^w f_y^b + \mathrm{d}P_z^w f_z^b) \tag{4.68}$$

制导炮弹做机动时，尽量减少滚转角估计算法的复杂性，只做横向或法向机动，即只在弹体 y 轴做机动或只在弹体 z 轴做机动，分为下面四种情况：

（1）只在 y 轴上做正向机动 $f_y^b>0$，则 f_y^b 数值变化大，而 $f_z^b\approx0$。式（4.68）可化简为

$$\gamma = \arctan2(+\mathrm{d}P_z^w, \ +\mathrm{d}P_y^w) \tag{4.69}$$

（2）只在 y 轴上做负向机动 $f_y^b<0$，则 f_y^b 数值变化大，而 $f_z^b\approx0$。式（4.68）可化简为

$$\gamma = \arctan2(-\mathrm{d}P_z^w, \ -\mathrm{d}P_y^w) \tag{4.70}$$

（3）只在 z 轴上做正向机动 $f_z^b>0$，则 f_z^b 数值变化大，而 $f_y^b\approx0$。式（4.68）可化简为

$$\gamma = \arctan2(-\mathrm{d}P_y^w, \ +\mathrm{d}P_z^w) \tag{4.71}$$

（4）只在 z 轴上做负向机动 $f_z^b<0$，则 f_z^b 数值变化大，而 $f_y^b\approx0$。式（4.68）可化简为

$$\gamma = \arctan2(+\mathrm{d}P_y^w, \ -\mathrm{d}P_z^w) \tag{4.72}$$

由式（4.68）~式（4.72）可知，γ^w 为伪发射系下位置矢量投影到 $y^wO^wz^w$ 平面内的角度，不需要加速度计信息，直接利用卫星接收机数据就可以计算出来。只在弹体 y 轴做正向机动的情况下，滚转角计算示意图如图 4-53 所示。采用表 4-1 所示的 GNSS 指标，以及 4.2.2 节的仿真弹道，对 136 条飞行弹道进行空中对准算法仿真，滚转角测量结果如图 4-54 所示，滚转角测量误差基本在 100°以内。由于卫导的位置精度不高，测量结果不好。

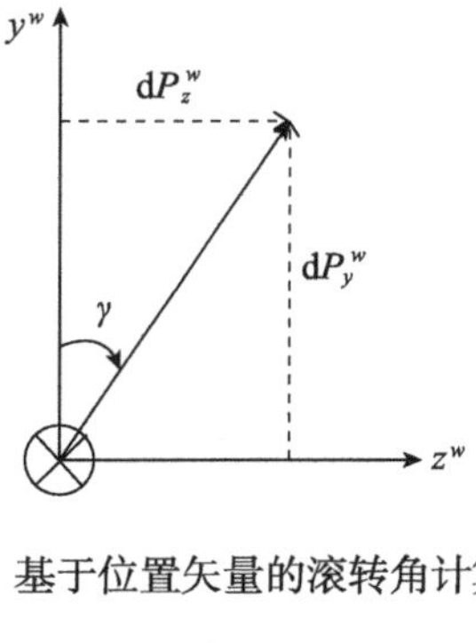

图 4-53　基于位置矢量的滚转角计算示意图

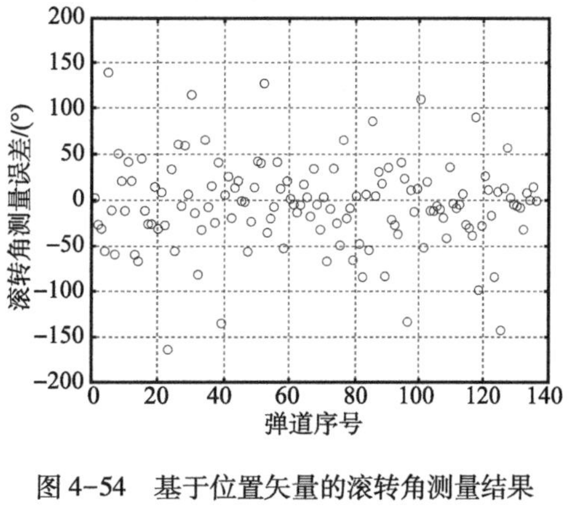

图 4-54　基于位置矢量的滚转角测量结果

4.4 利用卫导数据的俯仰角偏航角计算原理

卫星接收机可以直接输出地心地固坐标系下速度矢量 $\boldsymbol{V}^e$，根据下式由 $\boldsymbol{V}^e$ 可以得到发射系下速度矢量 $\boldsymbol{V}^g$：

$$\boldsymbol{V}^g = \boldsymbol{R}_e^g \boldsymbol{V}^e \tag{4.73}$$

根据制导炮弹的特点，弹体在无控静稳定状态时攻角和侧滑角都很小，可以用弹道倾角 θ 作为俯仰角 φ 的近似值，弹道偏航角 ψ_v 作为偏航角 ψ 的近似值。因此用发射系速度矢量 $\boldsymbol{V}^g=[V_x \quad V_y \quad V_z]^{\mathrm{T}}$ 解算制导炮弹的俯仰角和偏航角，计算公式为

$$\begin{cases}\varphi \approx \theta = \arctan2(V_y,\ \sqrt{V_x^2 + V_z^2}) \\ \psi \approx \psi_v = \arctan2(-V_z,\ V_x)\end{cases} \tag{4.74}$$

采用表 4-1 所示的 GNSS 指标，以及 3.5.1 节的仿真弹道，俯仰角测量结果如图 4-55 所示，俯仰角测量误差在 0.1°以内。偏航角测量结果如图 4-56 所示，偏航角测量误差在 0.4°以内。

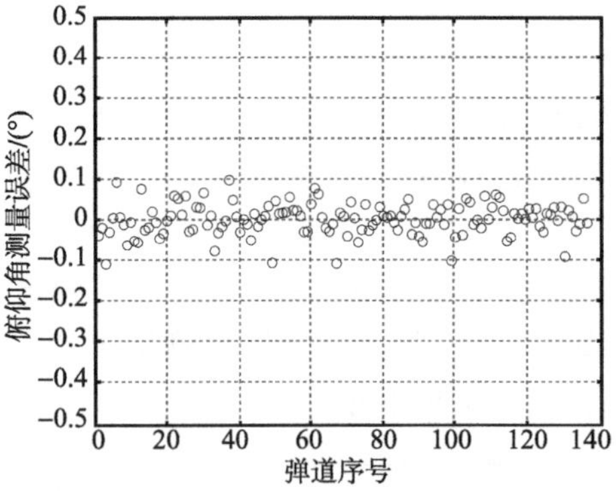

图 4-55 俯仰角测量结果

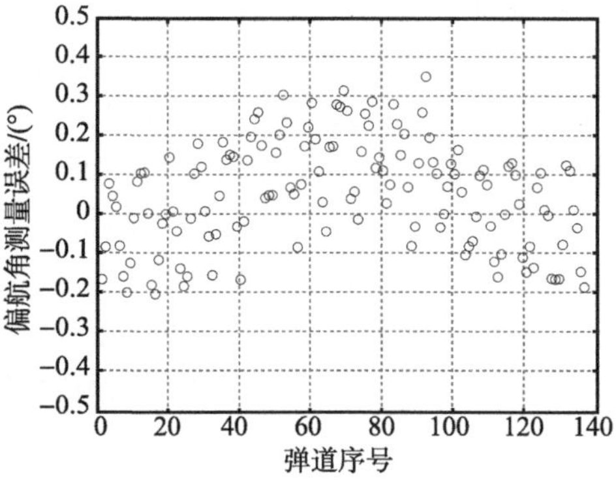

图 4-56 偏航角测量结果

第 5 章
发射系制导炮弹惯导/卫星组合导航算法

惯性导航系统由于工作的自主性，成为各种载体应用的主要导航设备。但是惯导算法采用积分的运算方式，它会把各种误差一起进行积分，导致定位误差随着时间的积累而逐渐加大。提高惯性导航定位精度，一般有两种方法：一是提高惯导系统中仪表本身的精度，二是采用组合导航的技术。提高惯性仪表的精度主要依靠新材料、新工艺和新技术等，需要花费很大的人力和财力，而且惯性仪表的精度提高也是有限的。组合导航技术主要通过与其他导航系统相融合，采用软件方法提高导航精度，利用卡尔曼滤波去估计系统的误差状态，并用误差状态的估计值去校正惯导系统，是目前导航技术发展的一个重要方向。可用于组合导航的设备有很多，例如卫星导航系统、多普勒导航系统、远程无线电导航系统、地形辅助导航系统、物理场匹配导航系统和天文导航系统等。目前应用最多的是惯导/卫星组合导航，本章在发射系导航理论的框架下，介绍制导炮弹惯导/卫星组合导航算法。

5.1 捷联惯导/卫星组合导航方案

随着组合导航技术的发展，对于 SINS 和 GNSS 组合导航的研究根据组合的深度可以分为三种类型：松耦合、紧耦合以及超紧耦合。捷联惯导/卫星组合导航系统的原理结构如图 5-1 所示。

松耦合是组合深度最浅也是最容易实现的一种组合方式，得到广泛的实际应用。在松耦合中，GNSS 接收机和 SINS 独立工作，通过卡尔曼滤波对两者各自获得的速度和位置信息进行融合，并反馈给 SINS 进行校正。紧耦合是一种深度组合方式，组合的信息是伪距和伪距率，通过 GNSS 接收机获得的伪距、伪距率和 SINS 导航信息与星历计算得到的伪距、伪距率作差作为

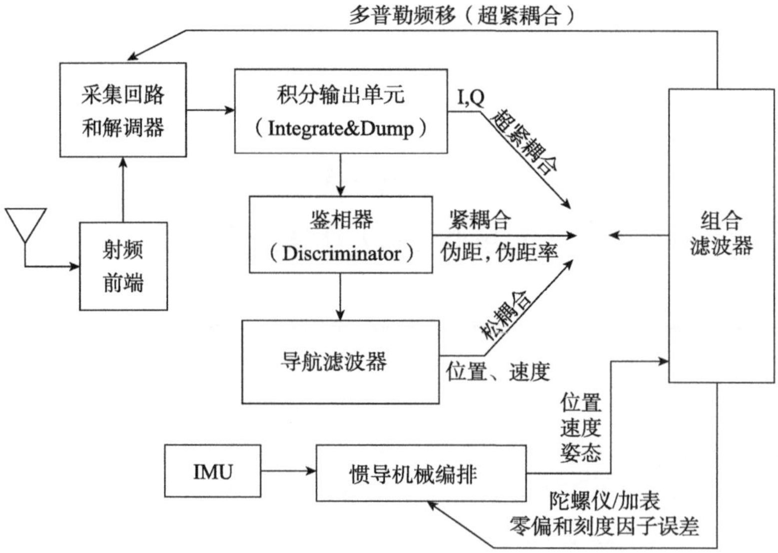

图 5-1　捷联惯导/卫星组合导航系统的原理结构图

量测信息输入，通过卡尔曼滤波对 SINS 进行输出校正和反馈校正。与紧耦合相比，超紧耦合还利用 SINS 导航信息来辅助 GNSS 信号的捕获和跟踪，加强了信号动态跟踪性能和抗干扰能力。载体和卫星之间的相对运动，使得接收机接收到的信号频率与卫星发射的信号频率不一样。GNSS 接收机需要经过载波频率搜索来捕获卫星信号，载体运动速度越快，附加的多普勒频率就越高，捕获信号需要的时间就越久。对此采用 SINS 辅助 GNSS 接收机可以有效地缩短捕获时间。常用的辅助方法是通过 SINS 计算得到的伪距和伪距率辅助 GNSS 接收机锁相环路缩小搜索带宽，提高信号捕获效率和抗干扰能力。

在 SINS/GNSS 组合导航系统中，常采用间接法卡尔曼滤波，即以导航子系统输出参数的误差作为组合导航系统状态，这里主要是捷联惯性导航参数误差和惯性器件误差。首先，由捷联惯导系统和卫星接收机对飞行器的三维位置和速度参数分别进行测量；其次，将捷联惯导和卫星接收机各自输出的对应导航参数相减作为量测量，送入捷联惯导/卫星组合导航卡尔曼滤波器进行滤波计算，从而获得系统状态（捷联惯导系统误差）的最优估计值；然后，利用系统误差的估计值实时对捷联惯导系统进行误差校正；最后，将经过校正的捷联惯导的输出作为捷联惯导/卫星组合导航系统的输出。

5.2　卡尔曼滤波技术

5.2.1　卡尔曼滤波理论

滤波是指从获得的信号和干扰中尽可能地滤除干扰，分离出所期望的信息。信号是传递信息的时间和空间的函数，信号分为确定性信号和随机信号。对于确定性信号可以通过设置相应频率特性的滤波器，如低通、高通、带通、带阻滤波器，获取有用信号，使干扰受到抑制。对于随机信号，无法用常规的滤波技术提取信号，海洋环境中的海浪和测量传感器中的噪声就属于随机信号。对随机信号的估计，必须要事先确定一个估计准则，根据不同的估计准则可以得到不同的最优估计，有贝叶斯风险最小的贝叶斯估计；有极大似然估计；有线性最小方差估计，卡尔曼滤波技术即属于此类估计。

早在 1795 年，德国数学家高斯为测定行星运行轨道而提出最小二乘估计法；英国学者 Fisher 随后又提出了极大似然估计；20 世纪 40 年代，为解决火力控制系统精确跟踪问题，美国学者 Weiner 和苏联科学家 Kolmogorov 相继独立提出维纳滤波，奠定了现代滤波理论的开端。维纳滤波的适用范围极其有限，它要求被处理的信号必须是平稳的，且是一维的，同时它的设计运算复杂，解析求解困难，因此难以推广和应用。

维纳滤波器是采用频域方法进行设计的，这种设计方法从根本上造成了维纳滤波计算的复杂；为了寻求一种更有效的设计滤波器的方法，人们逐渐将目光投向了时域，随着控制理论向多维变量的发展，采用状态空间进行描述系统的方法逐渐发展起来。利用状态空间的描述方法，1960 年，匈牙利裔美籍科学家卡尔曼提出了离散随机线性系统卡尔曼滤波方法，该方法以其简便与实效性，一经提出立即受到了工程界的重视，在随后发展中卡尔曼滤波技术成为了状态空间模型估计与预测的有力工具，并在组合导航领域得到广泛应用。

卡尔曼滤波是一种线性递推最小方差估计，它不需要存储大量的滤波数据，只需给定滤波初值，就可以将滤波算法持续进行下去，从这个角度讲，它优于维纳滤波。其实时性和算法的递推性决定了它便于在计算机上操作，因此，卡尔曼滤波得到了广泛的应用。早期，在工程上卡尔曼滤波成功的案例有美国阿波罗计划中的导航系统以及 C-5A 飞机的多模式导航。

5.2.2 卡尔曼滤波算法的描述

设有一动态系统，其离散化的状态方程和量测方程分别为

$$\boldsymbol{X}_k = \boldsymbol{\Phi}_{k,\ k-1}\boldsymbol{X}_{k-1} + \boldsymbol{\Gamma}_{k,\ k-1}\boldsymbol{W}_{k-1} \tag{5.1}$$

$$\boldsymbol{Z}_k = \boldsymbol{H}_k\boldsymbol{X}_k + \boldsymbol{V}_k \tag{5.2}$$

式中，$\boldsymbol{X}_k$ 是 k 时刻的系统状态（又称状态向量），所谓状态是一组描述系统的参数，是被估计的对象，可能是时变的也可能是常值，组合导航系统中常将位置、速度、姿态误差以及传感器误差等作为被估计对象，即状态或状态向量；$\boldsymbol{\Phi}_{k,k-1}$ 是状态转移矩阵，用来表示状态随时间的变化规律；$\boldsymbol{\Gamma}_{k,k-1}$ 是系统噪声分配矩阵，简写为 $\boldsymbol{\Gamma}_{k-1}$；$\boldsymbol{Z}_k$ 是 k 时刻的测量值，称作观测向量，是一组针对同一时刻的系统特性的测量值，是状态向量 $\boldsymbol{X}_k$ 的函数；$\boldsymbol{H}_k$ 称作观测矩阵，表示观测向量随状态向量变化的规律；$\boldsymbol{W}_k$ 为系统噪声向量，$\boldsymbol{V}_k$ 是量测噪声向量，它们可以被认为是高斯白噪声，$\boldsymbol{W}_k$ 和 $\boldsymbol{V}_k$ 满足

$$\left.\begin{aligned}
&\mathrm{E}[\boldsymbol{W}_k] = \boldsymbol{0},\ \mathrm{Cov}[\boldsymbol{W}_k,\ \boldsymbol{W}_j] = \mathrm{E}[\boldsymbol{W}_k\boldsymbol{W}_j^{\mathrm{T}}] = \boldsymbol{Q}_k\delta_{kj}\\
&\mathrm{E}[\boldsymbol{V}_k] = \boldsymbol{0},\ \mathrm{Cov}[\boldsymbol{V}_k,\ \boldsymbol{V}_j] = \mathrm{E}[\boldsymbol{V}_k\boldsymbol{V}_j^{\mathrm{T}}] = \boldsymbol{R}_k\delta_{kj}\\
&\mathrm{Cov}[\boldsymbol{W}_k,\ \boldsymbol{V}_j] = \mathrm{E}[\boldsymbol{W}_k,\ \boldsymbol{W}_j^{\mathrm{T}}]
\end{aligned}\right\} \tag{5.3}$$

式中：$\boldsymbol{Q}_k$ 为系统噪声的协方差矩阵，是非负定矩阵；$\boldsymbol{R}_k$ 为量测噪声的协方差阵，是正定矩阵。

求取 k 时刻 $\boldsymbol{X}_k$ 的最优估计值 $\hat{\boldsymbol{X}}_k$ 的步骤如下。

（1）状态一步预测：

$$\hat{\boldsymbol{X}}_{k/k-1} = \boldsymbol{\Phi}_{k/k-1}\hat{\boldsymbol{X}}_{k-1} \tag{5.4}$$

（2）状态估计：

$$\hat{\boldsymbol{X}}_k = \hat{\boldsymbol{X}}_{k/k-1} + \boldsymbol{K}_k(\boldsymbol{Z}_k - \boldsymbol{H}_k\hat{\boldsymbol{X}}_{k/k-1}) \tag{5.5}$$

式中：$\boldsymbol{K}_k$ 称作滤波增益矩阵，是观测信息在状态更新时的权重，有

$$\boldsymbol{K}_k = \boldsymbol{P}_{k/k-1}\boldsymbol{H}_k^{\mathrm{T}}(\boldsymbol{H}_k\boldsymbol{P}_{k/k-1}\boldsymbol{H}_k^{\mathrm{T}} + \boldsymbol{R}_k)^{-1} \tag{5.6}$$

式中：$\boldsymbol{P}_{k/k-1}$ 称作状态一步预测均方误差阵，其对角线元素是各个状态估计的方差，可以表示估计的不确定度，有

$$\boldsymbol{P}_{k/k-1} = \boldsymbol{\Phi}_{k/k-1}\boldsymbol{P}_{k-1}\boldsymbol{\Phi}_{k/k-1}^{\mathrm{T}} + \boldsymbol{\Gamma}_{k-1}\boldsymbol{Q}_{k-1}\boldsymbol{\Gamma}_{k-1}^{\mathrm{T}} \tag{5.7}$$

状态估计均方误差矩阵为 $\boldsymbol{P}_k$，有

$$\begin{aligned}
&\boldsymbol{P}_k = (\boldsymbol{I} - \boldsymbol{K}_k\boldsymbol{H}_k)\boldsymbol{P}_{k/k-1}(\boldsymbol{I} - \boldsymbol{K}_k)^{\mathrm{T}}\boldsymbol{H}_k + \boldsymbol{K}_k\boldsymbol{R}_k\boldsymbol{K}_k^{\mathrm{T}}\\
&\text{或}\ \boldsymbol{P}_k = (\boldsymbol{I} - \boldsymbol{K}_k\boldsymbol{H}_k)\boldsymbol{P}_{k/k-1}
\end{aligned} \tag{5.8}$$

式（5.4）~式（5.8）就是卡尔曼滤波器的基本公式，可以发现，如果给定初值 $\boldsymbol{X}_0$ 和 $\boldsymbol{P}_0$，根据 k 时刻的量测值 $\boldsymbol{Z}_k$，就可以递推求得 k 时刻的状态估计 $\boldsymbol{X}_k$

($k=1, 2, \cdots$)。卡尔曼滤波器的式（5.4）~式（5.8）可使用图 5-2 来表示，由此可以清楚地看到卡尔曼滤波算法中的数据流向。

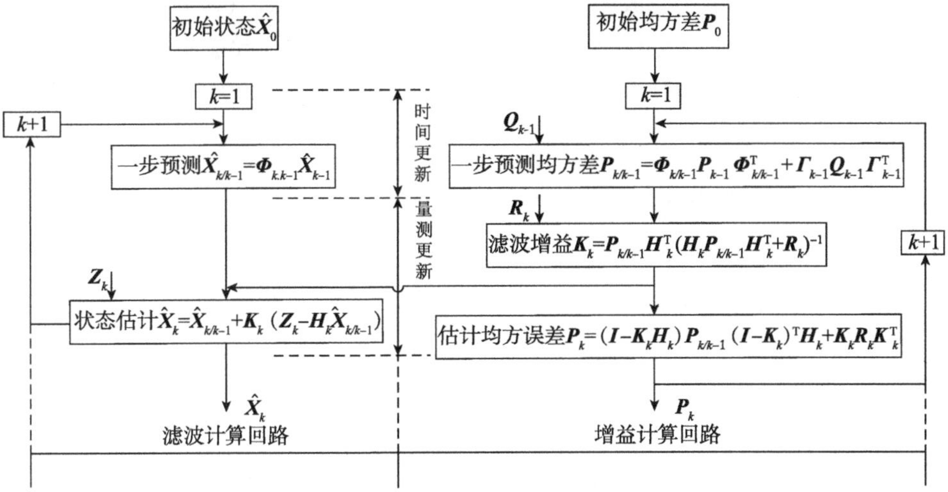

图 5-2　卡尔曼滤波数据流示意图

由上面给出的卡尔曼滤波算法并结合图 5-2 可以得到卡尔曼滤波递推算法的实施步骤：

（1）计算状态转移矩阵 $\boldsymbol{\Phi}_{k/k-1}$；

（2）计算系统噪声的协方差矩阵 $\boldsymbol{Q}_{k-1}$；

（3）利用式（5.4）计算状态向量估计值的传递，即由 $\boldsymbol{\Phi}_{k/k-1}$ 和上次递推的 $\hat{\boldsymbol{X}}_{k-1}$ 计算一步状态预测 $\hat{\boldsymbol{X}}_{k/k-1}$；

（4）利用式（5.7）计算估计均方误差矩阵的传递，即由 $\boldsymbol{\Phi}_{k/k-1}$，$\boldsymbol{Q}_{k-1}$ 和上次递推的 $\boldsymbol{P}_{k-1}$ 计算一步预测均方误差阵 $\boldsymbol{P}_{k/k-1}$；

（5）计算观测矩阵 $\boldsymbol{H}_k$；

（6）计算量测噪声的协方差阵 $\boldsymbol{R}_k$；

（7）利用式（5.6）计算卡尔曼滤波增益矩阵 $\boldsymbol{K}_k$；

（8）由最新的量测输入构建量测向量 $\boldsymbol{Z}_k$；

（9）利用式（5.5）实现状态估计 $\hat{\boldsymbol{X}}_k$ 的更新；

（10）利用式（5.8）更新估计均方误差矩阵 $\boldsymbol{P}_k$。

步骤（1）~（4）为图 5-2 中的时间更新，步骤（5）~（10）为量测更新，后文设计的组合导航系统均采用上述卡尔曼滤波算法，可以方便地编制成计算机程序，快速地进行仿真试验和工程实现工作。通过上述分析可知对于组合导航系统设计来说，主要工作就是建立卡尔曼滤波系统模型和观测模型，也就是建立系统的状态方程和观测方程。

另外，在实际应用中，由于各种原因，可能会出现量测 $\boldsymbol{Z}_k$ 暂时无法输出的情况，此时的卡尔曼滤波，可以只根据式（5.4）和式（5.7）进行时间更新，并不引入量测信息进行量测更新，这样可以保证组合导航系统在量测突然无法输出时短时间内仍有较高的导航精度，等到量测 $\boldsymbol{Z}_k$ 正常后再进行卡尔曼滤波。

5.2.3 卡尔曼滤波算法特点

卡尔曼滤波器具有如下特点：

（1）卡尔曼滤波器的状态估计是无偏估计，其估计值与真实值之差的平均值为零。

（2）其算法是递推的，只要给定滤波状态初值，滤波过程就一直进行下去，不需要存储大量的数据，在一个滤波周期内，状态更新计算出状态估计和估计均方误差，为下一步的迭代做先验估计；在量测更新过程中，利用先验估计和实时的测量结果，计算出滤波增益 $\boldsymbol{K}_k$，从而为状态更新进行校正。可以实时计算，执行方便，适合于当前的计算机实现。

（3）卡尔曼滤波所用到的方程描述均采用状态空间的描述方法，因此，卡尔曼滤波是适合多维变量的。

另外，卡尔曼滤波器可以通过调节 $\boldsymbol{Q}$ 和 $\boldsymbol{R}$ 来改善滤波器的性能。从滤波增益方程中可以看出，$\boldsymbol{Q}$ 增大，$\boldsymbol{K}_k$ 将增大，估计值会过快地跟踪测量值；$\boldsymbol{R}$ 增大，$\boldsymbol{K}_k$ 将减小，滤波器中测量值所占的比重就会减小。因此，可以通过调节 $\boldsymbol{Q}$ 和 $\boldsymbol{R}$，来选择合适的滤波器状态。

5.3 发射系捷联惯导误差方程

位置、速度、姿态误差方程是卡尔曼滤波状态方程的重要组成部分。发射系捷联惯导误差方程是发射系下导航误差的传播规律，是进行初始对准和组合导航的基础。下面利用2.1.8节的一阶小扰动线性化方法，给出发射系捷联惯导误差方程的详细推导过程。

5.3.1 发射系姿态误差方程

捷联惯导系统中，载体坐标系至计算坐标系的转换矩阵误差是由两个坐标系间旋转时的角速率误差引起的。如式（3.18）所示，在发射系的姿态微分方程为

$$\dot{\boldsymbol{R}}_b^g = \boldsymbol{R}_b^g \boldsymbol{\Omega}_{gb}^b \tag{5.9}$$

考虑测量和计算误差，计算得到的转换矩阵变换率为

$$\dot{\hat{\boldsymbol{R}}}_b^g = \hat{\boldsymbol{R}}_b^g \hat{\boldsymbol{\Omega}}_{gb}^b \tag{5.10}$$

计算得到的转换矩阵 $\hat{\boldsymbol{R}}_b^g$ 可以写为

$$\hat{\boldsymbol{R}}_b^g = \boldsymbol{R}_b^g + \delta \hat{\boldsymbol{R}}_b^g \tag{5.11}$$

令

$$\delta \hat{\boldsymbol{R}}_b^g = - \boldsymbol{\Psi}^g \boldsymbol{R}_b^g \tag{5.12}$$

得

$$\hat{\boldsymbol{R}}_b^g = (\boldsymbol{I} - \boldsymbol{\Psi}^g) \boldsymbol{R}_b^g \tag{5.13}$$

实际发射系和计算坐标系之间存在误差角 $\boldsymbol{\phi}^g = [\phi_x, \phi_y, \phi_z]^{\mathrm{T}}$，称其为发射系下失准角误差，且 $\boldsymbol{\Psi}^g$ 为 $\boldsymbol{\phi}^g$ 的反对称矩阵，即

$$\boldsymbol{\Psi}^g = \begin{bmatrix} 0 & -\phi_z & \phi_y \\ \phi_z & 0 & -\phi_x \\ -\phi_y & \phi_x & 0 \end{bmatrix} \tag{5.14}$$

对式（5.13）两边求导，得

$$\dot{\hat{\boldsymbol{R}}}_b^g = \dot{\boldsymbol{R}}_b^g - \dot{\boldsymbol{\Psi}}^g \boldsymbol{R}_b^g - \boldsymbol{\Psi}^g \dot{\boldsymbol{R}}_b^g \tag{5.15}$$

$$\delta \dot{\boldsymbol{R}}_b^g = - \dot{\boldsymbol{\Psi}}^g \boldsymbol{R}_b^g - \boldsymbol{\Psi}^g \dot{\boldsymbol{R}}_b^g \tag{5.16}$$

另外，微分式（5.9），得

$$\delta \dot{\boldsymbol{R}}_b^g = \delta \boldsymbol{R}_b^g \boldsymbol{\Omega}_{gb}^b + \boldsymbol{R}_b^g \delta \boldsymbol{\Omega}_{gb}^b = - \boldsymbol{\Psi}^g \boldsymbol{R}_b^g \boldsymbol{\Omega}_{gb}^b + \boldsymbol{R}_b^g \delta \boldsymbol{\Omega}_{gb}^b \tag{5.17}$$

比较式（5.15）和式（5.17），可得

$$\dot{\boldsymbol{\Psi}}^g = - \boldsymbol{R}_b^g \delta \boldsymbol{\Omega}_{gb}^b \boldsymbol{R}_g^b \tag{5.18}$$

写成向量形式为

$$\dot{\boldsymbol{\phi}}^g = - \boldsymbol{R}_b^g \delta \boldsymbol{\omega}_{gb}^b \tag{5.19}$$

式（5.19）说明了姿态误差 $\boldsymbol{\phi}^g$ 的变化率如何用角速率误差 $\delta \boldsymbol{\omega}_{gb}^b$ 表示，且

$$\begin{aligned} \boldsymbol{\omega}_{gb}^b &= - \boldsymbol{\omega}_{ag}^b + \boldsymbol{\omega}_{ab}^b \\ &= - \boldsymbol{R}_g^b \boldsymbol{\omega}_{ag}^g + \boldsymbol{\omega}_{ab}^b \end{aligned} \tag{5.20}$$

将其线性化，角速度误差为

$$\begin{aligned} \delta \boldsymbol{\omega}_{gb}^b &= - \delta \boldsymbol{R}_g^b \boldsymbol{\omega}_{ag}^g - \boldsymbol{R}_g^b \delta \boldsymbol{\omega}_{ag}^g + \delta \boldsymbol{\omega}_{ab}^b \\ &= - (\delta \boldsymbol{R}_b^g)^{\mathrm{T}} \boldsymbol{\omega}_{ag}^g - \boldsymbol{R}_g^b \delta \boldsymbol{\omega}_{ag}^g + \delta \boldsymbol{\omega}_{ab}^b \\ &= - (- \boldsymbol{\Psi}^g \boldsymbol{R}_b^g)^{\mathrm{T}} \boldsymbol{\omega}_{ag}^g - \boldsymbol{R}_g^b \delta \boldsymbol{\omega}_{ag}^g + \delta \boldsymbol{\omega}_{ab}^b \\ &= - \boldsymbol{R}_g^b \boldsymbol{\Psi}^g \boldsymbol{\omega}_{ag}^g - \boldsymbol{R}_g^b \delta \boldsymbol{\omega}_{ag}^g + \delta \boldsymbol{\omega}_{ab}^b \end{aligned} \tag{5.21}$$

将式（5.21）代入式（5.19）得

$$\begin{aligned}\dot{\boldsymbol{\phi}}^g &= \boldsymbol{\Psi}^g \boldsymbol{\omega}_{ag}^g + \delta\boldsymbol{\omega}_{ag}^g - \boldsymbol{R}_b^g \delta\boldsymbol{\omega}_{ab}^b \\ &= -\boldsymbol{\Omega}_{ag}^g \boldsymbol{\phi}^g + \delta\boldsymbol{\omega}_{ag}^g - \boldsymbol{R}_b^g \delta\boldsymbol{\omega}_{ab}^b\end{aligned} \tag{5.22}$$

由于发射系是和地球固联的，所以 $\boldsymbol{\omega}_{ag}^g$ 为固定值，因此 $\delta\boldsymbol{\omega}_{ag}^g=\boldsymbol{0}$。最终可得到姿态误差方程为

$$\dot{\boldsymbol{\phi}}^g = -\boldsymbol{\Omega}_{ag}^g \boldsymbol{\phi}^g - \boldsymbol{R}_b^g \delta\boldsymbol{\omega}_{ab}^b \tag{5.23}$$

5.3.2 发射系速度误差方程

式（3.18）所示的发射系下的速度微分方程为

$$\dot{\boldsymbol{V}}^g = \boldsymbol{R}_b^g \boldsymbol{f}^b - 2\boldsymbol{\Omega}_{ag}^g \boldsymbol{V}^g + \boldsymbol{g}^g \tag{5.24}$$

对式（5.24）微分，得

$$\delta\dot{\boldsymbol{V}}^g = \delta\boldsymbol{R}_b^g \boldsymbol{f}^b + \boldsymbol{R}_b^g \delta\boldsymbol{f}^b - 2\delta\boldsymbol{\Omega}_{ag}^g \boldsymbol{V}^g - 2\boldsymbol{\Omega}_{ag}^g \delta\boldsymbol{V}^g + \delta\boldsymbol{g}^g \tag{5.25}$$

又因 $\delta\boldsymbol{\omega}_{ag}^g=\boldsymbol{0}$，故 $\delta\boldsymbol{\Omega}_{ag}^g=\boldsymbol{0}$，因此式（5.25）可写为

$$\begin{aligned}\delta\dot{\boldsymbol{V}}^g &= \delta\boldsymbol{R}_b^g \boldsymbol{f}^b - 2\boldsymbol{\Omega}_{ag}^g \delta\boldsymbol{V}^g + \delta\boldsymbol{g}^g + \boldsymbol{R}_b^g \delta\boldsymbol{f}^b \\ &= -\boldsymbol{\Psi}^g \boldsymbol{R}_b^g \boldsymbol{f}^b - 2\boldsymbol{\Omega}_{ag}^g \delta\boldsymbol{V}^g + \delta\boldsymbol{g}^g + \boldsymbol{R}_b^g \delta\boldsymbol{f}^b\end{aligned} \tag{5.26}$$

式中，$-\boldsymbol{\Psi}^g \boldsymbol{R}_b^g \boldsymbol{f}^b = -\boldsymbol{\Psi}^g \boldsymbol{F}^g = \boldsymbol{F}^g \boldsymbol{\phi}^g$，$\boldsymbol{F}^g \boldsymbol{\phi}^g$ 如下式所示：

$$\boldsymbol{F}^g \boldsymbol{\phi}^g = \begin{bmatrix} 0 & -f_z^g & f_y^g \\ f_z^g & 0 & -f_x^g \\ -f_y^g & f_x^g & 0 \end{bmatrix} \begin{bmatrix} \phi_x^g \\ \phi_y^g \\ \phi_z^g \end{bmatrix} \tag{5.27}$$

由式（5.27）和式（5.26）可得

$$\delta\dot{\boldsymbol{V}}^g = \boldsymbol{F}^g \boldsymbol{\phi}^g - 2\boldsymbol{\Omega}_{ag}^g \delta\boldsymbol{V}^g + \delta\boldsymbol{g}^g + \boldsymbol{R}_b^g \delta\boldsymbol{f}^b \tag{5.28}$$

式中的 $\delta\boldsymbol{g}^g$ 是由位置误差引起的标准重力误差，该项误差造成的实际影响较小。在重力变化最快的高度方向上，高度每变化 10m，引起的重力变化只有约 $3\times10^{-6}\ \mathrm{m/s^2}$，离心力约占重力的 0.3%，引力的 J_2 项只占引力的 0.1%，其他高阶项的影响则更小，因此在讨论位置误差引起的重力误差时，可忽略包括 J_2 在内的任何高阶项，只考虑中心引力，即 $\boldsymbol{g}^g=\mu\boldsymbol{r}_0^g/r^3$（$\mu$ 为地心引力常数）。此时 $\boldsymbol{g}^g$ 写成分量形式为式（5.29），$\delta\boldsymbol{g}^g$ 如式（5.35）所示。

$$\left.\begin{aligned} g_x^g &= \frac{\mu}{r^3} r_x^g \\ g_y^g &= \frac{\mu}{r^3} r_y^g \\ g_z^g &= \frac{\mu}{r^3} r_y^g \end{aligned}\right\} \tag{5.29}$$

$$\boldsymbol{r}_0^g = \begin{bmatrix} r_x^g \\ r_y^g \\ r_z^g \end{bmatrix} = \boldsymbol{r}^g + \boldsymbol{R}_0^g = \begin{bmatrix} x + \boldsymbol{R}_0^g(1) \\ y + \boldsymbol{R}_0^g(2) \\ z + \boldsymbol{R}_0^g(3) \end{bmatrix} \tag{5.30}$$

$\boldsymbol{r}_0^g = [\,r_x^g \quad r_y^g \quad r_z^g\,]^{\mathrm{T}}$，$\boldsymbol{r}^g = [\,x \quad y \quad z\,]^{\mathrm{T}}$，$\boldsymbol{R}_0^g$ 为常值。

$$\left.\begin{aligned} \frac{\delta r_x^g}{\delta x} &= \frac{\delta(x + \boldsymbol{R}_0^g(1))}{\delta x} = 1 \\ \frac{\delta r_y^g}{\delta x} &= \frac{\delta(x + \boldsymbol{R}_0^g(1))}{\delta y} = 0 \\ \frac{\delta r_z^g}{\delta z} &= \frac{\delta(x + \boldsymbol{R}_0^g(1))}{\delta z} = 0 \end{aligned}\right\} \tag{5.31}$$

同理：

$$\left.\begin{aligned} &\frac{\delta r_y}{\delta y} = \frac{\delta r_z}{\delta z} = 1 \\ &\frac{\delta r_y}{\delta z} = \frac{\delta r_z}{\delta y} = \frac{\delta r_x}{\delta z} = \frac{\delta r_x}{\delta y} = \frac{\delta r_y}{\delta x} = \frac{\delta r_z}{\delta x} = 0 \end{aligned}\right\} \tag{5.32}$$

$$\frac{\delta g_x^g}{\delta x} = \frac{\delta g_x^g}{\delta r_x}\frac{\delta r_x}{\delta x} + \frac{\delta g_x^g}{\delta r_y}\frac{\delta r_y}{\delta x} + \frac{\delta g_x^g}{\delta r_z}\frac{\delta r_z}{\delta x} = \frac{\delta g_x^g}{\delta r_x} \tag{5.33}$$

同理：

$$\left.\begin{aligned} \frac{\delta g_y^g}{\delta y} &= \frac{\delta g_y^g}{\delta r_y} \\ \frac{\delta g_z^g}{\delta z} &= \frac{\delta g_z^g}{\delta r_z} \end{aligned}\right\} \tag{5.34}$$

$$\delta \boldsymbol{g}^g = \begin{bmatrix} \frac{\delta g_x^g}{\delta x} & \frac{\delta g_x^g}{\delta y} & \frac{\delta g_x^g}{\delta z} \\ \frac{\delta g_y^g}{\delta x} & \frac{\delta g_y^g}{\delta y} & \frac{\delta g_y^g}{\delta z} \\ \frac{\delta g_z^g}{\delta x} & \frac{\delta g_z^g}{\delta y} & \frac{\delta g_z^g}{\delta z} \end{bmatrix} \begin{bmatrix} \delta x \\ \delta y \\ \delta z \end{bmatrix} = \boldsymbol{G}_P \delta \boldsymbol{P} \tag{5.35}$$

式中，δg_x、δg_y、δg_z 对 x、y、z 的偏导如下：

$$\left.\begin{aligned}\frac{\delta g_x^g}{\delta x}&=-\frac{\mu}{r^3}+3\frac{\mu}{r^5}(r_x^g)^2\\\frac{\delta g_y^g}{\delta y}&=-\frac{\mu}{r^3}+3\frac{\mu}{r^5}(r_y^g)^2\\\frac{\delta g_z^g}{\delta z}&=-\frac{\mu}{r^3}+3\frac{\mu}{r^5}(r_z^g)^2\end{aligned}\right\}\quad\left.\begin{aligned}\frac{\delta g_x^g}{\delta y}&=\frac{\delta g_y^g}{\delta x}=3\frac{\mu}{r^5}r_x^gr_y^g\\\frac{\delta g_x^g}{\delta z}&=\frac{\delta g_z^g}{\delta x}=3\frac{\mu}{r^5}r_x^gr_z^g\\\frac{\delta g_y^g}{\delta z}&=\frac{\delta g_z^g}{\delta y}=3\frac{\mu}{r^5}r_y^gr_z^g\end{aligned}\right\}\tag{5.36}$$

代入式（5.35）并整理为矩阵 $\boldsymbol{G}_P$，如下式所示：

$$\boldsymbol{G}_P=\begin{bmatrix}-\frac{\mu}{r^3}+3\frac{\mu}{r^5}(r_x^g)^2 & 3\frac{\mu}{r^5}r_x^gr_y^g & 3\frac{\mu}{r^5}r_x^gr_z^g\\3\frac{\mu}{r^5}r_x^gr_y^g & -\frac{\mu}{r^3}+3\frac{\mu}{r^5}(r_y^g)^2 & 3\frac{\mu}{r^5}r_y^gr_z^g\\3\frac{\mu}{r^5}r_x^gr_z^g & 3\frac{\mu}{r^5}r_y^gr_z^g & -\frac{\mu}{r^3}+3\frac{\mu}{r^5}(r_z^g)^2\end{bmatrix}\tag{5.37}$$

以上重力误差方程忽略了中心引力以外其他因素的影响，其中影响最大的为离心力。如需要推导更精确的误差方程，首先应该考虑离心力的影响，下面推导离心力对位置的偏导数，构建误差方程。考虑重力包含中心引力和离心力两部分：

$$\left.\begin{aligned}\boldsymbol{g}^g&=\mu\boldsymbol{r}_0^g/r^3+\boldsymbol{F}^g\\\boldsymbol{F}^g&=\boldsymbol{\omega}_{ag}^g\times\boldsymbol{\omega}_{ag}^g\times\boldsymbol{r}_0^g=\boldsymbol{\Omega}_{ag}^g\boldsymbol{\Omega}_{ag}^g\boldsymbol{r}_0^g\end{aligned}\right\}\tag{5.38}$$

式中的离心力中，$\boldsymbol{\omega}_{ag}^g$ 为发射系下地球自转角速度，而地球自转角速度为常值，因此 $\boldsymbol{\Omega}_{ag}^g\boldsymbol{\Omega}_{ag}^g$ 也为常值。发射系离心力 $\boldsymbol{F}^g$ 对发射系位置 $\boldsymbol{r}^g=[x\quad y\quad z]^{\mathrm{T}}$ 求偏导，如下式所示：

$$\delta\boldsymbol{F}^g=\boldsymbol{\Omega}_{ag}^g\boldsymbol{\Omega}_{ag}^g\delta\boldsymbol{r}_0^g=\boldsymbol{\Omega}_{ag}^g\boldsymbol{\Omega}_{ag}^g\begin{bmatrix}\frac{\delta r_x^g}{\delta x}&\frac{\delta r_x^g}{\delta y}&\frac{\delta r_x^g}{\delta z}\\\frac{\delta r_x^g}{\delta x}&\frac{\delta r_x^g}{\delta y}&\frac{\delta r_x^g}{\delta z}\\\frac{\delta r_x^g}{\delta x}&\frac{\delta r_x^g}{\delta y}&\frac{\delta r_x^g}{\delta z}\end{bmatrix}\begin{bmatrix}\delta x\\\delta y\\\delta z\end{bmatrix}\tag{5.39}$$

将式（5.31）和式（5.32）代入 $\delta\boldsymbol{F}^g$ 表达式中，可得

$$\delta\boldsymbol{F}^g=\boldsymbol{\Omega}_{ag}^g\boldsymbol{\Omega}_{ag}^g\begin{bmatrix}1&0&0\\0&1&0\\0&0&1\end{bmatrix}\begin{bmatrix}\delta x\\\delta y\\\delta z\end{bmatrix}=\boldsymbol{\Omega}_{ag}^g\boldsymbol{\Omega}_{ag}^g\delta\boldsymbol{P}\tag{5.40}$$

包含中心引力和离心力的重力误差方程改写为

$$\delta \boldsymbol{g}^{g} = (\boldsymbol{G}_{P} + \boldsymbol{\Omega}_{ag}^{g}\boldsymbol{\Omega}_{ag}^{g})\delta \boldsymbol{P} \tag{5.41}$$

5.3.3　发射系位置误差方程

由式（3.18），发射系下的位置微分方程为

$$\dot{\boldsymbol{P}}^{g} = \boldsymbol{V}^{g} \tag{5.42}$$

可得位置误差方程为

$$\delta \dot{\boldsymbol{P}}^{g} = \delta \boldsymbol{V}^{g} \tag{5.43}$$

5.4　发射系惯导/卫星松耦合组合导航算法

发射系松耦合组合导航算法主要包括组合导航状态方程和量测方程，本节介绍了发射系松耦合组合导航 15 维状态方程和相应的量测方程，卫星接收机数据从地心地固坐标系转换到发射系下，以及组合导航的硬件同步方法和滤波算法步骤。

5.4.1　发射系松耦合组合导航状态方程

发射系惯导/卫星松耦合组合导航算法的卡尔曼滤波状态方程为

$$\dot{\boldsymbol{X}} = \boldsymbol{F}\boldsymbol{X} + \boldsymbol{G}\boldsymbol{W} \tag{5.44}$$

式中，$\boldsymbol{X}$ 为状态向量，$\boldsymbol{X}=[\boldsymbol{\phi}^{g}\quad \delta\boldsymbol{V}^{g}\quad \delta\boldsymbol{P}^{g}\quad \boldsymbol{\varepsilon}^{b}\quad \boldsymbol{\nabla}^{b}]^{\mathrm{T}}$；$\boldsymbol{G}$ 为噪声驱动矩阵，$\boldsymbol{W}$ 为过程噪声向量。详细的状态方程如式（5.45）所示。

$$\begin{bmatrix} \dot{\boldsymbol{\phi}}^{g} \\ \delta\dot{\boldsymbol{V}}^{g} \\ \delta\dot{\boldsymbol{P}}^{g} \\ \dot{\boldsymbol{\varepsilon}}^{b} \\ \dot{\boldsymbol{\nabla}}^{b} \end{bmatrix} = \begin{bmatrix} -\boldsymbol{\Omega}_{ag}^{g} & \boldsymbol{0}_{3\times3} & \boldsymbol{0}_{3\times3} & -\boldsymbol{R}_{b}^{g} & \boldsymbol{0}_{3\times3} \\ \boldsymbol{F}^{g} & -2\boldsymbol{\Omega}_{ag}^{g} & \boldsymbol{G}_{P} & \boldsymbol{0}_{3\times3} & \boldsymbol{R}_{b}^{g} \\ \boldsymbol{0}_{3\times3} & \boldsymbol{I}_{3\times3} & \boldsymbol{0}_{3\times3} & \boldsymbol{0}_{3\times3} & \boldsymbol{0}_{3\times3} \\ \boldsymbol{0}_{3\times3} & \boldsymbol{0}_{3\times3} & \boldsymbol{0}_{3\times3} & \boldsymbol{0}_{3\times3} & \boldsymbol{0}_{3\times3} \\ \boldsymbol{0}_{3\times3} & \boldsymbol{0}_{3\times3} & \boldsymbol{0}_{3\times3} & \boldsymbol{0}_{3\times3} & \boldsymbol{0}_{3\times3} \end{bmatrix} \begin{bmatrix} \boldsymbol{\phi}^{g} \\ \delta\boldsymbol{V}^{g} \\ \delta\boldsymbol{P}^{g} \\ \boldsymbol{\varepsilon}^{b} \\ \boldsymbol{\nabla}^{b} \end{bmatrix} + \begin{bmatrix} -\boldsymbol{R}_{b}^{g} & \boldsymbol{0}_{3\times3} \\ \boldsymbol{0}_{3\times3} & \boldsymbol{R}_{b}^{g} \\ \boldsymbol{0}_{9\times3} & \boldsymbol{0}_{9\times3} \end{bmatrix} \begin{bmatrix} \boldsymbol{w}_{g} \\ \boldsymbol{w}_{a} \end{bmatrix} \tag{5.45}$$

式中：$\boldsymbol{w}_{g}$ 为陀螺仪角速度量测白噪声；$\boldsymbol{w}_{a}$ 为加速度计比力测量白噪声。

5.4.2　发射系松耦合速度位置量测方程

发射系下捷联惯导的速度和位置可表示为

$$\begin{bmatrix} \boldsymbol{V}_{I} \\ \boldsymbol{P}_{I} \end{bmatrix} = \begin{bmatrix} \boldsymbol{V}_{t} \\ \boldsymbol{P}_{t} \end{bmatrix} + \begin{bmatrix} \delta\boldsymbol{V}_{I} \\ \delta\boldsymbol{P}_{I} \end{bmatrix} \tag{5.46}$$

式中：$\boldsymbol{V}_I$、$\boldsymbol{P}_I$ 为惯导输出的速度、位置；$\delta\boldsymbol{V}_I$、$\delta\boldsymbol{P}_I$ 为惯导输出速度、位置时相应的误差；$\boldsymbol{V}_t$、$\boldsymbol{P}_t$ 为飞行器速度、位置真值。

松耦合组合导航以速度和位置为观测量，卫星导航的速度和位置可表示为

$$\begin{bmatrix} \boldsymbol{V}_S \\ \boldsymbol{P}_S \end{bmatrix} = \begin{bmatrix} \boldsymbol{V}_t \\ \boldsymbol{P}_t \end{bmatrix} + \begin{bmatrix} \delta\boldsymbol{V}_S \\ \delta\boldsymbol{P}_S \end{bmatrix} \tag{5.47}$$

式中：$\boldsymbol{V}_S$、$\boldsymbol{P}_S$ 为卫星导航输出的速度、位置；$\delta\boldsymbol{V}_S$、$\delta\boldsymbol{P}_S$ 为卫星导航输出速度、位置时相应的误差。

故速度位置量测向量为

$$\boldsymbol{Z} = \begin{bmatrix} \boldsymbol{V}_I - \boldsymbol{V}_S \\ \boldsymbol{P}_I - \boldsymbol{P}_S \end{bmatrix} \tag{5.48}$$

可得，发射系惯导/卫星松耦合组合导航算法的卡尔曼滤波量测方程为

$$\boldsymbol{Z} = \boldsymbol{H}\boldsymbol{X} + \boldsymbol{V} \tag{5.49}$$

其中，$\boldsymbol{H}$ 的表达式为

$$\boldsymbol{H} = \begin{bmatrix} \boldsymbol{0}_{3\times3} & \boldsymbol{I}_{3\times3} & \boldsymbol{0}_{3\times3} & \boldsymbol{0}_{3\times3} & \boldsymbol{0}_{3\times3} \\ \boldsymbol{0}_{3\times3} & \boldsymbol{0}_{3\times3} & \boldsymbol{I}_{3\times3} & \boldsymbol{0}_{3\times3} & \boldsymbol{0}_{3\times3} \end{bmatrix} \tag{5.50}$$

5.4.3 GNSS 卫星位置和速度的转换

由于卫星接收机输出的是地心地固坐标系（e 系）或当地水平系（l 系）下的位置和速度，需要将其转换到发射系下。设卫星地固系下的位置和速度为 $\boldsymbol{P}_S^e$ 和 $\boldsymbol{V}_S^e$，则卫星接收机在发射系下的当前位置 $\boldsymbol{P}_S^g$ 为

$$\boldsymbol{P}_S^g = \boldsymbol{R}_e^g(\boldsymbol{P}_S^e - \boldsymbol{P}_0^e) \tag{5.51}$$

式中：$\boldsymbol{R}_e^g$ 如式（2.52）所示；$\boldsymbol{P}_0^e$ 是飞行器发射时刻地固系下的初始位置，由飞行器初始纬度 B_0、经度 λ_0 和高度 h_0 得到，如式（3.19）所示。

根据卫星地固系下的速度向量 $\boldsymbol{V}_S^e$，可得到发射系下的速度向量 $\boldsymbol{V}_S^g$。

$$\boldsymbol{V}_S^g = \boldsymbol{R}_e^g \boldsymbol{V}_S^e \tag{5.52}$$

5.4.4 发射系组合导航硬件同步方法

SINS/GNSS 组合导航系统由惯性测量组件 IMU、GNSS 接收机和导航计算机组成（图 5-3），GNSS 接收机的 PPS（秒脉冲）信号进行系统时间同步，IMU 的同步由导航计算机控制，输出加速度计和陀螺仪脉冲信号。SINS/GNSS 组合导航状态流程如图 5-4 所示，详细流程如下：

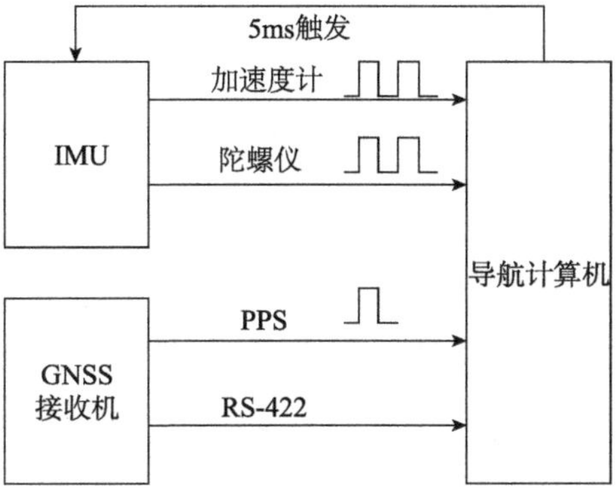

图 5-3　SINS/GNSS 组合导航系统

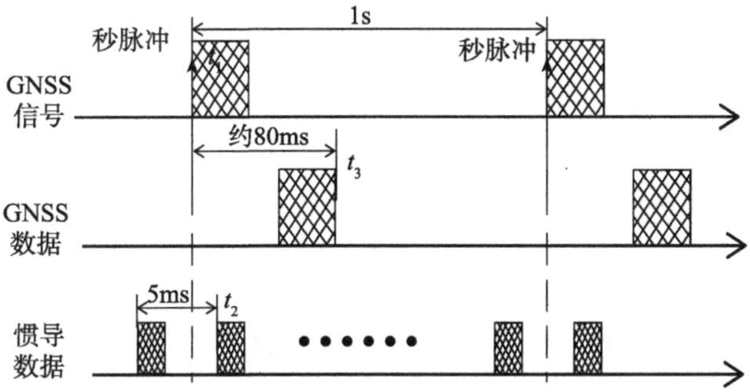

图 5-4　SINS/GNSS 组合导航状态流程图

（1）当接收到 GNSS 接收机 PPS 中断时，置当前状态为状态 1，并记录当前时刻为 t_1。

（2）惯组数据为周期性数据，并进行周期性 SINS 导航数值更新。更新周期中检测到当前状态为状态 1 时，则锁存当前的加速度计和陀螺仪数据，以及惯性导航的位置速度和姿态数据，作为组合导航的 SINS 量测量；置当前状态为状态 2，并记录当前时刻 t_2。

（3）当接收到 GNSS 数据中断信号后，接收 GNSS 数据（如卫星个数、卫星模式、VDOP、HDOP、DOP 值等）。如果检测到当前状态为状态 2，则置当前状态为状态 3，并记录当前时刻为 t_3。

（4）当为状态 3 时，进行组合条件的判断，判断卫星个数是否大于 3；卫星模式是否处于定位状态；VDOP 与 HDOP 值的平方和是否小于 100；秒脉冲锁存时刻的三个加速度计平方和是否小于 10000；t_3-t_1 的数值是否小于 80ms。如果上述条件均满足，则进行组合导航算法，并进行惯导修正；否则只进行卡尔曼滤波状态一次预测，再到步骤（5）。

（5）置当前状态为无效，等待秒脉冲中断，回到步骤（1）。

5.4.5 发射系组合导航滤波算法步骤

1. 状态方程和量测方程离散化

状态方程（5.44）和量测方程（5.49）的离散化形式分别为

$$\boldsymbol{X}_k = \boldsymbol{\Phi}_{k/k-1}\boldsymbol{X}_{k-1} + \boldsymbol{\Gamma}_{k-1}\boldsymbol{W}_{k-1} \tag{5.53}$$

$$\boldsymbol{Z}_k = \boldsymbol{H}_k\boldsymbol{X}_k + \boldsymbol{V}_k \tag{5.54}$$

式中：$\boldsymbol{X}_k$ 是 k 时刻的系统状态；$\boldsymbol{\Phi}_{k/k-1}$ 与 $\boldsymbol{\Gamma}_{k,k-1}$ 为状态方程和噪声驱动矩阵的离散化；$\boldsymbol{W}_{k-1}$ 为系统激励噪声序列；$\boldsymbol{V}_k$ 为测量噪声序列。

$$\boldsymbol{\Phi}_{k/k-1} \approx \sum_{n=0}^{\infty}[\boldsymbol{F}(t_{k-1})T]^n/n! \tag{5.55}$$

$$\boldsymbol{\Gamma}_{k-1} \approx \left\{\sum_{n=1}^{\infty}\frac{1}{n!}[\boldsymbol{F}(t_{k-1})T]^{n-1}\right\}\boldsymbol{G}(t_k)T \tag{5.56}$$

2. 滤波递推算法估算下一刻状态

（1）状态一步预测：

$$\boldsymbol{X}_{k/k-1} = \boldsymbol{\Phi}_{k/k-1}\boldsymbol{X}_{k-1} \tag{5.57}$$

（2）状态估计：

$$\hat{\boldsymbol{X}}_{k/k-1} = \hat{\boldsymbol{X}}_{k/k-1} + \boldsymbol{K}_k(\boldsymbol{Z}_k - \boldsymbol{H}_k\hat{\boldsymbol{X}}_{k/k-1}) \tag{5.58}$$

式中：$\boldsymbol{K}_k$ 称作滤波增益矩阵，是观测信息在状态更新时的权重，有

$$\boldsymbol{K}_k = \boldsymbol{P}_{k/k-1}\boldsymbol{H}_k^{\mathrm{T}}(\boldsymbol{H}_k\boldsymbol{P}_{k/k-1}\boldsymbol{H}_k^{\mathrm{T}} + \boldsymbol{R}_k)^{-1} \tag{5.59}$$

式中：$\boldsymbol{P}_{k/k-1}$ 称作一步预测均方误差阵，其对角线元素是各个状态估计的方差，可以表示估计的不确定度，即

$$\boldsymbol{P}_{k/k-1} = \mathrm{E}[\tilde{\boldsymbol{x}}_{k/k-1}\tilde{\boldsymbol{x}}_{k/k-1}^{\mathrm{T}}] = \boldsymbol{\Phi}_{k/k-1}\boldsymbol{P}_{k-1}\boldsymbol{\Phi}_{k/k-1}^{\mathrm{T}} + \boldsymbol{\Gamma}_{k-1}\boldsymbol{Q}_{k-1}\boldsymbol{\Gamma}_{k-1}^{\mathrm{T}} \tag{5.60}$$

式中：$\tilde{\boldsymbol{x}}_{k/k-1} = \boldsymbol{X}_k - \hat{\boldsymbol{X}}_{k/k-1}$ 表示先验误差，即计算误差；$\boldsymbol{Q}_{k-1}$ 的离散化如式（5.61）所示；估计均方误差矩阵为$\boldsymbol{P}_k$ 如式（5.62）所示：

$$\boldsymbol{Q}_{k-1} = \sum_{n=2}^{\infty}\{[\boldsymbol{F}(t_{k-1})\boldsymbol{Q}(t_{k-1}) + (\boldsymbol{F}(t_{k-1})\boldsymbol{Q}(t_{k-1}))^{\mathrm{T}}]T\}^n/n! \tag{5.61}$$

$$\boldsymbol{P}_k = (\boldsymbol{I} - \boldsymbol{K}_k\boldsymbol{H}_k)\boldsymbol{P}_{k/k-1}(\boldsymbol{I} - \boldsymbol{K}_k\boldsymbol{H}_k)^{\mathrm{T}} + \boldsymbol{K}_k\boldsymbol{R}_k\boldsymbol{K}_k^{\mathrm{T}} \tag{5.62}$$

$\boldsymbol{P}_k$ 的非对角元素中的相关信息把观测向量和那些不能通过$\boldsymbol{H}_k$ 矩阵与量测相关的状态耦合到了一起，因此矩阵 $\boldsymbol{P}$ 描述了状态估计的不确定度及估计误差之间的相关程度。

3. 重复滤波直至收敛

上述式（5.57）~式（5.62）就是卡尔曼滤波器的基本公式，可以发现，如

果给定初值$\boldsymbol{X}_0$和$\boldsymbol{P}_0$，根据k时刻的量测值$\boldsymbol{Z}_k$，就可以递推求得k时刻的状态估计$\hat{\boldsymbol{X}}_k(k=1, 2, 3, \cdots)$。经过重复式（5.57）~式（5.62）计算$n$次后，可得出$\hat{\boldsymbol{X}}_k$的收敛值，即姿态、速度、位置，陀螺仪漂移和加速度计漂移等误差值。

4. 将估算出的误差值修正到导航解算的值中

通过导航算法计算得到姿态矩阵$\hat{\boldsymbol{R}}_b^g$，速度为$\widetilde{\boldsymbol{V}}^g$，位置为$\widetilde{\boldsymbol{P}}^g$。

（1）姿态修正。

根据真实转换矩阵和计算转换矩阵之间关系$\hat{\boldsymbol{R}}_b^g=(\boldsymbol{I}-\boldsymbol{\Psi}^g)\boldsymbol{R}_b^g$，可求得

$$\boldsymbol{R}_b^g=[\boldsymbol{I}+(\boldsymbol{\phi}^g\times)]\hat{\boldsymbol{R}}_b^g \tag{5.63}$$

由式（3.72）知，$[\boldsymbol{I}+(\boldsymbol{\phi}^g\times)]\approx\boldsymbol{R}_g^{\hat{g}}$，即式（5.63）可写为$\boldsymbol{R}_b^g=\boldsymbol{R}_{\hat{g}}^g\hat{\boldsymbol{R}}_b^g$，由四元数计算为

$$\boldsymbol{q}_b^g=\boldsymbol{Q}_k\cdot\hat{\boldsymbol{q}}_b^g \tag{5.64}$$

式中，$\hat{\boldsymbol{q}}_b^g$为计算得到的姿态四元数，$\boldsymbol{q}_b^g$为校正后的姿态四元数，$\boldsymbol{Q}_k$为姿态误差$\boldsymbol{\phi}^g$对应的四元数。

（2）速度修正：

$$\boldsymbol{V}^g=\widetilde{\boldsymbol{V}}^g-\delta\boldsymbol{V}^g \tag{5.65}$$

（3）位置修正：

$$\boldsymbol{P}^g=\widetilde{\boldsymbol{P}}^g-\delta\boldsymbol{P}^g \tag{5.66}$$

5.4.6　发射系惯导/卫星松耦合组合导航仿真

采用 4.2.2 节的仿真弹道，在 4.3.3 节滚转角测量以及 4.4 节俯仰角和偏航角测量的基础上，对 136 条轨迹进行发射系松耦合组合导航仿真。使用表 3-3 的 IMU 技术指标和表 4-1 的 GNSS 接收机技术指标，形成组合导航仿真参数如表 5-1 所示。

表 5-1　组合导航仿真参数

仿真参数	指标	仿真参数	指标
陀螺仪常值漂移	100°/h	捷联惯导解算周期	10ms
陀螺仪噪声	100°/h	初始滚转角误差	6°
加速度计常值漂移	5m*g*	初始偏航角误差	1°
加速度计测量白噪声	5m*g*	初始俯仰角误差	1°
陀螺刻度因子误差	1000ppm	初始速度误差	1m/s
加表刻度因子误差	1000ppm	初始位置误差	100m
捷联解算/组合导航周期	5ms/100ms	GNSS 定位精度	8m
仿真时间	82s	GNSS 测速精度	0.3m/s

组合导航仿真结果如图 5-5~ 图 5-13 所示，落点误差统计结果如表 5-2 所示。

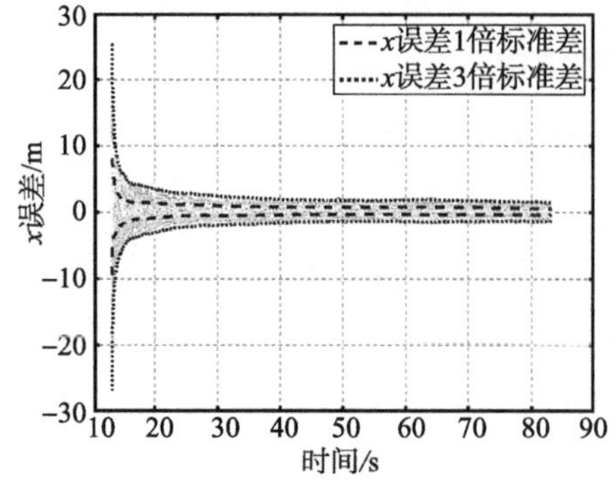

图 5-5　发射系位置 x 方向误差

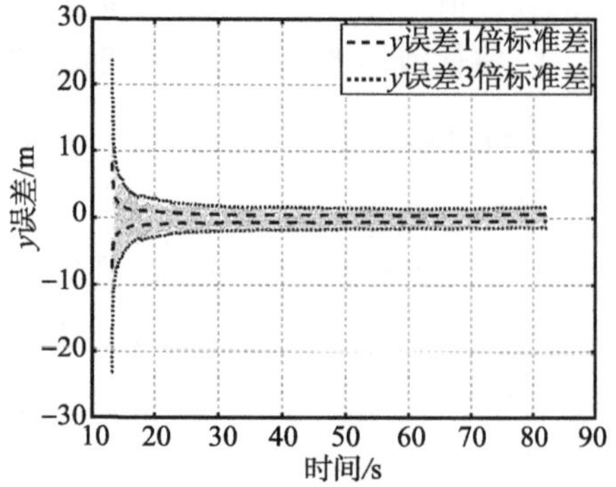

图 5-6　发射系位置 y 方向误差

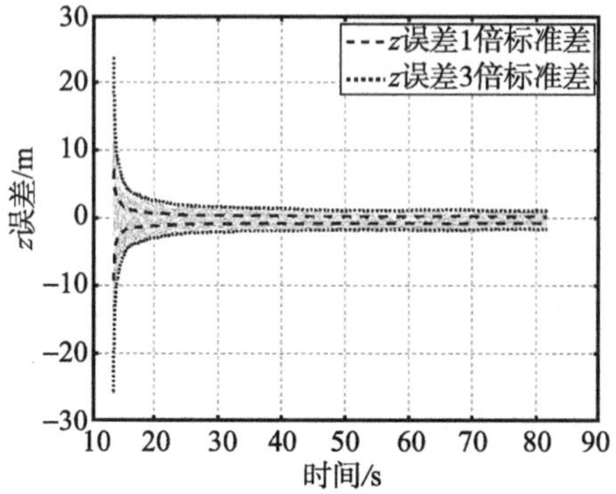

图 5-7　发射系位置 z 方向误差

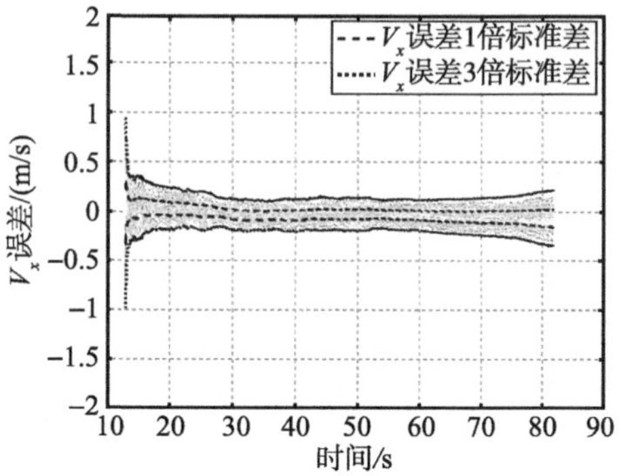

图 5-8　发射系速度 V_x 误差

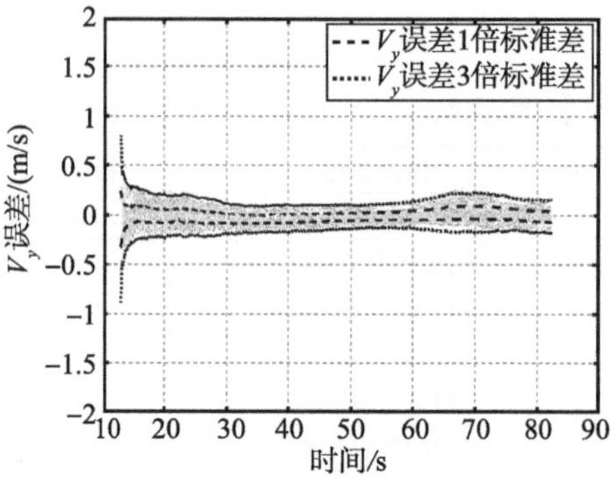

图 5-9　发射系速度 V_y 误差

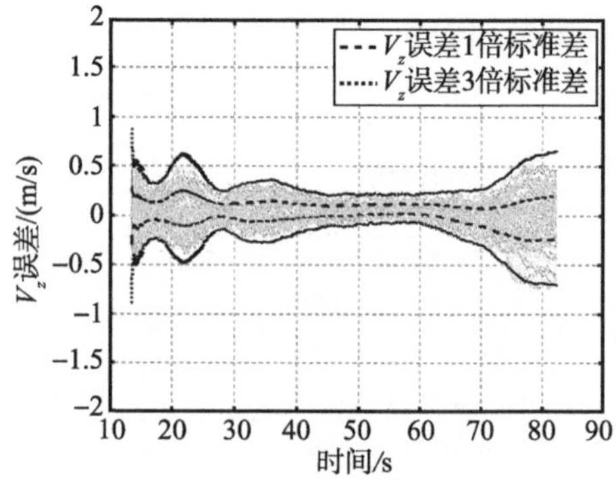

图 5-10　发射系速度 V_z 误差

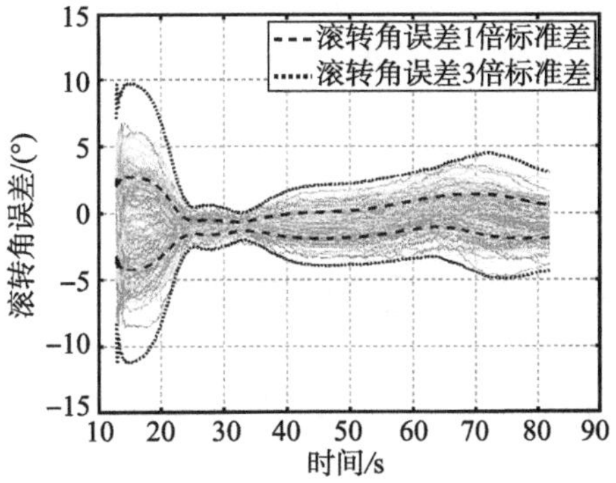

图 5-11　发射系滚转角误差

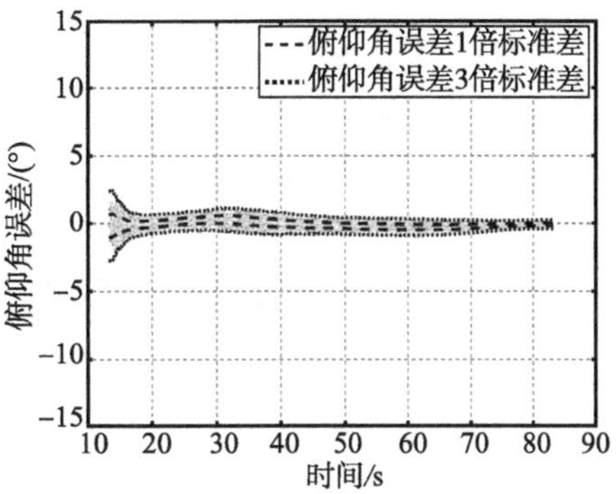

图 5-12　发射系俯仰角误差

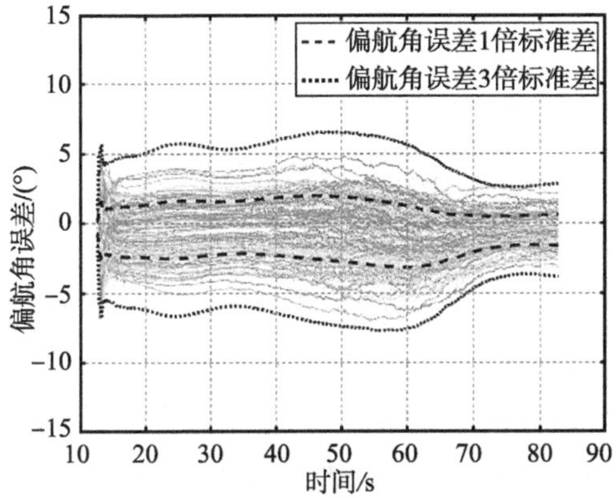

图 5-13　发射系偏航角误差

表 5-2　落点误差统计结果

误差统计	发射系位置误差/m			发射系速度误差/(m/s)			发射系姿态误差/(°)		
	x	y	z	V_x	V_y	V_z	滚转角	俯仰角	偏航角
均值	−0.11	0.22	0.05	−0.07	0.02	−0.06	−0.10	−0.23	0.06
标准差	0.45	0.51	0.47	0.10	0.05	0.23	1.25	1.10	0.10

在上述仿真结果曲线中，SINS/GNSS 松耦合组合导航的姿态误差、速度误差、位置误差是指经过误差校正后的捷联惯导系统输出的载体姿态、速度、位置信息与载体真实姿态、速度、位置（轨迹参数值）之间的差值。根据图 5-5~图 5-13 可以看出，将 SINS 与 GNSS 结合起来进行组合导航以后，各导航参数误差均获得了显著的收敛效果：SINS/GNSS 组合导航系统的发射系位置 x、y、z 方向误差均稳定在 1m 以内；发射系速度 x、y、z 方向误差均稳定

在 0.3m/s 以内；发射系俯仰角、滚转角、偏航角误差均稳定在 1°以内。可见，SINS/GNSS 组合导航系统具有较高的定姿和定位精度，而且导航误差不随时间发散，其通过组合导航技术完全克服了纯 SINS 导航误差随时间积累的缺陷，显著提高了导航精度。

5.5 发射系惯导/卫星紧耦合组合导航算法

发射系惯导/卫星紧耦合组合导航算法由发射系惯导/卫星紧耦合状态方程和量测方程组成，状态方程包括 SINS 误差状态方程和 GNSS 误差状态方程（此处以 GPS 为例，北斗等其他导航系统具有类似的误差状态方程），量测方程中量测量由伪距和伪距率构成，对应分别有伪距量测方程和伪距率量测方程。

5.5.1 发射系惯导/卫星紧耦合组合导航状态方程

发射系 SINS/GPS 紧耦合误差状态方程为式（5.67），由 SINS 误差状态方程和 GPS 误差状态方程组成，如式（5.68）所示。

$$\delta\dot{\boldsymbol{x}} = \boldsymbol{F}\delta\boldsymbol{x} + \boldsymbol{G}\boldsymbol{w} \tag{5.67}$$

$$\begin{bmatrix} \delta\dot{\boldsymbol{x}}_{\text{SINS}} \\ \delta\dot{\boldsymbol{x}}_{\text{GPS}} \end{bmatrix} = \begin{bmatrix} \boldsymbol{F}_{\text{SINS}} & \boldsymbol{0} \\ \boldsymbol{0} & \boldsymbol{F}_{\text{GPS}} \end{bmatrix} \begin{bmatrix} \delta\boldsymbol{x}_{\text{SINS}} \\ \delta\boldsymbol{x}_{\text{GPS}} \end{bmatrix} + \begin{bmatrix} \boldsymbol{G}_{\text{SINS}} & \boldsymbol{0} \\ \boldsymbol{0} & \boldsymbol{G}_{\text{GPS}} \end{bmatrix} \begin{bmatrix} \boldsymbol{w}_{\text{SINS}} \\ \boldsymbol{w}_{\text{GPS}} \end{bmatrix} \tag{5.68}$$

式中：$\delta\boldsymbol{x}$ 为状态向量，包含 SINS 误差状态向量 $\delta\boldsymbol{x}_{\text{SINS}}$ 和 GPS 误差状态向量 $\delta\boldsymbol{x}_{\text{GPS}}$；$\boldsymbol{F}$ 为系统状态转移矩阵；$\boldsymbol{G}$ 为系统噪声驱动矩阵；$\boldsymbol{w}$ 为系统高斯白噪声。

$$\begin{bmatrix} \dot{\boldsymbol{\phi}}^g \\ \delta\dot{\boldsymbol{V}}^g \\ \delta\dot{\boldsymbol{P}}^g \\ \dot{\boldsymbol{\varepsilon}}^b \\ \dot{\boldsymbol{\nabla}}^b \\ \delta\dot{b}_r \\ \delta\dot{d}_r \end{bmatrix} = \begin{bmatrix} -\boldsymbol{\Omega}_{ag}^g & \boldsymbol{0}_{3\times3} & \boldsymbol{0}_{3\times3} & -\boldsymbol{R}_b^g & \boldsymbol{0}_{3\times3} & \\ \boldsymbol{F}^g & -2\boldsymbol{\Omega}_{ag}^g & \boldsymbol{G}_P & \boldsymbol{0}_{3\times3} & \boldsymbol{R}_b^g & \\ \boldsymbol{0}_{3\times3} & \boldsymbol{I}_{3\times3} & \boldsymbol{0}_{3\times3} & \boldsymbol{0}_{3\times3} & \boldsymbol{0}_{3\times3} & \boldsymbol{0}_{15\times2} \\ \boldsymbol{0}_{3\times3} & \boldsymbol{0}_{3\times3} & \boldsymbol{0}_{3\times3} & \boldsymbol{0}_{3\times3} & \boldsymbol{0}_{3\times3} & \\ \boldsymbol{0}_{3\times3} & \boldsymbol{0}_{3\times3} & \boldsymbol{0}_{3\times3} & \boldsymbol{0}_{3\times3} & \boldsymbol{0}_{3\times3} & \\ & & \boldsymbol{0}_{2\times15} & & & \begin{matrix} 0 & 1 \\ 0 & -\dfrac{1}{\tau_{\text{tru}}} \end{matrix} \end{bmatrix}$$

$$\begin{bmatrix} \boldsymbol{\phi}^g \\ \delta \boldsymbol{V}^g \\ \delta \boldsymbol{P}^g \\ \boldsymbol{\varepsilon}^b \\ \boldsymbol{\nabla}^b \\ \delta b_r \\ \delta d_r \end{bmatrix} + \begin{bmatrix} -\boldsymbol{R}_b^g & \boldsymbol{0}_{3\times3} & \boldsymbol{0}_{3\times2} \\ \boldsymbol{0}_{3\times3} & \boldsymbol{R}_b^g & \boldsymbol{0}_{3\times2} \\ \boldsymbol{0}_{3\times3} & \boldsymbol{0}_{3\times3} & \boldsymbol{0}_{3\times2} \\ \boldsymbol{0}_{2\times3} & \boldsymbol{0}_{2\times3} & \boldsymbol{I}_{2\times2} \end{bmatrix} \begin{bmatrix} \boldsymbol{w}_g \\ \boldsymbol{w}_a \\ w_b \\ w_d \end{bmatrix} \tag{5.69}$$

式中：τ_{tru} 为一阶马尔可夫过程相关时间。

发射系 SINS/GPS 紧耦合卡尔曼滤波量测方程为

$$\delta \boldsymbol{z} = \boldsymbol{H}\delta \boldsymbol{x} + \boldsymbol{v} \tag{5.70}$$

由于 SINS/GPS 紧耦合量测量由伪距和伪距率构成，则式（5.70）可以写成

$$\begin{bmatrix} \delta z_\rho \\ \delta z_{\dot{\rho}} \end{bmatrix} = \begin{bmatrix} \boldsymbol{H}_\rho \\ \boldsymbol{H}_{\dot{\rho}} \end{bmatrix} \delta \boldsymbol{x} + \begin{bmatrix} \boldsymbol{v}_\rho \\ \boldsymbol{v}_{\dot{\rho}} \end{bmatrix} \tag{5.71}$$

对于总计 M 颗有效卫星而言，量测向量为

$$\delta z = \begin{bmatrix} \delta z_\rho \\ \delta z_{\dot{\rho}} \end{bmatrix} = \begin{bmatrix} \boldsymbol{\rho}_{\text{SINS}} - \boldsymbol{\rho}_{\text{GPS}} \\ \dot{\boldsymbol{\rho}}_{\text{SINS}} - \dot{\boldsymbol{\rho}}_{\text{GPS}} \end{bmatrix} = \begin{bmatrix} \rho_{\text{SINS}}^1 - \rho_{\text{GPS}}^1 \\ \rho_{\text{SINS}}^2 - \rho_{\text{GPS}}^2 \\ \vdots \\ \rho_{\text{SINS}}^M - \rho_{\text{GPS}}^M \\ \dot{\rho}_{\text{SINS}}^1 - \dot{\rho}_{\text{GPS}}^1 \\ \dot{\rho}_{\text{SINS}}^2 - \dot{\rho}_{\text{GPS}}^2 \\ \vdots \\ \dot{\rho}_{\text{SINS}}^M - \dot{\rho}_{\text{GPS}}^M \end{bmatrix} \tag{5.72}$$

$$= \begin{bmatrix} \boldsymbol{0}_{M\times3} & \boldsymbol{0}_{M\times3} & \boldsymbol{H}_{M\times3} & \boldsymbol{0}_{M\times3} & \boldsymbol{0}_{M\times3} & -\boldsymbol{I}_{M\times1} & \boldsymbol{0}_{M\times1} \\ \boldsymbol{0}_{M\times3} & \boldsymbol{H}_{M\times3} & \boldsymbol{0}_{M\times3} & \boldsymbol{0}_{M\times3} & \boldsymbol{0}_{M\times3} & \boldsymbol{0}_{M\times1} & -\boldsymbol{I}_{M\times1} \end{bmatrix} \delta \boldsymbol{x} + \begin{bmatrix} \tilde{\boldsymbol{\varepsilon}}_\rho^{M\times1} \\ \tilde{\boldsymbol{\varepsilon}}_{\dot{\rho}}^{M\times1} \end{bmatrix}$$

由伪距量测方程和伪距率量测方程可以得到发射系下 SINS/GPS 紧耦合组合导航量测方程：

$$\delta z = \begin{bmatrix} \delta z_\rho \\ \delta z_{\dot{\rho}} \end{bmatrix} = \begin{bmatrix} \boldsymbol{H}_\rho \\ \boldsymbol{H}_{\dot{\rho}} \end{bmatrix} \delta \boldsymbol{x} + \begin{bmatrix} \boldsymbol{v}_\rho \\ \boldsymbol{v}_{\dot{\rho}} \end{bmatrix}$$

$$
=\begin{bmatrix} \mathbf{0}_{M\times3} & \mathbf{0}_{M\times3} & \boldsymbol{H}_{M\times3} & \mathbf{0}_{M\times3} & \mathbf{0}_{M\times3} & -\boldsymbol{I}_{M\times1} & \mathbf{0}_{M\times1} \\ \mathbf{0}_{M\times3} & \boldsymbol{H}_{M\times3} & \mathbf{0}_{M\times3} & \mathbf{0}_{M\times3} & \mathbf{0}_{M\times3} & \mathbf{0}_{M\times1} & -\boldsymbol{I}_{M\times1} \end{bmatrix}\delta\boldsymbol{x}+\begin{bmatrix} \tilde{\boldsymbol{\varepsilon}}_{\rho}^{M\times1} \\ \tilde{\boldsymbol{\varepsilon}}_{\dot{\rho}}^{M\times1} \end{bmatrix} \tag{5.73}
$$

式中，由$\boldsymbol{\rho}_{\mathrm{SINS}}-\boldsymbol{\rho}_{\mathrm{GPS}}$可以推导出伪距量测方程，由$\dot{\boldsymbol{\rho}}_{\mathrm{SINS}}-\dot{\boldsymbol{\rho}}_{\mathrm{GPS}}$可以推导出伪距率量测方程。下面将分别介绍发射系下的伪距量测方程和伪距率量测方程。

5.5.2 发射系惯导/卫星紧耦合伪距量测方程

卫星接收机与第 m 颗卫星的伪距可表示为

$$
\rho_{GPS}^{m}=\sqrt{(x^{e}-x^{m})^{2}+(y^{e}-y^{m})^{2}+(z^{e}-z^{m})^{2}}+\delta b_{r}+\tilde{\varepsilon}_{\rho}^{m} \tag{5.74}
$$

式中：$\delta b_r=c\delta t_r$，为时钟偏差造成的距离误差（m）；$\boldsymbol{P}^{e}=[x^{e},\ y^{e},\ z^{e}]^{\mathrm{T}}$为卫星接收机在地心地固坐标系下的位置；$(x^{m},\ y^{m},\ z^{m})$为第 m 颗卫星在地心地固坐标系的位置，可由卫星星历计算得到。由于式（5.74）是非线性的，需要对其进行一阶小扰动线性化，对式（5.74）泰勒级数展开可得

$$
\begin{aligned}
\rho_{\mathrm{GPS}}^{m}&=f(x,\ y,\ z)=f(x_i,\ y_i,\ z_i)+\left.\frac{\partial f}{\partial x}\right|_{x_i,y_i,z_i}(x-x_i)\\
&+\left.\frac{\partial f}{\partial y}\right|_{x_i,y_i,z_i}(y-y_i)+\left.\frac{\partial f}{\partial z}\right|_{x_i,y_i,z_i}(z-z_i)+(b-b_0)\cdots
\end{aligned} \tag{5.75}
$$

取$(x_i,\ y_i,\ z_i)$为$(x_{\mathrm{SINS}}^{e},\ y_{\mathrm{SINS}}^{e},\ z_{\mathrm{SINS}}^{e})$，$(x_{\mathrm{SINS}}^{e},\ y_{\mathrm{SINS}}^{e},\ z_{\mathrm{SINS}}^{e})$为地心地固坐标系下捷联惯导解算得到的位置，将式（5.74）和$(x_{\mathrm{SINS}}^{e},\ y_{\mathrm{SINS}}^{e},\ z_{\mathrm{SINS}}^{e})$代入式（5.75），可得

$$
\begin{aligned}
\rho_{\mathrm{GPS}}^{m}&=\sqrt{(x_{\mathrm{SINS}}^{e}-x^{m})^{2}+(y_{\mathrm{SINS}}^{e}-y^{m})^{2}+(z_{\mathrm{SINS}}^{e}-z^{m})^{2}}\\
&+\frac{(x_{\mathrm{SINS}}^{e}-x^{m})(x-x_{\mathrm{SINS}}^{e})+(y_{\mathrm{SINS}}^{e}-y^{m})(y-y_{\mathrm{SINS}}^{e})+(z_{\mathrm{SINS}}^{e}-z^{m})(z-z_{\mathrm{SINS}}^{e})}{\sqrt{(x_{\mathrm{SINS}}^{e}-x^{m})^{2}+(y_{\mathrm{SINS}}^{e}-y^{m})^{2}+(z_{\mathrm{SINS}}^{e}-z^{m})^{2}}}\\
&+\delta b_r+\tilde{\varepsilon}_{\rho}^{m}
\end{aligned} \tag{5.76}
$$

式中，由捷联惯导位置计算得到的伪距为

$$
\rho_{\mathrm{SINS}}^{m}=\sqrt{(x_{\mathrm{SINS}}^{e}-x^{m})^{2}+(y_{\mathrm{SINS}}^{e}-y^{m})^{2}+(z_{\mathrm{SINS}}^{e}-z^{m})^{2}} \tag{5.77}
$$

将式（5.76）与式（5.77）求差，可得

$$
\begin{aligned}
&\rho_{\mathrm{SINS}}^{m}-\rho_{GPS}^{m}=\\
&-\frac{(x_{\mathrm{SINS}}^{e}-x^{m})(x-x_{\mathrm{SINS}}^{e})+(y_{\mathrm{SINS}}^{e}-y^{m})(y-y_{\mathrm{SINS}}^{e})+(z_{\mathrm{SINS}}^{e}-z^{m})(z-z_{\mathrm{SINS}}^{e})}{\sqrt{(x_{\mathrm{SINS}}^{e}-x^{m})^{2}+(y_{\mathrm{SINS}}^{e}-y^{m})^{2}+(z_{\mathrm{SINS}}^{e}-z^{m})^{2}}}-\delta b_r+\tilde{\varepsilon}_{\rho}^{m}
\end{aligned} \tag{5.78}
$$

定义从第 m 颗卫星到捷联惯导解算出的飞行器位置的视线单位矢量为

$$\mathbf{1}_{\text{SINS}}^{m}=\begin{bmatrix}1_{x,\text{SINS}}^{m}\\1_{y,\text{SINS}}^{m}\\1_{z,\text{SINS}}^{m}\end{bmatrix}=\begin{bmatrix}\dfrac{x_{\text{SINS}}^{e}-x^{m}}{\sqrt{(x_{\text{SINS}}^{e}-x^{m})^{2}+(y_{\text{SINS}}^{e}-y^{m})^{2}+(z_{\text{SINS}}^{e}-z^{m})^{2}}}\\\dfrac{y_{\text{SINS}}^{e}-y^{m}}{\sqrt{(x_{\text{SINS}}^{e}-x^{m})^{2}+(y_{\text{SINS}}^{e}-y^{m})^{2}+(z_{\text{SINS}}^{e}-z^{m})^{2}}}\\\dfrac{z_{\text{SINS}}^{e}-z^{m}}{\sqrt{(x_{\text{SINS}}^{e}-x^{m})^{2}+(y_{\text{SINS}}^{e}-y^{m})^{2}+(z_{\text{SINS}}^{e}-z^{m})^{2}}}\end{bmatrix}\tag{5.79}$$

将式（5.79）代入式（5.78），得

$$\rho_{\text{SINS}}^{m}-\rho_{GPS}^{m}=1_{x,\text{ SINS}}^{m}\delta x^{e}+1_{y,\text{ SINS}}^{m}\delta y^{e}+1_{z,\text{ SINS}}^{m}\delta z^{e}-\delta b_{r}+\tilde{\varepsilon}_{\rho}^{m}\tag{5.80}$$

式中

$$\begin{bmatrix}\delta x^{e}\\\delta y^{e}\\\delta z^{e}\end{bmatrix}=\begin{bmatrix}x_{\text{SINS}}^{e}-x^{e}\\y_{\text{SINS}}^{e}-y^{e}\\z_{\text{SINS}}^{e}-z^{e}\end{bmatrix}\tag{5.81}$$

将式（5.81）代入式（5.80），并写成矩阵形式，可得第 m 颗卫星的伪距量测差为

$$\delta z_{\rho}^{m}=\rho_{\text{SINS}}^{m}-\rho_{\text{GPS}}^{m}=\begin{bmatrix}1_{x,\text{ SINS}}^{m} & 1_{y,\text{ SINS}}^{m} & 1_{z,\text{ SINS}}^{m}\end{bmatrix}\begin{bmatrix}\delta x^{e}\\\delta y^{e}\\\delta z^{e}\end{bmatrix}-\delta b_{r}+\tilde{\varepsilon}_{\rho}^{m}\tag{5.82}$$

对于总计 M 颗可见卫星而言，式（5.82）可以写成

$$\delta z_{\rho}=\boldsymbol{\rho}_{\text{SINS}}-\boldsymbol{\rho}_{\text{GPS}}=\begin{bmatrix}\rho_{\text{SINS}}^{1}-\rho_{\text{GPS}}^{1}\\\rho_{\text{SINS}}^{2}-\rho_{\text{GPS}}^{2}\\\vdots\\\rho_{\text{SINS}}^{M}-\rho_{\text{GPS}}^{M}\end{bmatrix}$$

$$=\begin{bmatrix}1_{x,\text{ SINS}}^{1} & 1_{y,\text{ SINS}}^{1} & 1_{z,\text{ SINS}}^{1}\\1_{x,\text{ SINS}}^{2} & 1_{y,\text{ SINS}}^{2} & 1_{z,\text{ SINS}}^{2}\\\vdots & \vdots & \vdots\\1_{x,\text{ SINS}}^{M} & 1_{y,\text{ SINS}}^{M} & 1_{z,\text{ SINS}}^{M}\end{bmatrix}\begin{bmatrix}\delta x^{e}\\\delta y^{e}\\\delta z^{e}\end{bmatrix}-\begin{bmatrix}\delta b_{r}^{1}\\\delta b_{r}^{2}\\\vdots\\\delta b_{r}^{M}\end{bmatrix}+\begin{bmatrix}\tilde{\varepsilon}_{\rho}^{1}\\\tilde{\varepsilon}_{\rho}^{2}\\\vdots\\\tilde{\varepsilon}_{\rho}^{M}\end{bmatrix}\tag{5.83}$$

定义

$$G_{M\times 3}=\begin{bmatrix}1^1_{x,\text{SINS}} & 1^1_{y,\text{SINS}} & 1^1_{z,\text{SINS}}\\ 1^2_{x,\text{SINS}} & 1^2_{y,\text{SINS}} & 1^2_{z,\text{SINS}}\\ \vdots & \vdots & \vdots\\ 1^M_{x,\text{SINS}} & 1^M_{y,\text{SINS}} & 1^M_{z,\text{SINS}}\end{bmatrix},\quad \delta \boldsymbol{b}_{r,M\times 1}=\begin{bmatrix}\delta b_r^1\\ \delta b_r^2\\ \vdots\\ \delta b_r^M\end{bmatrix},\quad \tilde{\boldsymbol{\varepsilon}}_{\rho,M\times 1}=\begin{bmatrix}\tilde{\varepsilon}_\rho^1\\ \tilde{\varepsilon}_\rho^2\\ \vdots\\ \tilde{\varepsilon}_\rho^M\end{bmatrix} \tag{5.84}$$

将式（5.84）代入式（5.83），可得地心地固坐标系下的伪距量测方程为

$$\delta z_\rho=\boldsymbol{\rho}_{\text{SINS}}-\boldsymbol{\rho}_{\text{GPS}}=\boldsymbol{G}_{M\times 3}\begin{bmatrix}\delta x^e\\ \delta y^e\\ \delta z^e\end{bmatrix}-\delta \boldsymbol{b}_{r,\ M\times 1}+\tilde{\boldsymbol{\varepsilon}}_{\rho,\ M\times 1} \tag{5.85}$$

式中，位置误差矢量 $\delta \boldsymbol{P}^e=[\delta x^e,\ \delta y^e,\ \delta z^e]^{\mathrm{T}}$ 是在地心地固坐标系下的，而 SINS 误差状态方程中的位置误差矢量 $\delta \boldsymbol{P}^g=[\delta x^g,\ \delta y^g,\ \delta z^g]^{\mathrm{T}}$ 是在发射系下的，需要进行坐标系转换：

$$\delta \boldsymbol{P}^e=\boldsymbol{R}_g^e\delta \boldsymbol{P}^g \tag{5.86}$$

$\boldsymbol{R}_g^e$ 为发射系到地心地固坐标系的转换矩阵。定义

$$\boldsymbol{H}_{M\times 3}=\boldsymbol{G}_{M\times 3}\boldsymbol{R}_g^e \tag{5.87}$$

将式（5.87）代入式（5.85），可得

$$\delta z_\rho=\boldsymbol{\rho}_{\text{SINS}}-\boldsymbol{\rho}_{\text{GPS}}=\boldsymbol{H}_{M\times 3}\begin{bmatrix}\delta x^g\\ \delta y^g\\ \delta z^g\end{bmatrix}-\delta \boldsymbol{b}_r^{M\times 1}+\tilde{\boldsymbol{\varepsilon}}_\rho^{M\times 1} \tag{5.88}$$

综上所述，发射系下 SINS/GPS 紧耦合伪距量测方程为

$$\delta z_\rho=\boldsymbol{H}_\rho\delta \boldsymbol{x}+\boldsymbol{v}_\rho \tag{5.89}$$

式中，

$$\boldsymbol{H}_\rho=[\boldsymbol{0}_{M\times 3}\quad \boldsymbol{0}_{M\times 3}\quad \boldsymbol{H}_{M\times 3}\quad \boldsymbol{0}_{M\times 3}\quad \boldsymbol{0}_{M\times 3}\quad -\boldsymbol{I}_{M\times 1}\quad \boldsymbol{0}_{M\times 1}] \tag{5.90}$$

$$\boldsymbol{v}_\rho=\tilde{\boldsymbol{\varepsilon}}_\rho^{M\times 1}=[\tilde{\varepsilon}_\rho^1\quad \tilde{\varepsilon}_\rho^2\quad \cdots\quad \tilde{\varepsilon}_\rho^M]^{\mathrm{T}} \tag{5.91}$$

5.5.3 发射系惯导/卫星紧耦合伪距率量测方程

由卫星和飞行器运动造成的多普勒频率可以用相对速度在视线方向上的投影乘以发射频率，再除以光速得到：

$$\boldsymbol{D}^m=\frac{[(\boldsymbol{v}^m-\boldsymbol{v})\cdot \boldsymbol{1}^m]L_1}{c} \tag{5.92}$$

式中：$\boldsymbol{v}^m=[v_x^m,\ v_y^m,\ v_z^m]^{\mathrm{T}}$ 为第 m 颗卫星在地心地固坐标系下的速度；$\boldsymbol{v}=$

$[v_x, v_y, v_z]^{\mathrm{T}}$ 为地心地固坐标系下飞行器的真实速度；L_1 为卫星信号发射频率；c 为光速；$\mathbf{1}^m$ 为第 m 颗卫星到飞行器的视线单位矢量，与式（5.79）相似，如式（5.93）所示。

$$\mathbf{1}^m = \frac{[(x^e - x^m), (y^e - y^m), (z^e - z^m)]^{\mathrm{T}}}{\sqrt{(x^e - x^m)^2 + (y^e - y^m)^2 + (z^e - z^m)^2}} = [1_x^m \quad 1_y^m \quad 1_z^m]^{\mathrm{T}} \tag{5.93}$$

当给定多普勒频率时，伪距率为

$$\dot{\rho}^m = -\frac{D^m c}{L_1} \tag{5.94}$$

将式（5.92）和式（5.93）代入式（5.94）可得真正的伪距率为

$$\dot{\rho}_{\mathrm{GPS}}^m = 1_x^m(v_x^e - v_x^m) + 1_y^m(v_y^e - v_y^m) + 1_z^m(v_z^e - v_z^m) \tag{5.95}$$

式中：$[v_x^e, v_y^e, v_z^e]^{\mathrm{T}}$ 为卫星接收机在地心地固坐标系下位置。则伪距率建模为

$$\dot{\rho}_{\mathrm{GPS}}^m = 1_x^m(v_x^e - v_x^m) + 1_y^m(v_y^e - v_y^m) + 1_z^m(v_z^e - v_z^m) + \delta d_r + \tilde{\varepsilon}_{\dot{\rho}}^m \tag{5.96}$$

对式（5.77）的 ρ_{SINS}^m 求导，可得

$$\dot{\rho}_{\mathrm{SINS}}^m = 1_{x,\mathrm{SINS}}^m (v_{x,\mathrm{SINS}}^e - v_x^m) + 1_{y,\mathrm{SINS}}^m (v_{y,\mathrm{SINS}}^e - v_y^m) + 1_{z,\mathrm{SINS}}^m (v_{z,\mathrm{SINS}}^e - v_z^m) \tag{5.97}$$

将式（5.97）和式（5.96）作差，可得

$$\begin{aligned}\dot{\rho}_{\mathrm{SINS}}^m - \dot{\rho}_{\mathrm{GPS}}^m = {} & 1_{x,\mathrm{SINS}}^m(v_{x,\mathrm{SINS}}^e - v_x^m) + 1_{y,\mathrm{SINS}}^m(v_{y,\mathrm{SINS}}^e - v_y^m) + \\ & 1_{z,\mathrm{SINS}}^m(v_{z,\mathrm{SINS}}^e - v_z^m) - 1_x^m(v_x^e - v_x^m) - 1_y^m(v_y^e - v_y^m) \\ & - 1_z^m(v_z^e - v_z^m) - \delta d_r + \tilde{\varepsilon}_{\dot{\rho}}^m\end{aligned} \tag{5.98}$$

取位置为（x_{SINS}^e，y_{SINS}^e，z_{SINS}^e）后，将式（5.93）代入式（5.98），可得

$$\begin{aligned}\dot{\rho}_{\mathrm{SINS}}^m - \dot{\rho}_{\mathrm{GPS}}^m = {} & 1_{x,\mathrm{SINS}}^m(v_{x,\mathrm{SINS}}^e - v_x^e) + 1_{y,\mathrm{SINS}}^m(v_{y,\mathrm{SINS}}^e - v_y^e) + \\ & 1_{z,\mathrm{SINS}}^m(v_{z,\mathrm{SINS}}^e - v_z^e) - \delta d_r + \tilde{\varepsilon}_{\dot{\rho}}^m\end{aligned} \tag{5.99}$$

即

$$\delta z_{\dot{\rho}}^m = \dot{\rho}_{\mathrm{SINS}}^m - \dot{\rho}_{\mathrm{GPS}}^m = 1_{x,\mathrm{SINS}}^m \delta v_x^e + 1_{y,\mathrm{SINS}}^m \delta v_y^e + 1_{z,\mathrm{SINS}}^m \delta v_z^e - \delta d_r + \tilde{\varepsilon}_{\dot{\rho}}^m \tag{5.100}$$

式中，

$$\begin{bmatrix}\delta v_x^e \\ \delta v_y^e \\ \delta v_z^e\end{bmatrix} = \begin{bmatrix} v_{x,\mathrm{SINS}}^e - v_x^e \\ v_{y,\mathrm{SINS}}^e - v_y^e \\ v_{z,\mathrm{SINS}}^e - v_z^e \end{bmatrix} \tag{5.101}$$

将式（5.100）写成矩阵形式：

$$\delta z_{\dot{\rho}}^{m}=\dot{\rho}_{\mathrm{SINS}}^{m}-\dot{\rho}_{\mathrm{GPS}}^{m}=\begin{bmatrix}1_{x,\ \mathrm{SINS}}^{m} & 1_{y,\ \mathrm{SINS}}^{m} & 1_{z,\ \mathrm{SINS}}^{m}\end{bmatrix}\begin{bmatrix}\delta v_{x}^{e}\\ \delta v_{y}^{e}\\ \delta v_{z}^{e}\end{bmatrix}-\delta d_{r}+\tilde{\varepsilon}_{\dot{\rho}}^{m} \tag{5.102}$$

对于总计 M 颗可见卫星而言，式（5.100）可以写成

$$\delta z_{\dot{\rho}}=\begin{bmatrix}\dot{\rho}_{\mathrm{SINS}}^{1}-\dot{\rho}_{\mathrm{GPS}}^{1}\\ \dot{\rho}_{\mathrm{SINS}}^{2}-\dot{\rho}_{\mathrm{GPS}}^{2}\\ \vdots\\ \dot{\rho}_{\mathrm{SINS}}^{M}-\dot{\rho}_{\mathrm{GPS}}^{M}\end{bmatrix}=\begin{bmatrix}1_{x,\mathrm{SINS}}^{1} & 1_{y,\mathrm{SINS}}^{1} & 1_{z,\mathrm{SINS}}^{1}\\ 1_{x,\mathrm{SINS}}^{2} & 1_{y,\mathrm{SINS}}^{2} & 1_{z,\mathrm{SINS}}^{2}\\ \vdots & \vdots & \vdots\\ 1_{x,\mathrm{SINS}}^{M} & 1_{y,\mathrm{SINS}}^{M} & 1_{z,\mathrm{SINS}}^{M}\end{bmatrix}\begin{bmatrix}\delta v_{x}^{e}\\ \delta v_{y}^{e}\\ \delta v_{z}^{e}\end{bmatrix}-\begin{bmatrix}\delta d_{r}^{1}\\ \delta d_{r}^{2}\\ \vdots\\ \delta d_{r}^{M}\end{bmatrix}+\begin{bmatrix}\tilde{\varepsilon}_{\dot{\rho}}^{1}\\ \tilde{\varepsilon}_{\dot{\rho}}^{2}\\ \vdots\\ \tilde{\varepsilon}_{\dot{\rho}}^{M}\end{bmatrix} \tag{5.103}$$

定义

$$\delta \boldsymbol{d}_{r,\ M\times 1}=\begin{bmatrix}\delta d_{r}^{1}\\ \delta d_{r}^{2}\\ \vdots\\ \delta d_{r}^{M}\end{bmatrix},\quad \tilde{\boldsymbol{\varepsilon}}_{\dot{\rho},\ M\times 1}=\begin{bmatrix}\tilde{\varepsilon}_{\dot{\rho}}^{1}\\ \tilde{\varepsilon}_{\dot{\rho}}^{2}\\ \vdots\\ \tilde{\varepsilon}_{\dot{\rho}}^{M}\end{bmatrix} \tag{5.104}$$

将式（5.84）和式（5.104）代入式（5.103），可得地心地固坐标系下的伪距率量测方程为

$$\delta \boldsymbol{z}_{\dot{\rho}}=\dot{\boldsymbol{\rho}}_{\mathrm{SINS}}-\dot{\boldsymbol{\rho}}_{\mathrm{GPS}}=\boldsymbol{G}_{M\times 3}\begin{bmatrix}\delta v_{x}^{e}\\ \delta v_{y}^{e}\\ \delta V_{z}^{e}\end{bmatrix}-\delta \boldsymbol{d}_{r,\ M\times 1}+\tilde{\boldsymbol{\varepsilon}}_{\dot{\rho},\ M\times 1} \tag{5.105}$$

需要将地心地固坐标系下的速度误差 $\delta \boldsymbol{V}^{e}$ 转化为发射系下的速度误差 $\delta \boldsymbol{V}^{g}$，由于

$$\delta \boldsymbol{V}^{e}=\boldsymbol{R}_{g}^{e}\delta \boldsymbol{V}^{g} \tag{5.106}$$

则式（5.105）可以表示为

$$\delta \boldsymbol{z}_{\dot{\rho}}=\boldsymbol{G}_{M\times 3}\boldsymbol{R}_{g}^{e}\begin{bmatrix}\delta v_{x}^{g}\\ \delta v_{y}^{g}\\ \delta v_{z}^{g}\end{bmatrix}-\delta \boldsymbol{d}_{r}^{M\times 1}+\tilde{\boldsymbol{\varepsilon}}_{\dot{\rho}}^{M\times 1} \tag{5.107}$$

定义

$$\boldsymbol{H}_{M\times 3}^{\dot{\rho}}=\boldsymbol{G}_{M\times 3}\boldsymbol{R}_{g}^{e} \tag{5.108}$$

可得伪距率量测方程为

$$\delta z_{\dot{\rho}} = \dot{\boldsymbol{\rho}}_{\text{SINS}} - \dot{\boldsymbol{\rho}}_{\text{GPS}} = \boldsymbol{H}^{\dot{\rho}}_{M\times 3}\begin{bmatrix}\delta v_x^g \\ \delta v_y^g \\ \delta v_z^g\end{bmatrix} - \delta \boldsymbol{d}_{r,\ M\times 1} + \tilde{\boldsymbol{\varepsilon}}_{\dot{\rho},\ M\times 1} \tag{5.109}$$

5.5.4　发射系惯导/卫星组合导航算法仿真分析

为了验证在发射系下 SINS/GPS 组合导航算法的精度和可靠性，以制导炮弹为对象，分别对松耦合、紧耦合以及 3 颗有效卫星情况下的组合导航算法进行仿真验证和结果对比。

采用 4.2.2 节的仿真弹道，组合导航仿真参数如表 5-3 所示，对单条轨迹进行紧耦合组合导航仿真。发射系 SINS/GPS 紧耦合组合导航仿真结果如图 5-14～图 5-17 所示，姿态角误差收敛后稳定在 1°以内；发射系下 x、y、z 轴速度误差收敛后稳定在 0.3m/s 以内；发射系下 x、y、z 轴位置误差收敛后稳定在 1m 以内。

表 5-3　紧耦合组合导航仿真参数

仿真参数	指标	仿真参数	指标
陀螺仪常值漂移	100°/h	初始滚转角误差	6°
陀螺仪噪声	100°/h	初始偏航角误差	1°
加速度计常值漂移	5mg	初始俯仰角误差	1°
加速度计测量白噪声	5mg	初始速度误差	1m/s
陀螺仪刻度因子误差	1000ppm	初始位置误差	100m
加速度计刻度因子误差	1000ppm	接收机时钟误差	3.336×10^{-5}s
捷联解算/组合导航周期	5ms/100ms	接收机时钟漂移	3.495×10^{-9}s/s
仿真时间	82s	伪距测量噪声	1.5m
捷联惯导解算周期	10ms	伪距率测量噪声	0.02m

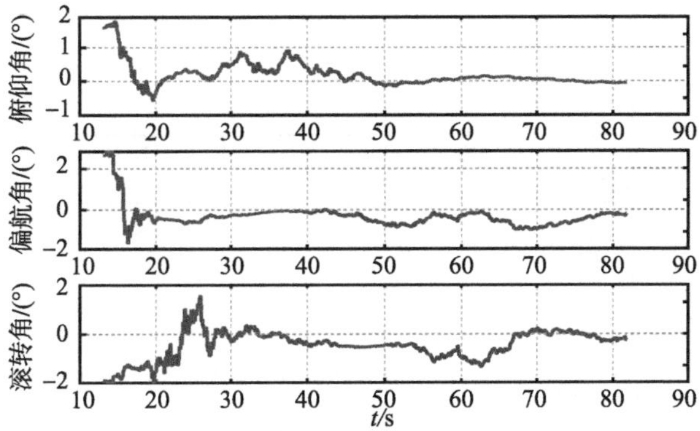

图 5-14　发射系 SINS/GPS 紧耦合姿态误差

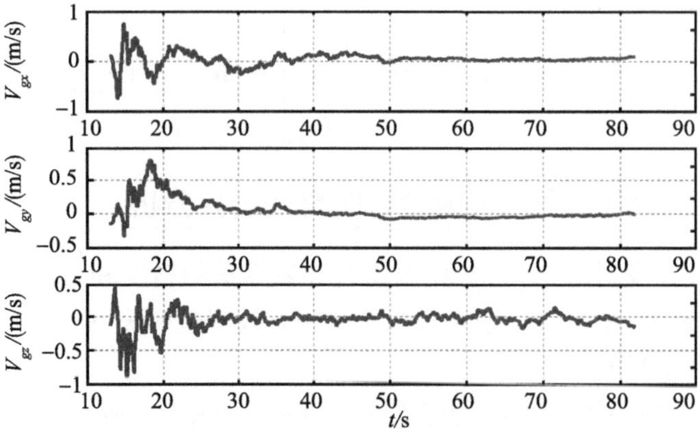

图 5-15　发射系 SINS/GPS 紧耦合速度误差

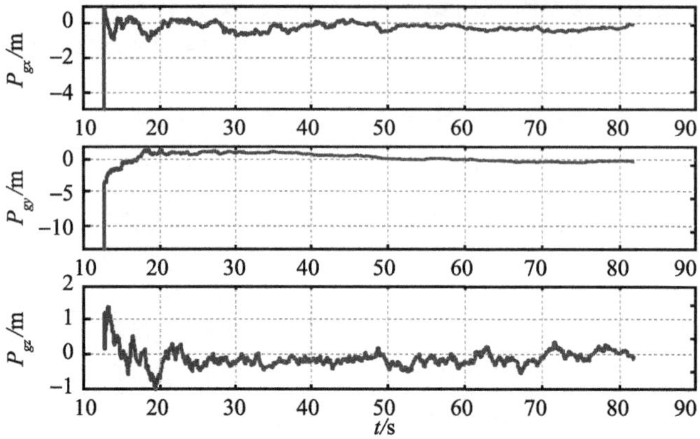

图 5-16　发射系 SINS/GPS 紧耦合位置误差

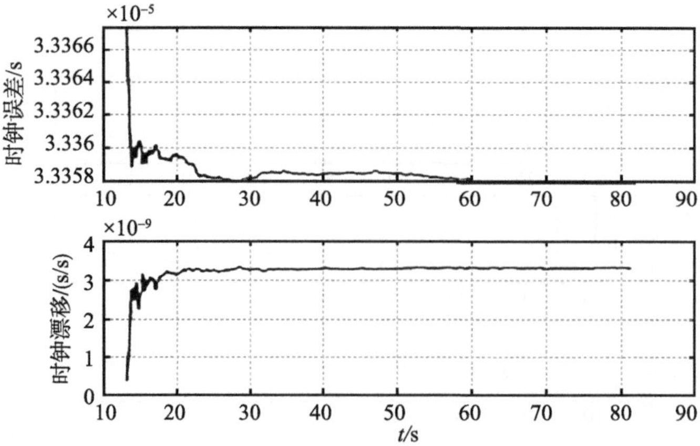

图 5-17　发射系 SINS/GPS 紧耦合时钟漂移差估计

发射系 SINS/GPS 松耦合组合导航与紧耦合组合导航仿真结果对比如图 5-18～图 5-20 所示。根据图 5-18～图 5-20 可以得到：在发射系下 SINS/GPS 紧耦合与松耦合组合导航精度水平相同。

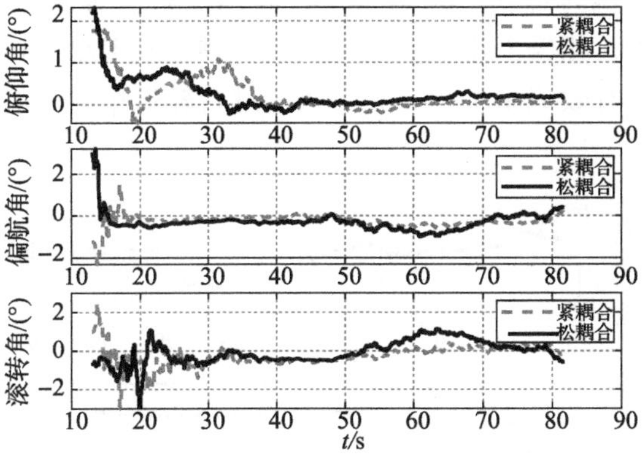

图 5-18　发射系 SINS/GPS 松、紧耦合姿态误差对比

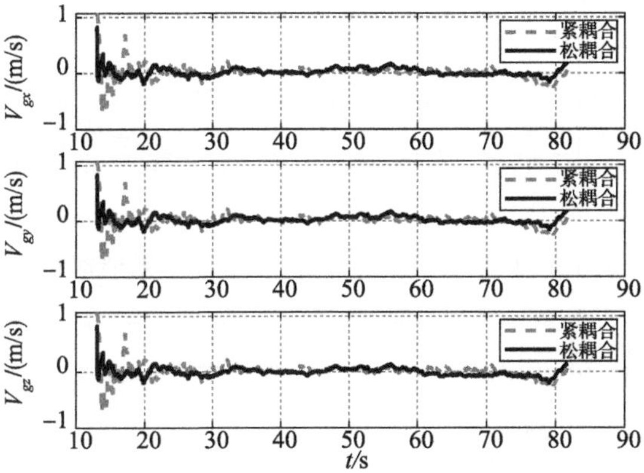

图 5-19　发射系 SINS/GPS 松、紧耦合速度误差对比

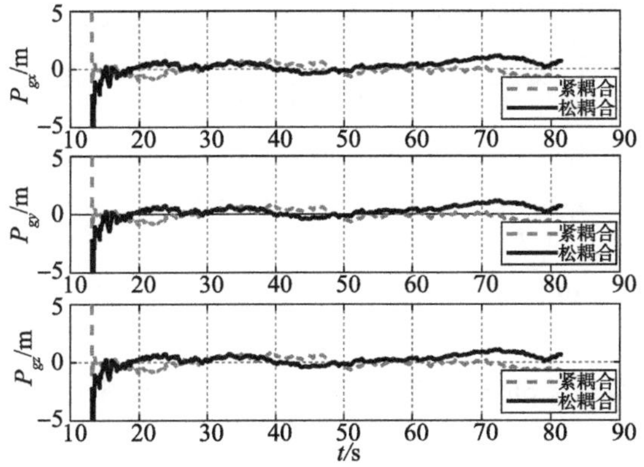

图 5-20　发射系 SINS/GPS 松、紧耦合位置误差对比

发射系 SINS/GPS 正常卫星数与 3 颗有效卫星紧耦合组合导航仿真结果对比如图 5-21～图 5-23 所示。有效卫星数低于 4 颗时，姿态、速度、位置的导航精度均有所降低，其中位置误差明显增大，这是因为有效卫星小于 4 颗时导航算法无法对接收机时钟误差进行估计，所以三轴位置误差曲线均偏离于 0。上述仿真结果表明，相较于松耦合至少需要 4 颗有效卫星才可以进行组合导航的特点，紧耦合在有效卫星小于 4 颗时仍能进行较低精度的组合导航，具有更强的抗干扰性能。

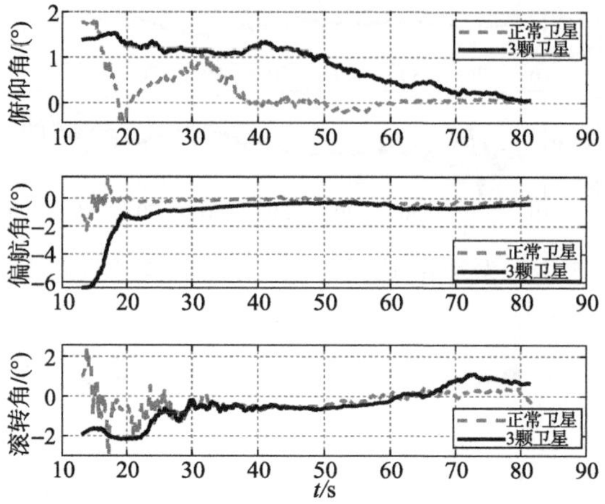

图 5-21　发射系 SINS/GPS 正常卫星与 3 颗卫星紧耦合姿态误差对比

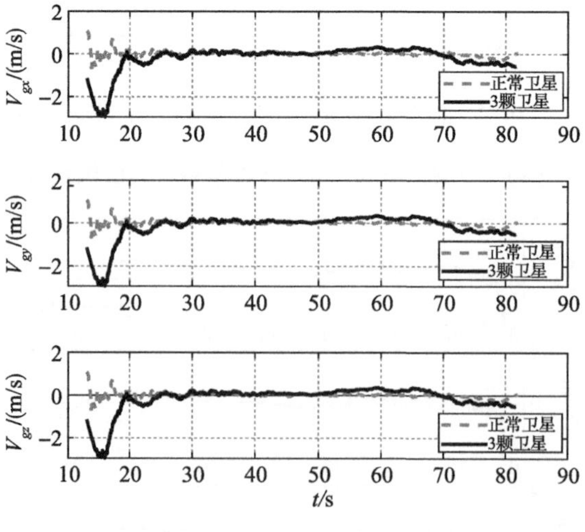

图 5-22　发射系 SINS/GPS 正常卫星与 3 颗卫星紧耦合速度误差对比

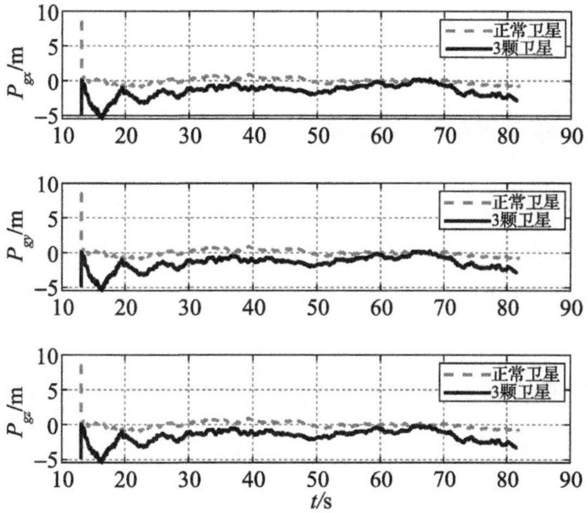

图 5-23　发射系 SINS/GPS 正常卫星与 3 颗卫星紧耦合位置误差对比

5.6　发射系导航信息转换到当地水平坐标系

通常情况下，制导炮弹制导控制系统也需要纬度、经度和高度信息，相对当地水平坐标系（l 系）的速度、相对当地水平坐标系的姿态角等当地水平坐标系下导航信息。

5.6.1　发射系位置信息的转换

根据发射系下的位置 $\boldsymbol{P}^g$，可得到飞行器地固系下的位置 $\boldsymbol{P}^e=[x_e,\ y_e,\ z_e]^{\mathrm{T}}$：

$$\boldsymbol{P}^e=\boldsymbol{R}_g^e\boldsymbol{P}^g+\boldsymbol{P}_0^e \tag{5.110}$$

再由式（2.131）的直接法得到飞行器实际的纬经高（B，λ，h），有

$$\left.\begin{aligned}
&\theta=\arctan2(az_e,\ b\sqrt{x_e^2+y_e^2})\\
&B=\arctan2(z_e+b(e')^2\sin^3\theta,\ \sqrt{x_e^2+y_e^2}-a(e')^2\cos^3\theta)\\
&\lambda=\arctan2(y_e,\ x_e)\\
&h=\frac{\sqrt{x_e^2+y_e^2}}{\cos B}-R_N
\end{aligned}\right\} \tag{5.111}$$

5.6.2　发射系速度信息的转换

根据发射系下的速度向量 $\boldsymbol{V}^g$，可得到当地东北天水平系下的速度向量 $\boldsymbol{v}^l$

$$\boldsymbol{v}^l=\boldsymbol{R}_e^l\boldsymbol{R}_g^e\boldsymbol{V}^g \tag{5.112}$$

式中：$\boldsymbol{R}_g^e$ 和 $\boldsymbol{R}_e^l$ 已经在第 2 章进行描述，分别如式（2.53）和式（2.61）所示。

5.6.3 发射系姿态信息的转换

当地水平系中对应的载体坐标系（b^l 系）采用右前上指向。当地水平系下的姿态矩阵用 $\boldsymbol{R}_{b^l}^l$ 表示，为载体坐标系旋转到当地水平坐标系（l 系）的姿态矩阵，按照姿态矩阵性质，有如下形式：

$$\boldsymbol{R}_{b^l}^l = \boldsymbol{R}_e^l \boldsymbol{R}_g^e \boldsymbol{R}_b^g \boldsymbol{R}_{b^l}^b \tag{5.113}$$

式中：$\boldsymbol{R}_b^g$ 是发射系下的姿态矩阵，如式（2.56）所示；$\boldsymbol{R}_{b^l}^b = \boldsymbol{R}_y(\pi/2)\boldsymbol{R}_x(\pi/2)$，由两次载体系旋转获得，为右前上载体坐标系（$b^l$ 系）到前上右弹体坐标系（b 系）的转换矩阵；$\boldsymbol{R}_g^e$ 为发射系（g 系）到地心地固坐标系（e 系）的转换矩阵，如式（2.53）所示；$\boldsymbol{R}_e^l$ 为地心地固坐标系（e 系）到当地水平坐标系（l 系）的位置矩阵，由经纬度信息计算得到，如式（2.61）所示；$\boldsymbol{R}_{b^l}^l$ 如式（5.114）所示，ψ^l、θ^l、γ^l 分别为当地水平系下的偏航角、俯仰角和滚转角。

$$\boldsymbol{R}_{b^l}^l = \begin{bmatrix} c\gamma^l c\psi^l + s\gamma^l s\theta^l s\psi^l & c\theta^l s\psi^l & s\gamma^l c\psi^l - c\gamma^l s\theta^l s\psi^l \\ -c\gamma^l s\psi^l + s\gamma^l s\theta^l c\psi^l & c\theta^l c\psi^l & -s\gamma^l s\psi^l - c\gamma^l s\theta^l c\psi^l \\ -s\gamma^l c\theta^l & s\theta^l & c\gamma^l c\theta^l \end{bmatrix} \tag{5.114}$$

由式（5.114），利用 $\boldsymbol{R}_{b^l}^l$ 来计算当地水平系下的偏航角、俯仰角和滚转角，公式如下：

$$\left.\begin{aligned} \theta^l &= \arcsin[R_{b^l}^l(3,\ 2)] \\ \gamma^l &= \operatorname{arctan2}[-R_{b^l}^l(3,\ 1),\ R_{b^l}^l(3,\ 3)] \\ \psi^l &= \operatorname{arctan2}[R_{b^l}^l(1,\ 2),\ R_{b^l}^l(2,\ 2)] \end{aligned}\right\} \tag{5.115}$$

第6章 当地水平系制导炮弹惯导/卫星组合导航算法

当飞行器位于或接近地球表面时，通常采用当地水平坐标系作为导航坐标系来表示飞行器的位置和姿态。当地水平坐标系位置、速度和姿态导航参数具有直观和清晰描述的特点；其导航误差在水平和垂直通道是解耦的，易于误差分析。在当地水平坐标系下组合导航解算，再利用当地水平坐标系到发射系的坐标转换方法，得到发射系的导航参数。既可以采用成熟的当地水平坐标系下组合导航软件，又可满足制导炮弹制导控制系统的发射系导航参数需求，是一种值得研究的方案。

当地水平系捷联惯导机械编排、捷联惯导算法、组合导航算法等在很多文献中都有详细介绍，本章直接给出，不进行详细推导。

6.1 当地水平系捷联惯导机械编排

6.1.1 当地水平系捷联惯导微分方程

当地水平系（l 系）捷联惯导机械编排如下所示：

$$\begin{bmatrix} \dot{\boldsymbol{p}}^l \\ \dot{\boldsymbol{v}}^l \\ \dot{\boldsymbol{R}}_b^l \end{bmatrix} = \begin{bmatrix} \boldsymbol{D}^{-1}\boldsymbol{v}^l \\ \boldsymbol{R}_b^l\boldsymbol{f}^b + \boldsymbol{g}^l - (2\boldsymbol{\Omega}_{ie}^l + \boldsymbol{\Omega}_{el}^l)\boldsymbol{v}^l \\ \boldsymbol{R}_b^l(\boldsymbol{\Omega}_{ib}^b - \boldsymbol{\Omega}_{il}^b) \end{bmatrix} \tag{6.1}$$

式中，载体（制导炮弹）位置为 $\boldsymbol{p}^l=[B \quad \lambda \quad h]^{\mathrm{T}}$；载体速度为 $\boldsymbol{v}^l=[v_{\mathrm{E}} \quad v_{\mathrm{N}} \quad v_{\mathrm{U}}]^{\mathrm{T}}$，$v_{\mathrm{E}}$ 为东向速度分量、v_{N} 为北向速度分量、v_{U} 为天向速度分量；R_{M} 为子午圈主曲率半径，R_{N} 为沿卯酉圈曲率半径，详见 2.6 节；与当地水平系对应的载体坐标系（b^l 系）为“右前上”指向，如 5.6.3 节所述。位置微分方程的矩阵形式为式（6.2）。图 6-1 为当地水平坐标系惯导机械编排图解算的方框图。

$$\begin{bmatrix}\dot{B}\\ \dot{\lambda}\\ \dot{h}\end{bmatrix}=\begin{bmatrix}0 & \dfrac{1}{R_{\mathrm{M}}+h} & 0\\ \dfrac{1}{(R_{\mathrm{N}}+h)\cos B} & 0 & 0\\ 0 & 0 & 1\end{bmatrix}\begin{bmatrix}v_{\mathrm{E}}\\ v_{\mathrm{N}}\\ v_{\mathrm{U}}\end{bmatrix} \tag{6.2}$$

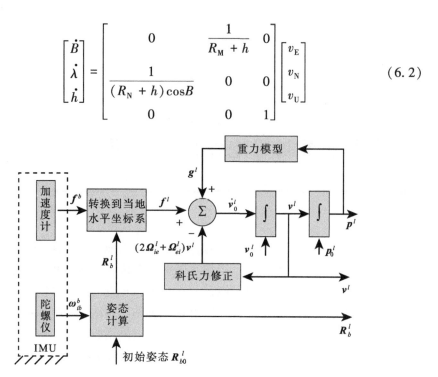

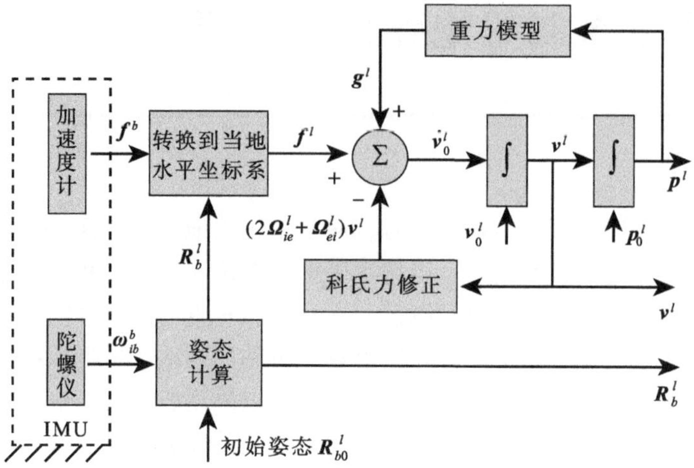

图 6-1　当地水平坐标系惯导机械编排图

6.1.2　当地水平系正常重力模型

远程制导炮弹的飞行高度大于传统航空飞行器的飞行高度，基于当地水平坐标系的重力公式采用简化球形模型，对于远程制导炮弹高空和长距离飞行会带来较大误差。本章采用地固系下的 J_2 重力模型，计算方法如下式所示。

$$\boldsymbol{g}^l=\boldsymbol{R}_e^l\boldsymbol{g}^e \tag{6.3}$$

式中：$\boldsymbol{R}_e^l$ 如式（2.61）所示；式（3.41）给出了 $\boldsymbol{g}^e$ 的计算公式。在此重写重力矢量计算如式（6.4）所示，包含引力部分 $\boldsymbol{G}^e$ 和离心力部分 $\boldsymbol{\omega}_{ie}^e\times\boldsymbol{\omega}_{ie}^e\times\boldsymbol{P}^e$。

$$\boldsymbol{g}^e=\boldsymbol{G}^e-\boldsymbol{\omega}_{ie}^e\times(\boldsymbol{\omega}_{ie}^e\times\boldsymbol{P}^e) \tag{6.4}$$

式中，引力部分由式（3.37）给出，忽略 J_4、J_6 项，得到 J_2 引力为下式：

$$\boldsymbol{G}^e=-\frac{\mu}{r^3}\left[1+J_2\frac{3a^2}{2r^2}\left(1-\frac{5(z^e)^2}{r^2}\right)\right]\begin{bmatrix}x^e\\ y^e\\ z^e\end{bmatrix}-\frac{\mu}{r^3}\left(J_2\frac{3a^2}{r^2}\right)\begin{bmatrix}0\\ 0\\ z^e\end{bmatrix} \tag{6.5}$$

上式写成如下分量形式：

$$\left.\begin{aligned}G_x^e &= -\frac{x^e\mu}{r^3}\left[1+\frac{3J_2a^2}{2r^2}\left(1-\frac{5(z^e)^2}{r^2}\right)\right] = -\frac{x^e\mu}{r^3}\left[1+\frac{3J_2a^2}{2r^2}-\frac{15J_2a^2(z^e)^2}{2r^4}\right]\\ G_y^e &= -\frac{y^e\mu}{r^3}\left[1+\frac{3J_2a^2}{2r^2}\left(1-\frac{5(z^e)^2}{r^2}\right)\right] = -\frac{y^e\mu}{r^3}\left[1+\frac{3J_2a^2}{2r^2}-\frac{15J_2a^2(z^e)^2}{2r^4}\right]\\ G_z^e &= -\frac{z^e\mu}{r^3}\left[1+\frac{3J_2a^2}{2r^2}\left(3-\frac{5(z^e)^2}{r^2}\right)\right] = -\frac{z^e\mu}{r^3}\left[1+\frac{9J_2a^2}{2r^2}-\frac{15J_2a^2(z^e)^2}{2r^4}\right]\end{aligned}\right\} \tag{6.6}$$

离心力写成分量形式：

$$\boldsymbol{\omega}_{ie}^e\times\boldsymbol{\omega}_{ie}^e\times\boldsymbol{P}^e = \omega_e^2\begin{bmatrix}x^e\\y^e\\0\end{bmatrix} \tag{6.7}$$

至此，可得到式（6.4）重力矢量，写成分量形式如下：

$$\left.\begin{aligned}g_x^e &= -\frac{x^e\mu}{r^3}\left[1+\frac{3J_2a^2}{2r^2}-\frac{15J_2a^2(z^e)^2}{2r^4}\right]+x^e\omega_e^2\\ g_y^e &= -\frac{y^e\mu}{r^3}\left[1+\frac{3J_2a^2}{2r^2}-\frac{15J_2a^2(z^e)^2}{2r^4}\right]+y^e\omega_e^2\\ g_z^e &= -\frac{z^e\mu}{r^3}\left[1+\frac{9J_2a^2}{2r^2}-\frac{15J_2a^2(z^e)^2}{2r^4}\right]\end{aligned}\right\} \tag{6.8}$$

式中：μ 为地球引力系数；J_2 为地球的球谐系数；a 为地球赤道半径；地固系下的位置 x^e，y^e，z^e 是根据飞行器（制导炮弹）实际的纬经高（B，λ，h）得到，$r=\sqrt{(x^e)^2+(y^e)^2+(z^e)^2}$，地固系下的位置可由式（2.118）计算得到，重写如下：

$$\left.\begin{aligned}x^e &= (R_N+h)\cos B\cos\lambda\\ y^e &= (R_N+h)\cos B\sin\lambda\\ z^e &= [R_N(1-e^2)+h]\sin B\end{aligned}\right\} \tag{6.9}$$

6.2 当地水平系捷联惯导算法设计

6.2.1 当地水平系姿态更新算法

当地水平系（l 系）的姿态四元数更新递推式为

$$\boldsymbol{q}_{b(k)}^l = \boldsymbol{q}_{b(k-1)}^l\boldsymbol{q}_{b(k)}^{b(k-1)} \tag{6.10}$$

式中，姿态变化前后的时刻分别为 t_{k-1}、t_k，且 $t_k-t_{k-1}=T$。姿态四元数分别为

$\boldsymbol{q}^{l}_{b(k-1)}$、$\boldsymbol{q}^{l}_{b(k)}$，$\boldsymbol{q}^{b(k-1)}_{b(k)}$ 是以 l 系为参考坐标系时，b 系的变换四元数，它的计算和 b 系相对于 l 系的转动角速度 $\boldsymbol{\omega}^{b}_{lb}$（$t$）有关。记 $\boldsymbol{\Phi}_k$ 为 b 系相对于 l 系等效旋转矢量，则

$$\boldsymbol{\Phi}_k = \int_{k-1}^{k} \boldsymbol{\omega}^{b}_{lb}(t)\,\mathrm{d}t = \int_{k-1}^{k} \boldsymbol{\omega}^{b}_{ib}(t)\,\mathrm{d}t - (\boldsymbol{R}^{l}_{b(k-1)})^{\mathrm{T}} \boldsymbol{\omega}^{l}_{il(k-1)} T \tag{6.11}$$

可以看出，更新周期内姿态变化（b 系相对于 l 系变化）的等效旋转矢量 $\boldsymbol{\Phi}_k$ 包含两部分：一部分是载体相对于惯性系（i 系）的旋转，由 3 轴陀螺仪测得；另一部分是 l 系相对于 i 系的旋转，通过计算补偿。记 $\boldsymbol{\Phi}_k$ 为

$$\boldsymbol{\Phi}_k = \boldsymbol{\Phi}_{kf} + \boldsymbol{R}^{b(k-1)}_{l} \boldsymbol{\Phi}_{ky} \tag{6.12}$$

式中，旋转矢量 $\boldsymbol{\Phi}_{ky}$ 是 $\boldsymbol{\omega}^{l}_{il(k-1)}$ 在［t_{k-1}，t_k］内的积分，$\boldsymbol{\omega}^{l}_{il(k-1)}$ 包含两部分：地球自转（e 系相对于 i 系）和 l 系相对于 e 系的转动，由于 $\boldsymbol{\omega}^{l}_{ie}$ 和 $\boldsymbol{\omega}^{l}_{el}$ 变化缓慢，解算周期内可认为是常值，可按下式求解：

$$\boldsymbol{\Phi}_{ky} = (\boldsymbol{\omega}^{l}_{ie} + \boldsymbol{\omega}^{l}_{el})T \tag{6.13}$$

$\boldsymbol{\Phi}_{kf}$ 来自载体相对于惯性系旋转，二子样算法为

$$\boldsymbol{\Phi}_{kf} = \Delta\boldsymbol{\theta}_1 + \Delta\boldsymbol{\theta}_2 + \frac{2}{3}\Delta\boldsymbol{\theta}_1 \times \Delta\boldsymbol{\theta}_2 \tag{6.14}$$

式（6.13）和式（6.14）代入式（6.12）就求出了 $\boldsymbol{\Phi}_k$，其姿态变化四元数 $\boldsymbol{q}^{b(k-1)}_{b(k)}$ 为

$$\boldsymbol{q}^{b(k-1)}_{b(k)} = \cos\frac{\boldsymbol{\Phi}_k}{2} + \frac{\boldsymbol{\Phi}_k}{\boldsymbol{\Phi}_k}\sin\frac{\boldsymbol{\Phi}_k}{2} \tag{6.15}$$

将式（6.15）代入式（6.10），完成当地水平系姿态递推更新。

6.2.2 当地水平系速度更新算法

当采用中低精度惯导时，划桨效应对速度和位置的误差影响较小，可以忽略。出于简化计算，提高计算速度考虑，可不考虑划桨效应，采用单子样算法进行速度更新。速度简化算法推导如下，首先给出式（6.1）中的比力方程：

$$\dot{\boldsymbol{v}}^{l} = \boldsymbol{R}^{l}_{b}\boldsymbol{f}^{b} + \boldsymbol{g}^{l} - (2\boldsymbol{\omega}^{l}_{ie} + \boldsymbol{\omega}^{l}_{el}) \times \boldsymbol{v}^{l} \tag{6.16}$$

设速度的更新周期为 T，对上式积分，得 t_k 时刻运载体在当地水平坐标系下的速度：

$$\begin{aligned}\boldsymbol{v}^{l}_{k} - \boldsymbol{v}^{l}_{k-1} &= \int_{t_{k-1}}^{t_k} \boldsymbol{R}^{l}_{b}(t)\boldsymbol{f}^{b}(t)\,\mathrm{d}t + \int_{t_{k-1}}^{t_k} [\boldsymbol{g}^{l}(t) - (2\boldsymbol{\omega}^{l}_{ie}(t) + \boldsymbol{\omega}^{l}_{el}(t)) \times \boldsymbol{v}^{l}(t)]\,\mathrm{d}t \\ &= \Delta\boldsymbol{v}^{l}_{\mathrm{sf}(k)} + \Delta\boldsymbol{v}^{l}_{\mathrm{cor/g}(k)}\end{aligned} \tag{6.17}$$

由上式可得当地水平系速度更新递推算法：

$$\boldsymbol{v}_k^l = \boldsymbol{v}_{k-1}^l + \Delta\boldsymbol{v}_{\mathrm{sf}(k)}^l + \Delta\boldsymbol{v}_{\mathrm{cor/g}(k)}^l \tag{6.18}$$

式中，有害速度增量计算采用下式：

$$\Delta\boldsymbol{v}_{\mathrm{cor/g}(k)}^l \approx [\boldsymbol{g}_{k-1/2}^l - (2\boldsymbol{\omega}_{ie(k-1/2)}^l + \boldsymbol{\omega}_{el(k-1/2)}^l) \times \boldsymbol{v}_{k-1/2}^l]T \tag{6.19}$$

比力加速度分量可进行旋转效应补偿，如下式所示：

$$\Delta\boldsymbol{v}_{\mathrm{sf}(k)}^l = \boldsymbol{R}_{b(k-1)}^l \Delta\boldsymbol{v}_{\mathrm{sf}(k)}^{b(k-1)} = \boldsymbol{R}_{b(k-1)}^l (\Delta\boldsymbol{v}_k + \Delta\boldsymbol{v}_{\mathrm{rot}(k)}) \tag{6.20}$$

式中，$\Delta\boldsymbol{v}_k$ 为更新周期内加速度计输出的速度增量信息，旋转效应补偿采用下式：

$$\Delta\boldsymbol{v}_{\mathrm{rot}(k)} = \frac{1}{2}\Delta\boldsymbol{\theta}_k \times \Delta\boldsymbol{v}_k \tag{6.21}$$

将式（6.20）和式（6.19）代入式（6.18），完成当地水平系速度递推更新。

6.2.3　当地水平系位置更新算法

位置更新计算中，一般采用速度的平均值$\frac{1}{2}$（$\boldsymbol{v}_{k-1}^l+\boldsymbol{v}_k^l$），如下式所示：

$$\left.\begin{aligned}
B_k &= B_{k-1} + \frac{v_{N(k-1)}^l + v_{N(k)}^l}{2(R_{M(k-1)} + h_{k-1})}T \\
\lambda_k &= \lambda_{k-1} + \frac{v_{E(k-1)}^l + v_{E(k)}^l}{2(R_{N(k-1)} + h_{k-1})}\sec B_{(k-1)}T \\
h_k &= h_{k-1} + \frac{1}{2}(v_{U(k-1)}^l + v_{U(k)}^l)T
\end{aligned}\right\} \tag{6.22}$$

6.3　当地水平系惯导/卫星松耦合组合导航算法

6.3.1　松耦合组合导航状态方程

选取当地水平系惯导/卫星松耦合组合导航状态变量为 $\boldsymbol{X} = [\boldsymbol{\phi}^l \;\; \delta\boldsymbol{v}^l \;\; \delta\boldsymbol{p}^l \;\; \boldsymbol{\varepsilon}^b \;\; \boldsymbol{\nabla}^b]^{\mathrm{T}}$，组合导航状态方程为

$$\dot{\boldsymbol{X}} = \boldsymbol{F}\boldsymbol{X} + \boldsymbol{G}\boldsymbol{W} \tag{6.23}$$

式中：$\boldsymbol{G}$ 表示系统噪声驱动矩阵；$\boldsymbol{W}$ 为系统噪声，$\boldsymbol{W}=[\omega_{gx}, \omega_{gy}, \omega_{gz}, \omega_{ax}, \omega_{ay}, \omega_{az}]^{\mathrm{T}}$，其中 ω_{gx}，ω_{gy}，ω_{gz} 为陀螺仪白噪声，ω_{ax}，ω_{ay}，ω_{az} 为加速度计白噪声。式（6.23）的展开状态方程如下：

$$\begin{bmatrix}\dot{\boldsymbol{\phi}}^l\\ \delta\dot{\boldsymbol{v}}^l\\ \delta\dot{\boldsymbol{p}}^l\\ \dot{\boldsymbol{\varepsilon}}^b\\ \dot{\boldsymbol{\nabla}}^b\end{bmatrix}=\begin{bmatrix}\boldsymbol{F}_{\phi\phi} & \boldsymbol{F}_{\phi v} & \boldsymbol{F}_{\phi r} & -\boldsymbol{R}_b^l & \boldsymbol{0}_{3\times3}\\ \boldsymbol{F}_{v\phi} & \boldsymbol{F}_{vv} & \boldsymbol{F}_{vr} & \boldsymbol{0}_{3\times3} & \boldsymbol{R}_b^l\\ \boldsymbol{0}_{3\times3} & \boldsymbol{F}_{rv} & \boldsymbol{F}_{rr} & \boldsymbol{0}_{3\times3} & \boldsymbol{0}_{3\times3}\\ \boldsymbol{0}_{3\times3} & \boldsymbol{0}_{3\times3} & \boldsymbol{0}_{3\times3} & \boldsymbol{0}_{3\times3} & \boldsymbol{0}_{3\times3}\\ \boldsymbol{0}_{3\times3} & \boldsymbol{0}_{3\times3} & \boldsymbol{0}_{3\times3} & \boldsymbol{0}_{3\times3} & \boldsymbol{0}_{3\times3}\end{bmatrix}\begin{bmatrix}\boldsymbol{\phi}^l\\ \delta\boldsymbol{v}^l\\ \delta\boldsymbol{p}^l\\ \boldsymbol{\varepsilon}^b\\ \boldsymbol{\nabla}^b\end{bmatrix}+\begin{bmatrix}-\boldsymbol{R}_b^l & \boldsymbol{0}_{3\times3}\\ \boldsymbol{0}_{3\times3} & \boldsymbol{R}_b^l\\ \boldsymbol{0}_{9\times3} & \boldsymbol{0}_{9\times3}\end{bmatrix}\begin{bmatrix}\boldsymbol{w}_g\\ \boldsymbol{w}_a\end{bmatrix} \tag{6.24}$$

式中，$\boldsymbol{R}_b^l$ 为载体坐标系到当地水平系的姿态矩阵，其余姿态误差各项为

$$\boldsymbol{F}_{\phi\phi}=-\boldsymbol{\Omega}_{il}^l \tag{6.25}$$

$$\boldsymbol{F}_{\phi v}=\begin{bmatrix}0 & -\dfrac{1}{R_{\mathrm{M}}+h} & 0\\ \dfrac{1}{R_{\mathrm{N}}+h} & 0 & 0\\ \dfrac{\tan B}{R_{\mathrm{N}}+h} & 0 & 0\end{bmatrix} \tag{6.26}$$

$$\boldsymbol{F}_{\phi r}=\begin{bmatrix}0 & 0 & \dfrac{v_{\mathrm{N}}}{(R_{\mathrm{M}}+h)^2}\\ -\omega_e\sin B & 0 & -\dfrac{v_{\mathrm{E}}}{(R_{\mathrm{N}}+h)^2}\\ \omega_e\cos B+\dfrac{v_{\mathrm{E}}\sec^2 B}{R_{\mathrm{N}}+h} & 0 & -\dfrac{v_{\mathrm{E}}\tan B}{(R_{\mathrm{N}}+h)^2}\end{bmatrix} \tag{6.27}$$

速度误差各项为

$$\boldsymbol{F}_{v\phi}=\begin{bmatrix}0 & -f_{\mathrm{U}} & f_{\mathrm{N}}\\ f_{\mathrm{U}} & 0 & -f_{\mathrm{E}}\\ -f_{\mathrm{N}} & f_{\mathrm{E}} & 0\end{bmatrix} \tag{6.28}$$

$$\boldsymbol{F}_{vv}=-(2\boldsymbol{\Omega}_{ie}^l+\boldsymbol{\Omega}_{el}^l)+\begin{bmatrix}0 & -v_{\mathrm{U}} & v_{\mathrm{N}}\\ v_{\mathrm{U}} & 0 & -v_{\mathrm{E}}\\ -v_{\mathrm{N}} & v_{\mathrm{E}} & 0\end{bmatrix}\begin{bmatrix}0 & -\dfrac{1}{R_{\mathrm{M}}+h} & 0\\ \dfrac{1}{R_{\mathrm{N}}+h} & 0 & 0\\ \dfrac{\tan B}{R_{\mathrm{N}}+h} & 0 & 0\end{bmatrix} \tag{6.29}$$

$$
\boldsymbol{F}_{vr}=\begin{bmatrix}0 & -v_{\mathrm{U}} & v_{\mathrm{N}}\\ v_{\mathrm{U}} & 0 & -v_{\mathrm{E}}\\ -v_{\mathrm{N}} & v_{\mathrm{E}} & 0\end{bmatrix}\begin{bmatrix}0 & 0 & \dfrac{v_{\mathrm{N}}}{(R_{\mathrm{M}}+h)^2}\\ -2\omega_e\sin B & 0 & -\dfrac{v_{\mathrm{E}}}{(R_{\mathrm{N}}+h)^2}\\ 2\omega_e\cos B+\dfrac{v_{\mathrm{E}}\sec^2 B}{R_{\mathrm{N}}+h} & 0 & -\dfrac{v_{\mathrm{E}}\tan B}{(R_{\mathrm{N}}+h)^2}\end{bmatrix} \tag{6.30}
$$

位置误差各项为

$$
\boldsymbol{F}_{rv}=\begin{bmatrix}0 & \dfrac{1}{R_{\mathrm{M}}+h} & 0\\ \dfrac{1}{(R_{\mathrm{N}}+h)\cos B} & 0 & 0\\ 0 & 0 & 1\end{bmatrix} \tag{6.31}
$$

$$
\boldsymbol{F}_{rr}=\begin{bmatrix}0 & 0 & \dfrac{-v_{\mathrm{N}}}{(R_{\mathrm{M}}+h)^2}\\ \dfrac{\tan B v_{\mathrm{E}}}{(R_{\mathrm{N}}+h)\cos B} & 0 & \dfrac{-v_{\mathrm{E}}}{(R_{\mathrm{N}}+h)^2\cos B}\\ 0 & 0 & 0\end{bmatrix} \tag{6.32}
$$

6.3.2　松耦合组合导航量测方程

SINS/GNSS 松耦合组合导航系统的量测值包含两种：速度量测差值和位置量测差值。速度量测差值是由 SINS 给出的速度信息与 GNSS 接收机输出的速度信息求差，作为一种量测信息；位置量测差值是由 SINS 给出的位置信息（纬度、经度和高度信息）与 GNSS 接收机输出的位置信息求差，作为另一种量测信息。故取量测值 $\boldsymbol{Z}$ 如下：

$$
\boldsymbol{Z}=\begin{bmatrix}\boldsymbol{v}_I^l-\boldsymbol{v}_S^l\\ \boldsymbol{p}_I^l-\boldsymbol{p}_S^l\end{bmatrix} \tag{6.33}
$$

式中：$\boldsymbol{v}_I^l=[v_{EI}\quad v_{NI}\quad v_{UI}]^{\mathrm{T}}$ 为 SINS 输出的载体东北天速度；$\boldsymbol{v}_S^l=[v_{ES}\quad v_{NS}\quad v_{US}]^{\mathrm{T}}$ 为 GNSS 输出的东北天速度；$\boldsymbol{p}_I^l=[B_I\quad \lambda_I\quad h_I]^{\mathrm{T}}$ 为 SINS 输出的载体位置（纬度、经度和高度）；$\boldsymbol{p}_S^l=[B_S\quad \lambda_S\quad h_S]^{\mathrm{T}}$ 为 GNSS 接收机输出的载体位置。由于 SINS 和 GNSS 接收机输出的位置速度信息中分别存在误差，所以根据式（6.33）可将量测值 $\boldsymbol{Z}$ 写为

$$\boldsymbol{Z}=\begin{bmatrix}(\boldsymbol{v}^l+\delta\boldsymbol{v}_I^l)-(\boldsymbol{v}^l+\delta\boldsymbol{v}_S^l)\\(\boldsymbol{p}^l+\delta\boldsymbol{p}_I^l)-(\boldsymbol{p}^l+\delta\boldsymbol{p}_S^l)\end{bmatrix}=\begin{bmatrix}\delta\boldsymbol{v}_I^l\\\delta\boldsymbol{p}_I^l\end{bmatrix}-\begin{bmatrix}\delta\boldsymbol{v}_S^l\\\delta\boldsymbol{p}_S^l\end{bmatrix}\tag{6.34}$$

式中：$\delta\boldsymbol{v}_I^l=[\delta\boldsymbol{v}_{EI}\quad\delta\boldsymbol{v}_{NI}\quad\delta\boldsymbol{v}_{UI}]^{\mathrm{T}}$ 为 SINS 的东北天速度误差；$\delta\boldsymbol{p}_I^l=[\delta B_I\quad\delta\lambda_I\quad\delta h_I]^{\mathrm{T}}$ 为 SINS 的纬度、经度和高度误差；而 $\delta\boldsymbol{v}_S^l=[\delta v_{ES}\quad\delta v_{NS}\quad\delta v_{US}]^{\mathrm{T}}$ 为 GNSS 接收机的东北天速度误差；$\delta\boldsymbol{p}_S^l=[\delta B_S\quad\delta\lambda_S\quad\delta h_S]^{\mathrm{T}}$ 则为 GNSS 接收机的纬度、经度和高度误差。

于是，结合选取的 SINS/GNSS 组合导航状态向量 $\boldsymbol{X}$，可列写出 SINS/GNSS 组合导航的量测方程为

$$\boldsymbol{Z}=\boldsymbol{H}\boldsymbol{X}+\boldsymbol{V}\tag{6.35}$$

式中：$\boldsymbol{V}$ 为系统量测白噪声，$\boldsymbol{H}$ 为量测矩阵，有

$$\boldsymbol{H}=\begin{bmatrix}\boldsymbol{0}_{3\times3}&\boldsymbol{I}_{3\times3}&\boldsymbol{0}_{3\times3}&\boldsymbol{0}_{3\times3}&\boldsymbol{0}_{3\times3}\\\boldsymbol{0}_{3\times3}&\boldsymbol{0}_{3\times3}&\boldsymbol{I}_{3\times3}&\boldsymbol{0}_{3\times3}&\boldsymbol{0}_{3\times3}\end{bmatrix}\tag{6.36}$$

6.4 当地水平系参数转换到发射系参数

制导炮弹在制导控制中，需要发射系（g 系）的导航信息，本节介绍一种当地水平坐标系（l 系）导航参数转换到发射系的方法。

6.4.1 位置信息的转换

参考 5.6.1 节，根据制导炮弹当前的纬经高（B，λ，h），如式（2.118）所示，可得地心地固系下的位置 $\boldsymbol{P}^e$，根据 $\boldsymbol{P}^e$ 可得到制导炮弹在发射系下的位置 $\boldsymbol{P}^g$ 为

$$\boldsymbol{P}^g=\boldsymbol{R}_e^g(\boldsymbol{P}^e-\boldsymbol{P}_0^e)\tag{6.37}$$

式中：$\boldsymbol{P}_0^e$ 为地心地固系下制导炮弹发射点初值，如式（3.19）所示；$\boldsymbol{R}_e^g$ 如式（2.52）所示。

6.4.2 速度信息的扩展

参考 5.6.2 节，根据当地东北天水平系下的速度矢量 $\boldsymbol{v}^l$，可得到发射系下的速度矢量 $\boldsymbol{V}^g$ 为

$$\boldsymbol{V}^g=\boldsymbol{R}_e^g\boldsymbol{R}_l^e\boldsymbol{v}^l\tag{6.38}$$

式中：$\boldsymbol{R}_e^g$ 和 $\boldsymbol{R}_l^e$ 前面已经描述。

6.4.3　姿态信息的扩展

参考 5.6.3 节，按照姿态矩阵性质，到发射系下的姿态矩阵 $\boldsymbol{R}_g^b$ 可写为

$$\boldsymbol{R}_g^b=\boldsymbol{R}_{b^l}^b\boldsymbol{R}_l^{b^l}\boldsymbol{R}_e^l\boldsymbol{R}_g^e \tag{6.39}$$

式中，$\boldsymbol{R}_g^e$ 和 $\boldsymbol{R}_e^l$ 前面已经介绍；$\boldsymbol{R}_l^{b^l}$ 为 l 系旋转到 b^l 系的旋转矩阵，$\boldsymbol{R}_l^{b^l}=(\boldsymbol{R}_{b^l}^l)^{\mathrm{T}}$，$\boldsymbol{R}_{b^l}^l$ 如式（5.114）所示；$\boldsymbol{R}_{b^l}^b$ 为 b^l 系和 b 系两种弹体坐标系之间的旋转矩阵，$\boldsymbol{R}_{b^l}^b=\boldsymbol{R}_x(90°)\ \boldsymbol{R}_z(90°)$。由 $\boldsymbol{R}_b^g=(\boldsymbol{R}_g^b)^{\mathrm{T}}$，可按照式（2.57）计算发射系下姿态角。

6.4.4　攻角侧滑角的扩展

发射系的速度矢量 $\boldsymbol{V}^g=[V_x,\ V_y,\ V_z]^{\mathrm{T}}$，由制导炮弹发射系的速度可得载体系速度 $\boldsymbol{V}_{bxyz}=\boldsymbol{R}_g^b\boldsymbol{V}^g$，则惯性攻角 α、惯性侧滑角 β 为

$$\left.\begin{aligned}\alpha&=\mathrm{arctan2}(V_{by},\ V_{bx})\\ \beta&=\mathrm{arctan2}(-V_{bz},\ V_{bx})\end{aligned}\right\} \tag{6.40}$$

6.5　当地水平系惯导/卫星松耦合组合导航仿真

采用 4.2.2 节的仿真弹道，对所有轨迹进行松耦合组合导航仿真，组合导航仿真参数如表 5-1 所示，组合导航仿真结果如图 6-2～图 6-10 所示，落点误差统计结果如表 6-1 所示。

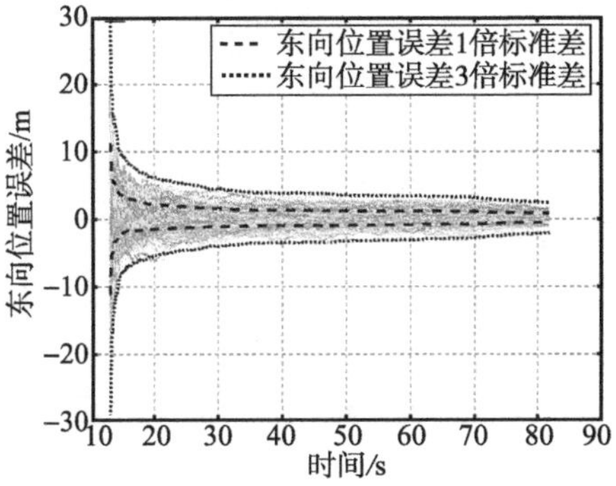

图 6-2　东向位置误差

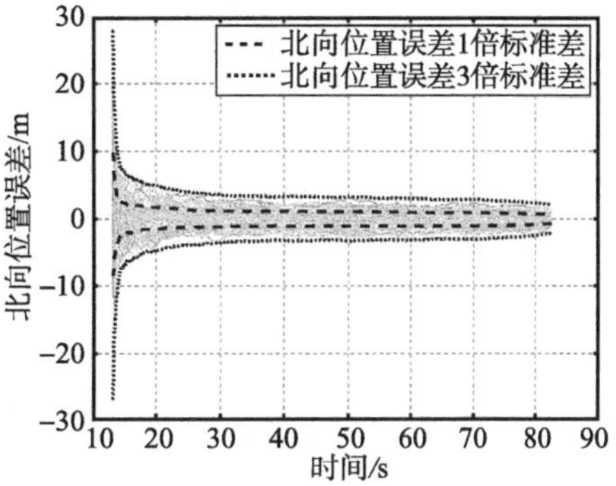

图 6-3　北向位置误差

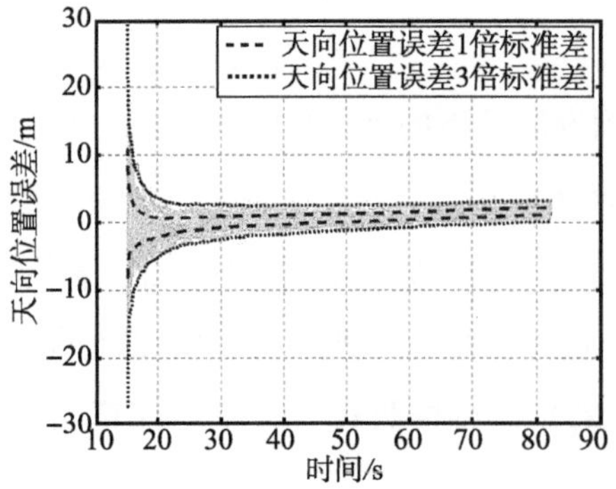

图 6-4　天向位置误差

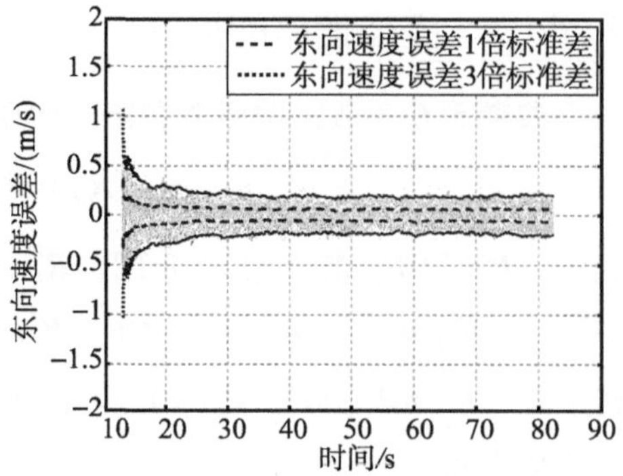

图 6-5　东向速度 v_E 误差

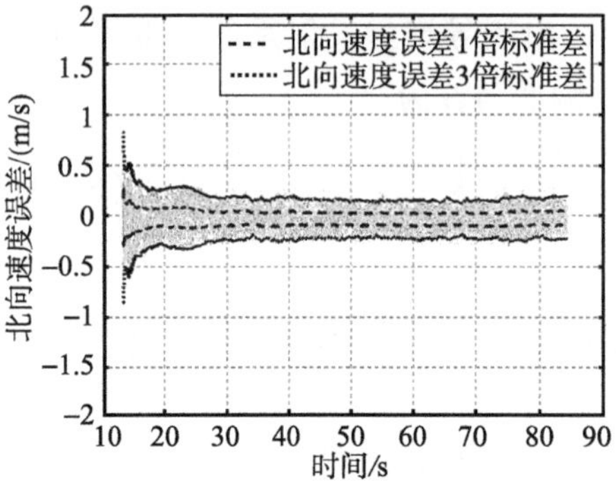

图 6-6　北向速度 v_N 误差

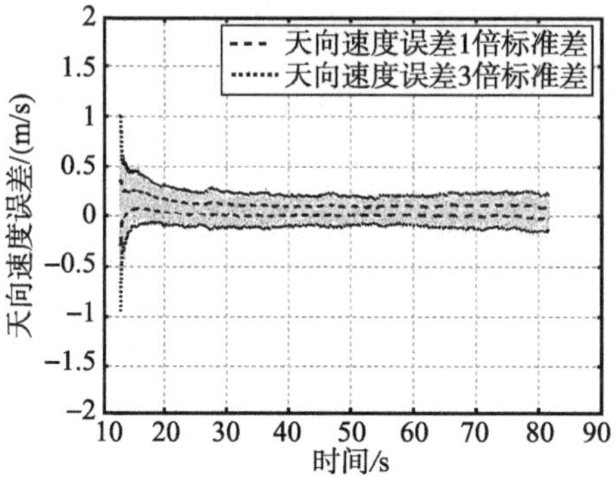

图 6-7　天向速度 v_U 误差

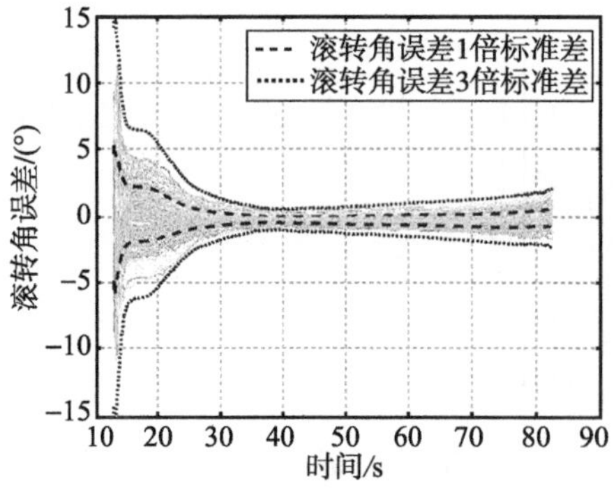

图 6-8　当地水平系滚转角误差

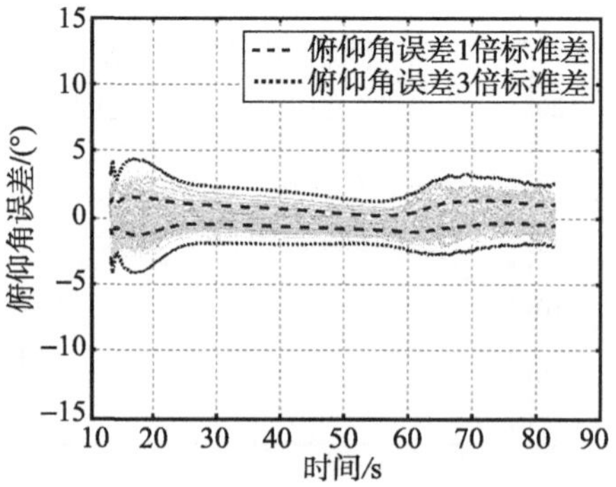

图 6-9　当地水平系俯仰角误差

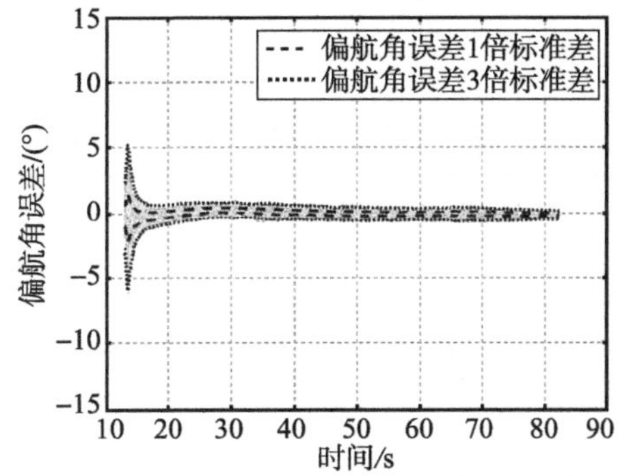

图 6-10　当地水平系航向角误差

表 6-1　落点误差统计结果

误差统计	当地水平系位置误差/m			当地水平系速度误差/(m/s)			当地水平系姿态误差/(°)		
	东向	北向	天向	东向	北向	天向	滚转角	俯仰角	航向角
均值	0.00	0.06	1.53	0.00	0.02	0.01	−0.03	0.06	0.12
标准差	0.71	0.79	0.52	0.07	0.07	0.06	0.74	0.10	0.77

根据图 6-2～图 6-10 可以看出，SINS/GNSS 组合导航系统的东向、北向、天向位置误差均稳定在 1m 以内，东向、北向、天向速度误差均稳定在 0.1m/s 以内，俯仰角、滚转角、偏航角误差均稳定在 1°以内，导航参数误差均获得了显著的收敛效果。

根据图 6-11 可以看出，SINS/GNSS 组合导航卡尔曼滤波对陀螺常值误差进行了一定的估计：对陀螺常值漂移的估计效果较好，其估计结果与陀螺常值漂移的真实值（100°/h）非常接近。根据图 6-12 可以看出，SINS/GNSS 组合导航系统对 3 轴加速度计常值误差的估计效果较好，其估计结果与加速度计常值误差的真实值（5m*g*）比较接近。

按照 6.4 节的公式，可将当地水平系下的导航参数转换到发射系下，图 6-13～图 6-15 给出了转换到发射系的位置 x、y、z 方向误差图，图 6-16～图 6-18 给出了转换到发射系的速度 x、y、z 方向误差图，图 6-19～图 6-21 给出了转换到发射系的俯仰角、滚转角、偏航角误差图。

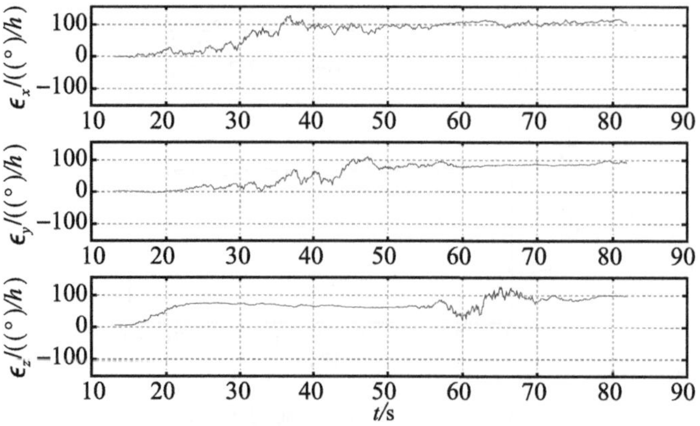

图 6-11 组合导航对陀螺常值漂移估计结果

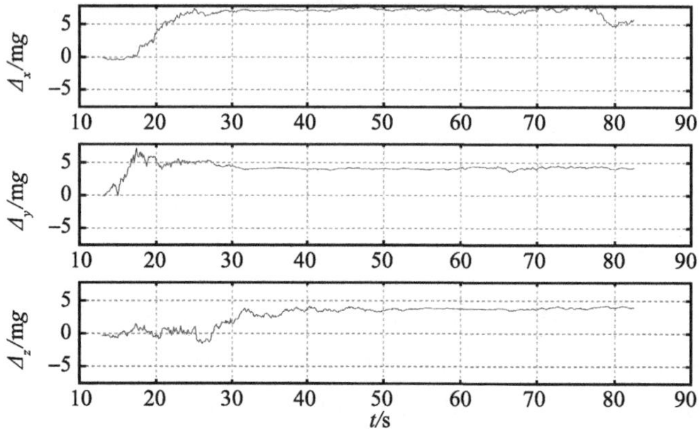

图 6-12 组合导航对加速度计常值误差估计结果

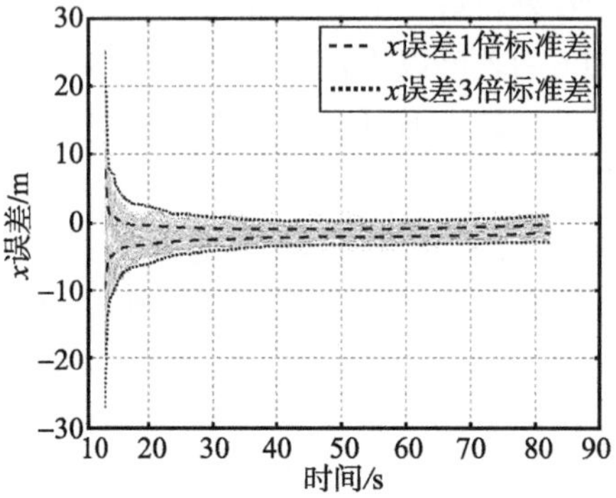

图 6-13 发射系位置 x 方向误差

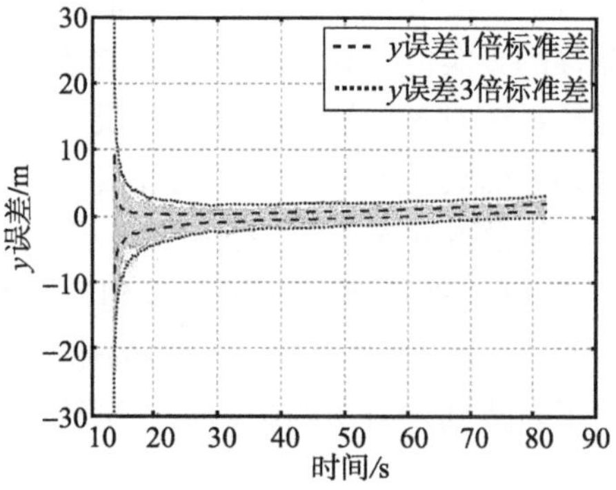

图 6-14 发射系位置 y 方向误差

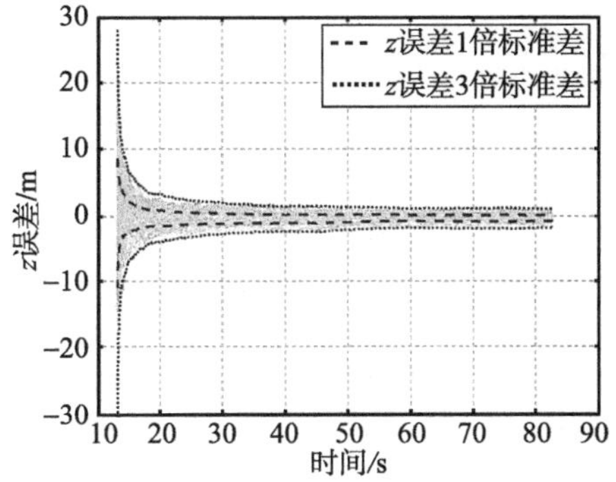

图 6-15　发射系位置 z 方向误差

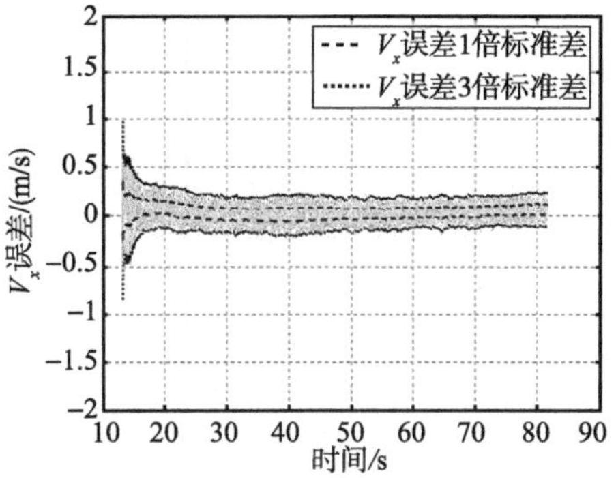

图 6-16　发射系速度 V_x 误差

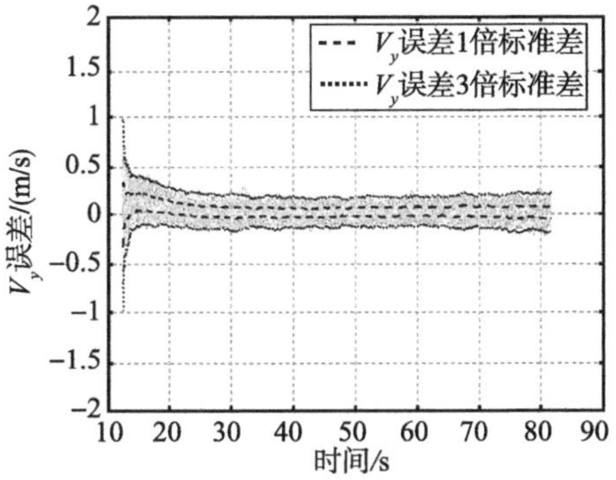

图 6-17　发射系速度 V_y 误差

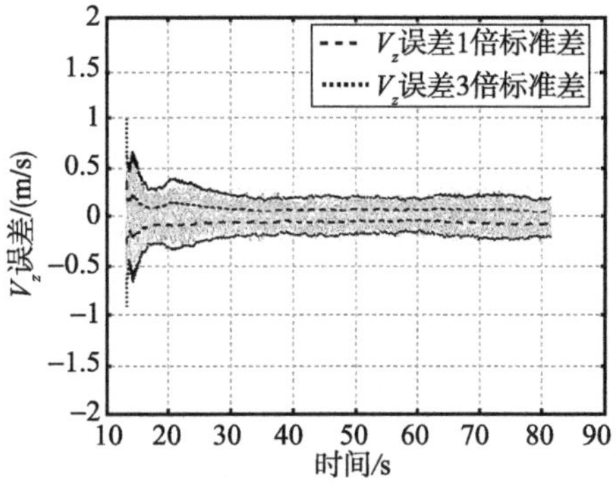

图 6-18　发射系速度 V_z 误差

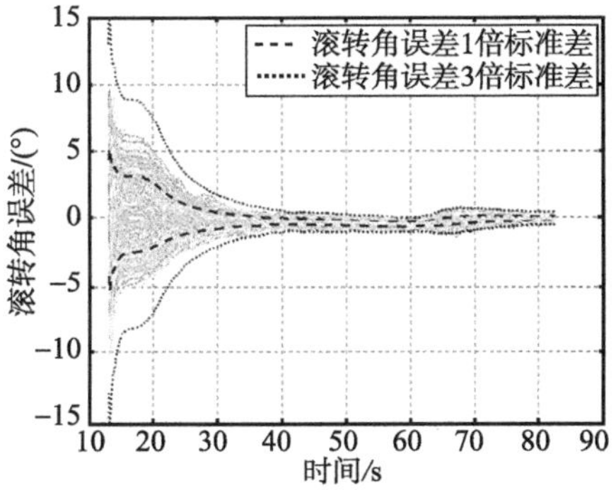

图 6-19　发射系滚转角误差

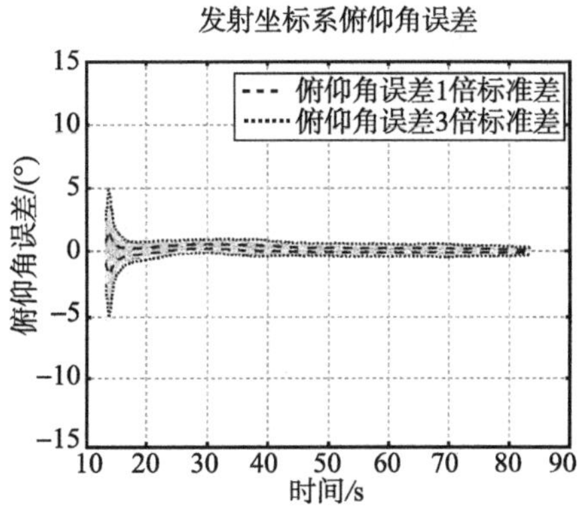

图 6-20　发射系俯仰角误差

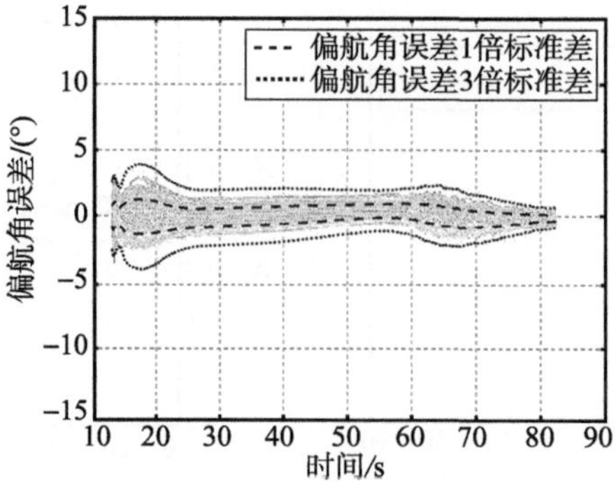

图 6-21　发射系偏航角误差

第7章 制导炮弹组合导航算法试验

制导炮弹组合导航系统硬件需要进行自然环境、力学环境、电磁环境等各种试验测试，通过相关国军标和行业标准。制导炮弹组合导航算法需要通过数字仿真试验、半实物仿真试验、跑车试验和飞行试验等进行考核。

7.1 制导炮弹半实物仿真系统概述

制导炮弹半实物仿真是一种硬件在回路的仿真方法，目的是将制导炮弹飞行控制系统接入到半实物仿真系统中，在地面实验室条件下复现制导炮弹在空中的飞行环境，验证和评估其飞行控制系统的性能指标。制导炮弹 SINS/GNSS 组合导航系统半实物仿真系统如图 7-1 所示。图中，三轴转台系统模拟制导炮弹在空中的姿态运动；舵机负载模拟器模拟制导炮弹在空中舵面所受的力矩；惯组模拟器接收实时仿真机的理论角速度和比力信息，叠加惯组误差模型，利用导航计算机软硬件接口注入到 SINS/GNSS 导航计算机；卫星模拟器接收实时仿真机发出的理论位置速度等信息，并且叠加 GNSS 误差模型，模拟 GNSS 接收机接收无线电信号。

导航系统的功能和性能一般通过静态试验、跑车试验、环境试验等进行考核。在半实物仿真系统中，制导控制系统的功能和性能是考核的重要对象；导航系统算法的飞行动态性能也能得到考核和验证；导航系统起到承上启下的作用，其需要的数据源来自制导炮弹六自由度模型，通过线运动和角运动模拟，生成捷联惯性导航算法和卫星导航算法需要的数据（即轨迹发生器）。轨迹发生器生成捷联惯导和卫星导航系统的模拟数据，在 7.2 节进行介绍。加速度计的数据由六自由度模型轨迹发生器中的捷联惯导数据模拟器生成；陀螺仪的数据可以由六自由度模型数据生成，也可以由三轴转台的姿态运动提供；卫星导

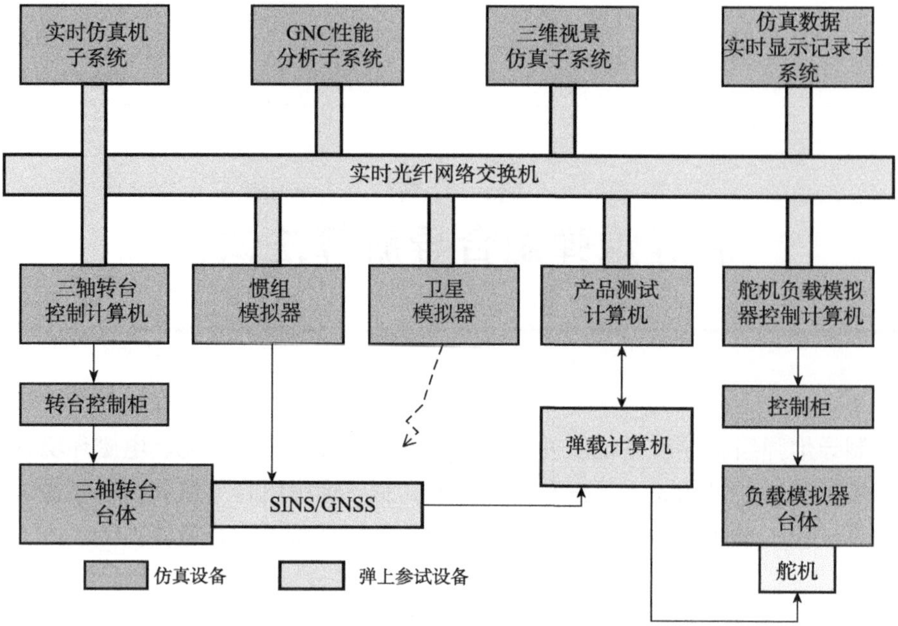

图 7-1　制导炮弹 SINS/GNSS 组合导航系统半实物仿真图

航的数据可以由轨迹发生器中的卫星导航数据模拟器生成，也可以由卫星模拟器产生，再传输给卫星接收机生成相关的定位数据。捷联惯导数据模拟器将在 7.3 节中详细介绍；卫星导航数据模拟器将在 7.4 节中详细介绍。

7.2　制导炮弹半实物仿真弹道数学模型

在对 SINS/GNSS 算法的研究和试验中，离不开轨迹发生器的使用和研究。在过去几十年的研究中，已经开发出来的轨迹发生器可以分为三个大类。第一类轨迹发生器是纯粹的数学 SINS 方程模型，例如最传统的 PROFGEN 轨迹发生器，利用数学模型生成位置、速度、姿态、角速度和比力信息。PROFGEN 可以支持四种飞行动作：垂直转向、水平转向、正弦航向变化和直线飞行。第二类是基于实际飞行数据的轨迹发生器，这类轨迹发生器模拟信号不仅包括制导炮弹的运动学和动力学特征，还包括后处理 GNSS 伪距和速度测量特征。第三类是基于高精度六自由度（6DoF）飞行动力学模型和飞行控制模型的轨迹发生器。由于该模型与飞行器的推力模型、空气动力学模型、质量和执行机构模型高度相关，导致建模十分复杂。

第一类方法的局限性在于比力和角速度只能根据特定的飞行剖面由惯性导

航系统的比力方程和姿态方程生成，类似于开环系统。第二类方法的局限性在于该模型中的比力和角速度是根据飞行数据进行后处理得到的，类似于一个闭环系统，但其轨迹数据是由第三方生成，而不是自身生成的。前两类算法都适用于研究数字仿真中的 SINS/GNSS 算法，但由于不能实时运行，它们无法与半实物仿真试验中的飞行器模型和制导控制系统集成。

第三类是实时闭环系统的轨迹发生器，是基于六自由度飞行动力学模型和飞行控制模型的轨迹发生器，可以实时闭环运行，并与制导炮弹半实物仿真中的飞行控制系统相结合，进行联合仿真试验。可以根据真实的气动数据和发动机数据模拟真实的飞行器飞行轨迹，真实地再现飞行器在空中的真实飞行环境。轨迹发生器数学模型运行在实时仿真机中，如图 7-2 所示，可以根据真实的空气动力数据和发动机数据模拟飞行器在空中的真实飞行环境，利用六自由度模型生成飞行轨迹数据，包括飞行器的位置、速度、姿态、攻角、侧滑角以及比力、角速度等信息。

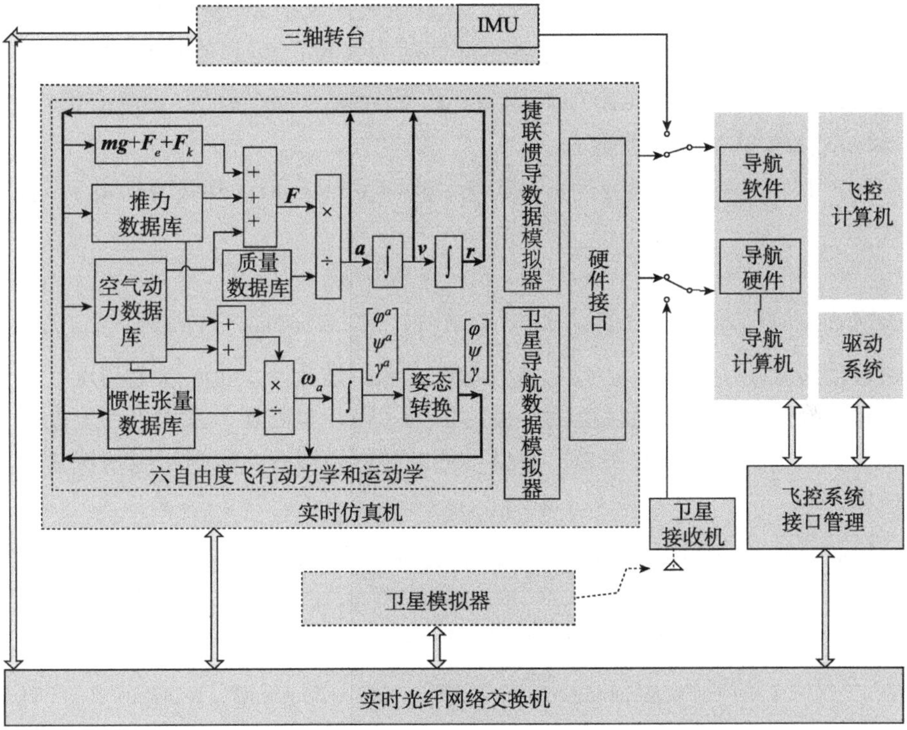

图 7-2 半实物仿真中轨迹发生器数学模型示意图

制导炮弹六自由度模型包括六自由度动力学和运动学模型、气动模型、质量/惯量模型、地球模型、推力模型、制导和控制系统模型等。六自由度模型是半实物仿真中捷联惯导系统的数据输入源，六自由度模型和捷联惯导模型有机融合后，将使制导炮弹制导、导航和控制系统（GNC）全部都能在半实物仿真系统中进行评估试验。

由于制导炮弹的飞行弹道均在地球附近，常选择发射系为参考坐标系，便于描述制导炮弹相对于旋转地球的运动。以下给出发射系下的六自由度仿真模型。

7.2.1 制导炮弹质心动力学方程

在发射系下，制导炮弹的质心动力学方程为

$$m\frac{\delta^2\boldsymbol{r}}{\delta t^2}=\boldsymbol{P}+\boldsymbol{R}+\boldsymbol{F}_c+\boldsymbol{F}_k'+\boldsymbol{F}_e-\boldsymbol{F}_k \tag{7.1}$$

式中：$\delta^2\boldsymbol{r}/\delta t^2$ 是相对加速度项，$\delta^2\boldsymbol{r}/\delta t^2=[\mathrm{d}V_x,\ \mathrm{d}V_y,\ \mathrm{d}V_z]^{\mathrm{T}}/\mathrm{d}t$，$[V_x,\ V_y,\ V_z]^{\mathrm{T}}$ 是制导炮弹发射系的速度，$\boldsymbol{r}=[x,\ y,\ z]^{\mathrm{T}}$ 是制导炮弹发射系的位置；$\boldsymbol{P}$ 是制导炮弹推力矢量；$\boldsymbol{R}$ 是制导炮弹所受到的空气动力矢量；$\boldsymbol{F}_c$ 是制导炮弹执行机构产生的控制力矢量；$\boldsymbol{F}_k'$ 是附加科氏力；$\boldsymbol{F}_e=-m\boldsymbol{\omega}_{ag}^g\times(\boldsymbol{\omega}_{ag}^g\times\boldsymbol{r}^g)$ 为离心惯性力；$\boldsymbol{F}_k=2m\boldsymbol{\omega}_{ag}^g\delta\boldsymbol{r}^g/\delta t$ 为科氏惯性力。

$m\boldsymbol{G}^g$ 是在发射系下描述的地球引力，参考式（3.40）和式（3.48），计算公式为

$$m\boldsymbol{G}^g=mG_r\boldsymbol{r}^g+mG_{\omega_e}\boldsymbol{\omega}_0^g \tag{7.2}$$

式中：$G_r=-(\mu/r^2)[1+J(a/r)^2(1-5\sin^2\phi)]$；$G_{\omega_e}=-2(\mu/r^2)J(a/r)^2 5\sin^2\phi$。地球引力模型采用 J_2 模型，$J=3J_2/2$，此重力模型适用于20km以上高度，适用于远程制导炮弹的飞行高度范围，也可根据飞行环境需要，采用更为复杂的重力模型。以上力的类型并不是所有型号的制导炮弹都有，根据实际情况进行力的建模。

7.2.2 制导炮弹绕质心转动动力学方程

在发惯系中，制导炮弹的绕质心转动动力学方程为

$$\boldsymbol{I}\cdot\frac{d\boldsymbol{\omega}^b}{\mathrm{d}t}+\boldsymbol{\omega}^b\times(\boldsymbol{I}\cdot\boldsymbol{\omega}^b)=\boldsymbol{M}_{st}+\boldsymbol{M}_c+\boldsymbol{M}_d+\boldsymbol{M}_{rel}'+\boldsymbol{M}_k' \tag{7.3}$$

式中：$\boldsymbol{I}$ 是制导炮弹的惯量张量；$\boldsymbol{\omega}^b$ 是发惯系下的角速度；$\boldsymbol{M}_{st}$ 是稳定力矩，在制导炮弹飞行过程中，气动力作用点与质心不重合，气动力在质心上形成转动力矩，此力矩称为气动稳定力矩；$\boldsymbol{M}_c$ 是控制力矩，通过改变发动机的推力

方向，产生控制制导炮弹飞行的力和力矩，此力矩被定义为控制力矩；$\boldsymbol{M}_d$ 是阻尼力矩，当制导炮弹相对于大气旋转时，大气对其产生阻尼作用，此作用力矩定义为阻尼力矩；$\boldsymbol{M}'_{rel}$ 是附加相对力矩，$\boldsymbol{M}'_k$ 是附加科氏力矩，制导炮弹内燃料相对流动产生的附加相对力和附加科氏力在质心上产生的力矩，分别称为附加相对力矩和附加科氏力矩。以上力矩的类型并不是所有型号的制导炮弹都有，根据实际情况进行力矩建模。

7.2.3 制导炮弹制导和控制方程

制导炮弹制导和控制是研究的热点，制导和控制方程的一般形式如式（7.4）所示，可根据实际需求，选择合适的制导和控制方案。图 7-3 中俯仰、偏航通道采用过载控制，滚转通道采用姿态控制。

$$\left.\begin{aligned} F_\varphi(\delta_\varphi, x, y, z, \dot{x}, \dot{y}, \dot{z}, \varphi, \dot{\varphi}, \cdots) = 0 \\ F_\psi(\delta_\psi, x, y, z, \dot{x}, \dot{y}, \dot{z}, \psi, \dot{\psi}, \cdots) = 0 \\ F_\gamma(\delta_\gamma, x, y, z, \dot{x}, \dot{y}, \dot{z}, \gamma, \dot{\gamma}, \cdots) = 0 \end{aligned}\right\} \tag{7.4}$$

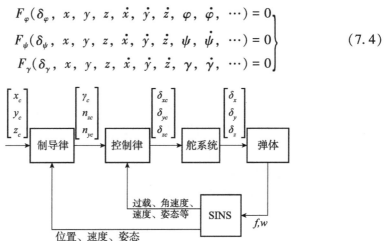

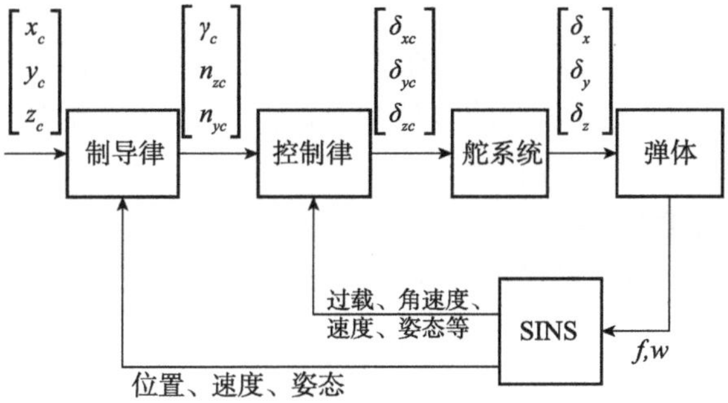

图 7-3　制导炮弹制导和控制框图

图中，x_c，y_c，z_c 是飞行制导系统的位置指令，γ_c 是控制系统的滚转控制指令，n_{zc}，n_{yc} 分别是控制系统的横向控制指令和纵向控制指令，δ_{xc}，δ_{yc}，δ_{zc} 是舵指令，δ_x，δ_y，δ_z 是舵角。

从捷联惯导轨迹发生器研究角度来说，制导和控制方程是该轨迹发生器的特色之一，即轨迹的运动是由飞行控制系统实现的，而不是由事先设定的姿态运动规律获得的。比力和角速度是制导炮弹飞行过程中各种力和力矩综合作用的结果，而不是由比力方程和设定的姿态运动来确定。

7.2.4 制导炮弹六自由度模型补充方程

以上建立的质心动力学方程、绕质心转动动力学方程、制导和控制方程，包含很多未知参数，为了模型求解还需增加以下方程：质心位置方程、速度方程、姿态角微分方程、欧拉角方程、相对地球角速度方程、地心高度方程等。

1. 质心位置方程

发射系下，制导炮弹的质心运动学方程为

$$\dot{x} = V_x,\ \dot{y} = V_y,\ \dot{z} = V_z \tag{7.5}$$

式中：x、y、z 为制导炮弹在发射系下的位置；V_x、V_y、V_z 为制导炮弹在发射系下的速度。

2. 速度计算方程

$$V = \sqrt{V_x^2 + V_y^2 + V_z^2} \tag{7.6}$$

式中：v 为制导炮弹在发射系下的合速度。

3. 姿态角微分方程

如2.3.6节所示，在发惯系下的姿态角微分方程为

$$\left.\begin{aligned}
\dot{\varphi}^a &= (\omega_{ay}\sin\gamma^a + \omega_{az}\cos\gamma^a)/\cos\psi^a \\
\dot{\psi}^a &= \omega_{ay}\cos\gamma^a - \omega_{az}\sin\gamma^a \\
\dot{\gamma}^a &= \omega_{ax} + \tan\psi^a(\omega_{ay}\sin\gamma^a + \omega_{az}\cos\gamma^a)
\end{aligned}\right\} \tag{7.7}$$

式中：φ^a 为制导炮弹在发惯系下的俯仰角，ψ^a 为制导炮弹在发惯系下的偏航角，γ^a 为制导炮弹在发惯系下的滚转角，ω_{ax}、ω_{ay}、ω_{az} 分别为制导炮弹在发惯系角速度$\boldsymbol{\omega}^b$下 x、y、z 三轴分量。

4. 发射系姿态角方程

对于高精度的六自由度模型和捷联惯导轨迹发生器，发射系姿态角由以下方程得到：

$$\boldsymbol{R}_b^g = \boldsymbol{R}_a^g\boldsymbol{R}_b^a \tag{7.8}$$

式中：$\boldsymbol{R}_b^g$ 如式（2.56）所示；$\boldsymbol{R}_b^a$ 如式（2.59）所示；$\boldsymbol{R}_a^g$ 如式（2.72）所示。

5. 其他欧拉角方程

发射系下的速度倾角 θ 及航迹偏角 σ 可由式（7.9）获得：

$$\left.\begin{aligned}
\theta &= \arctan2(V_y,\ V_x) \\
\sigma &= -\arcsin(V_z/V)
\end{aligned}\right\} \tag{7.9}$$

6. 相对地球角速度方程

在发射系中的相对地球角速度 $\boldsymbol{\omega}$ 方程是

$$[\omega_x,\ \omega_y,\ \omega_z]^{\mathrm{T}} = [\omega_{ax},\ \omega_{ay},\ \omega_{az}]^{\mathrm{T}} - \boldsymbol{R}_g^b[\omega_{ex},\ \omega_{ey},\ \omega_{ez}]^{\mathrm{T}} \tag{7.10}$$

7. 高度方程

飞行轨迹上任一点距地心的距离 r 为

$$r = \sqrt{(x + R_{0x})^2 + (y + R_{0y})^2 + (z + R_{0z})^2} \tag{7.11}$$

式中：$[R_{0x},\ R_{0y},\ R_{0z}]^{\mathrm{T}}$ 为发射点在发射系下的位置矢量。

制导炮弹星下点所在的地心纬度角 ϕ 为

$$\sin\phi = \frac{(x + R_{0x})\omega_{ex} + (y + R_{0y})\omega_{ey} + (z + R_{0z})\omega_{ez}}{r\omega_e} \tag{7.12}$$

飞行器星下点的参考椭球表面距地心的距离为

$$R = ab/\sqrt{a^2\sin^2\phi + b^2\cos^2\phi} \tag{7.13}$$

式中：a 为地球长半轴；b 为短半轴。

飞行轨迹上一点距地球表面的距离 h 为

$$h = r - R \tag{7.14}$$

飞行轨迹生成后，半实物仿真系统中其他子系统根据轨迹中制导炮弹的飞行状态，模拟制导炮弹搭载的各种传感器的输入、导航信息以及负载力矩。与导航模拟相关的子系统主要包括惯组模拟器、卫星模拟器和三轴转台子系统。其中惯组模拟器根据制导炮弹六自由度模型实时仿真计算的陀螺仪和加速度计的理论输出，再通过三轴转台搭载陀螺仪模拟弹体旋转，加速度计则直接注入比力理论值模拟；卫星导航子系统通过星历计算导航星的位置，计算导航卫星的信号到达接收机的时间，模拟不同卫星信号到达接收机的时间差和多普勒效应及各种误差，再向接收机发送导航电文，模拟卫星导航信号。

7.3　制导炮弹半实物仿真捷联惯导数据模拟器

在图 7-2 的仿真平台示意图中，介绍了 IMU 模型在仿真平台中的位置，图 7-4 则介绍了 IMU 模型的实现过程。比力和角速度由六自由度模型得到，在此基础上加入 IMU 误差模型，然后对 IMU 连续信号进行积分得到速度增量和角增量，最后进行量化，得到 IMU 的脉冲数输出。本节将介绍六自由度模型中位置速度姿态数据理论值、比力和角速度的理论输入、IMU 误差模型、速度增量和角增量以及 IMU 脉冲数的实现。

典型的轨迹发生器包含 16 个数据，分别是 1 个时间、3 个位置、3 个速度、3 个姿态、3 个加速度计数据、3 个陀螺数据。这些数据的理论值均来自制导炮弹六自由度模型。

1. 位置速度姿态数据理论值

以发射系作为制导炮弹导航参考坐标系，轨迹发生器的位置理论值为式（7.5）中的 $[x,\ y,\ z]^{\mathrm{T}}$，速度理论值为式（7.6）中的 $[V_x,\ V_y,\ V_z]^{\mathrm{T}}$。轨迹发生器的姿态理论值为式（7.8）中发射系姿态矩阵 $\boldsymbol{R}_b^g$ 对应的姿态角 φ、ψ 和 γ。

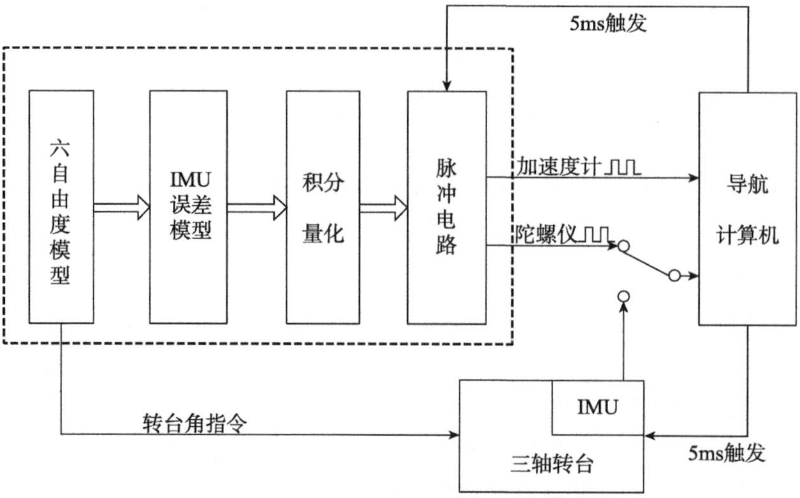

图 7-4　捷联惯导数据模拟器示意图

2. 比力理论值

按照惯性器件的定义，比力是惯性坐标系中敏感的、作用于单位质量物体上除重力之外的力。根据六自由度模型的式（7.1），比力为

$$\boldsymbol{f}^b = (\boldsymbol{P} + \boldsymbol{R} + \boldsymbol{F}_c + \boldsymbol{F}'_k)/m \tag{7.15}$$

由式（7.15）可知，比力是由制导炮弹六自由度模型中的发动机推力矢量 $\boldsymbol{P}$、空气动力矢量 $\boldsymbol{R}$、执行机构的控制力矢量 $\boldsymbol{F}_c$，以及附加科氏力 $\boldsymbol{F}'_k$ 共同作用的结果，比力的生成方法反映了弹体在空中的实际质心运动状态，这正是与经典轨迹发生器的区别。

3. 角速度理论值

按照惯性器件的定义，陀螺测量的是相对于惯性坐标系的角速度在弹体坐标系下的投影。根据六自由度模型，发惯系下的角速度 $\boldsymbol{\omega}^b$ 是陀螺仪测量量。由式（7.3）可知，角速度 $\boldsymbol{\omega}^b$ 是由制导炮弹六自由度模型中稳定力矩 $\boldsymbol{M}_{st}$、控制力矩 $\boldsymbol{M}_c$、阻尼力矩 $\boldsymbol{M}_d$、附加相对力矩 $\boldsymbol{M}'_{rel}$、附加科氏力矩 $\boldsymbol{M}'_k$ 等各种力矩共同作用的结果，角速度的生成方法反映了弹体在空中的实际绕心运动状态，这也是与经典轨迹发生器的区别。

7.3.1 IMU 误差模型

捷联惯导数据模拟器中使用的陀螺仪误差模型为

$$\delta\boldsymbol{\omega}^b = \boldsymbol{\varepsilon}^b + \boldsymbol{M}_g\boldsymbol{\omega}^b + \boldsymbol{w}_g \tag{7.16}$$

$$\begin{bmatrix}\delta\omega_x^b\\\delta\omega_y^b\\\delta\omega_z^b\end{bmatrix}=\begin{bmatrix}\varepsilon_x^b\\\varepsilon_y^b\\\varepsilon_z^b\end{bmatrix}+\begin{bmatrix}S_{gx}&M_{gxy}&M_{gxz}\\M_{gyx}&S_{gy}&M_{gyz}\\M_{gzx}&M_{gzy}&S_{gz}\end{bmatrix}\begin{bmatrix}\omega_x^b\\\omega_y^b\\\omega_z^b\end{bmatrix}+\begin{bmatrix}w_{gx}\\w_{gy}\\w_{gz}\end{bmatrix}\tag{7.17}$$

式中：$\boldsymbol{\varepsilon}^b$ 为陀螺仪零偏向量；$\boldsymbol{\omega}^b$ 为陀螺仪输入角速度向量；$\boldsymbol{M}_g$ 为陀螺仪一次项相关的误差矩阵；$\boldsymbol{w}_g$ 为陀螺仪随机噪声向量；S_{gi} 为陀螺仪标度因子误差；M_{gij} 为陀螺仪三轴非正交误差，即陀螺仪安装误差，$i=x,\ y,\ z,\ j=x,\ y,\ z$。

使用的加速度计误差模型为

$$\delta\boldsymbol{f}^b=\boldsymbol{\nabla}^b+\boldsymbol{M}_a\boldsymbol{f}^b+\boldsymbol{D}_a(\boldsymbol{f}^b)^2+\boldsymbol{w}_a\tag{7.18}$$

$$\begin{bmatrix}\delta f_x^b\\\delta f_y^b\\\delta f_z^b\end{bmatrix}=\begin{bmatrix}\nabla_x^b\\\nabla_y^b\\\nabla_z^b\end{bmatrix}+\begin{bmatrix}S_{ax}&M_{axy}&M_{axz}\\M_{ayx}&S_{ay}&M_{ayz}\\M_{azx}&M_{azy}&S_{az}\end{bmatrix}\begin{bmatrix}f_x^b\\f_y^b\\f_z^b\end{bmatrix}+\begin{bmatrix}d_{ax}&0&0\\0&d_{ay}&0\\0&0&d_{az}\end{bmatrix}\begin{bmatrix}(f_x^b)^2\\(f_y^b)^2\\(f_z^b)^2\end{bmatrix}+\begin{bmatrix}w_{ax}\\w_{ay}\\w_{az}\end{bmatrix}\tag{7.19}$$

式中：$\boldsymbol{\nabla}^b$ 为加速度计零偏向量；$\boldsymbol{f}^b$为加速度计输入比力向量；$\boldsymbol{M}_a$ 为与加速度计一次项相关的误差矩阵；$\boldsymbol{D}_a$ 为与加速度计二次项相关的误差矩阵；$\boldsymbol{w}_a$ 为加速度计随机噪声向量；S_{ai} 为加速度计标度因子误差；M_{aij} 为加速度计三轴非正交误差，即加速度计安装误差，$i=x,\ y,\ z,\ j=x,\ y,\ z$。

7.3.2　IMU 积分量化

大多数惯性器件的比力和角速度是以速度增量和角增量的形式输出的，如式（3.53）所示，速度增量和角增量进一步量化后以脉冲数输出。速度增量和角增量分别为加速度计和陀螺仪理论输出值在采样周期内的积分结果，如式（7.20）和式（7.21）所示。

$$\Delta\boldsymbol{V}=\int_0^T(\boldsymbol{f}^b(\tau)+\delta\boldsymbol{f}^b)\mathrm{d}\tau\tag{7.20}$$

$$\Delta\boldsymbol{\theta}=\int_0^T(\boldsymbol{\omega}^b(\tau)+\delta\boldsymbol{\omega}^b)\mathrm{d}\tau\tag{7.21}$$

在惯性器件内部，或进行高频采样处理后低频输出，或进行高频采样再量化输出，即惯性器件具有对内高频采样、对外低频增量输出的特点。惯性器件的速度增量和角增量实现方法是相同的，如图 7-5 所示，以加速度计输出为例，说明了速度增量和脉冲数的实现方法。在图 7-5 中，通过采样模块，将整个流程分为 1ms 周期和 5ms 周期两部分，1ms 是六自由度模型的仿真周期（可根据仿真精度的需要，采用更小的仿真周期），5ms 是惯性器件模拟部分的输出周期。在 1ms 周期部分，通过积分模块，将 5ms 内的加速度/角速度信息累积，模拟惯性器件内部高频采样，不丢失加速度/角速度高频信息。在 5ms 周期部分，通过延时模块和减法模块，模拟惯性器件的增量输出信息；惯组的增量信息经过量化处理后得到量化脉冲数，其计算方法如下：

$$\left.\begin{aligned}\Delta \boldsymbol{V}_{\mathrm{Pul}} &= \left[\frac{\Delta \boldsymbol{V}_k + \Delta \boldsymbol{V}_{k-1}}{\mathrm{Pulse\_\ Acc}}\right]\\ \Delta \boldsymbol{V}_k{}' &= \Delta \boldsymbol{V}_k + \Delta \boldsymbol{V}_{k-1} - \Delta \boldsymbol{V}_{\mathrm{Pul}} \times \mathrm{Pulse\_\ Acc}\end{aligned}\right\} \tag{7.22}$$

式中：$\Delta \boldsymbol{V}_k$ 为5ms 周期内的积分增量，对应图 7-5 中的 accIn；$\Delta \boldsymbol{V}_{k-1}$ 为上一拍脉冲量化后的余量，余量幅值小于 1 个脉冲当量，对应图 7-5 中的 accIn_r；$\Delta \boldsymbol{V}'_k$ 为当前拍脉冲量化后的余量，对应图 7-5 中的 accOut_r；$\Delta \boldsymbol{V}_{\mathrm{Pul}}$ 为当前拍量化后的脉冲数，对应图 7-5 中的 accPul；Pulse_Acc 为加速度计脉冲当量。

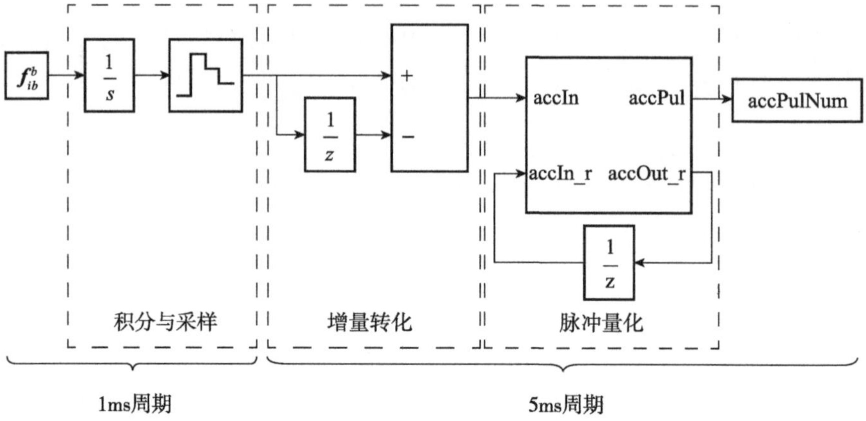

图 7-5　速度增量的积分量化示意图

7.4　制导炮弹半实物仿真卫星导航数据模拟器

在图 7-2 的仿真平台示意图中，给出了卫星模型在仿真平台中的位置，图 7-6 则介绍了卫星模型的实现过程。通过卫星广播星历提供的参数，可以计算出卫星的位置、速度和时钟修正量的数据，结合六自由度模型提供制导炮弹的位置、速度数据可以模拟产生卫星伪距、伪距率观测量。六自由度模型的轨迹数据也可以作为卫星模拟器的输入，模拟卫星定位信号，再通过卫星接收机进行定位解算，模拟真实的卫星定位过程。

组合导航卫星数据模拟示意图如图 7-7 所示。松、紧耦合仿真数据模拟的步骤为：首先利用卫星广播星历，计算得到卫星的位置和速度，再利用制导炮弹六自由度模型的理论位置和速度与卫星的位置和速度，计算卫星的伪距、伪距率或多普勒频移，即紧耦合所需仿真数据，再结合卫星的位置和速度，通过最小二乘法解算出接收机位置和速度，即松耦合所需仿真数据。

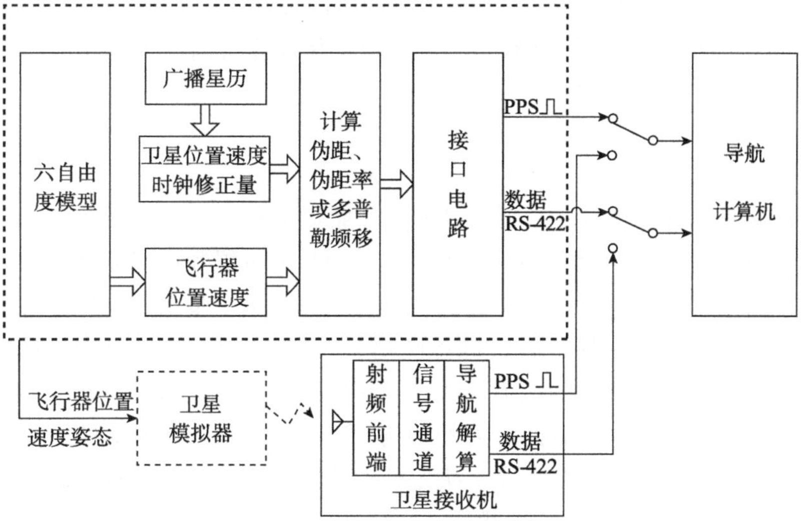

图 7-6　卫星导航数据模拟器示意图

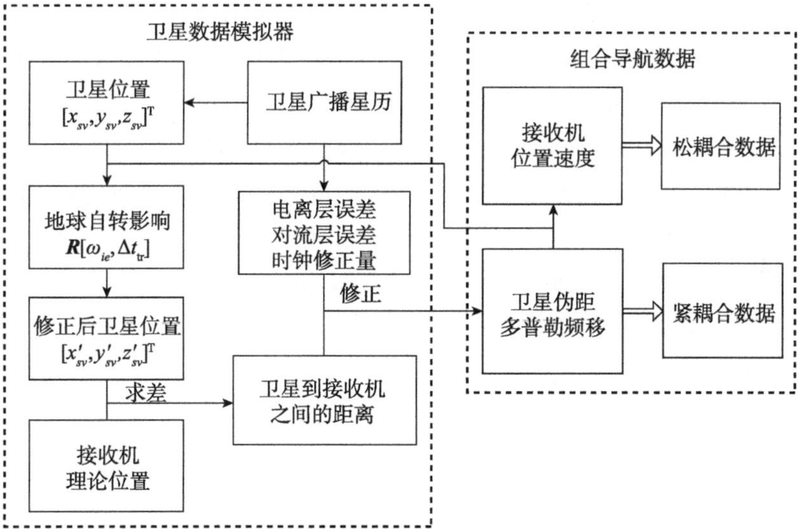

图 7-7　组合导航卫星数据模拟示意图

7.4.1　紧耦合数据模拟

紧耦合 SINS/GNSS 组合导航需要得到卫星的伪距、伪距率观测量。在实

际的卫星接收机中，伪距表示为

$$\rho = c(t_{\text{local}} - t_{sv} + \delta t_{sv}) \tag{7.23}$$

式中：t_{local} 为接收机接收到卫星信号的当地时间；t_{sv} 为卫星信号的发射时间；δt_{sv} 为卫星时钟修正量。伪距率可由多普勒频移计算得出，多普勒频移观测量可由载波跟踪环直接得到：

$$\dot{\rho} = -\frac{Dc}{\lambda} \tag{7.24}$$

式中：D 表示多普勒频移；λ 表示卫星信号播发频率。

在仿真平台中，伪距和伪距率可以通过卫星的位置和速度以及接收机的位置和速度进行计算得出。卫星位置的计算可以分为两个步骤：首先计算卫星在轨道坐标系中的位置坐标，然后再转换到 ECEF 坐标系。在计算卫星位置前，首先要确定卫星所在轨道的轨道参数。卫星的实际运行轨道是一条十分复杂的曲线，首先考虑卫星只受到向心力的影响下的卫星轨道，此时的轨道是一个椭圆，地心是椭圆轨道的一个焦点。决定轨道形状只需要两个参数，即长轴半径 a 和离心率 e。确定了轨道的形状后，再确定卫星轨道的位置，轨道的位置由轨道面倾角 i、升交点赤经 Ω 和近地点角距 ω 三个参数决定。通过上述 5 个开普勒参数确定了卫星轨道后，卫星的位置可由偏近点角 E 和卫星星历数据的参考时刻 t_{oe} 确定。为了考虑实际卫星运行时受到的扰动项对卫星位置的影响，加入 9 个摄动参数，包括平均角速度的修正项 Δn，升交点赤经变化率 $\dot{\Omega}$，轨道倾角变化率 i_{dot} 以及 6 个扰动修正项 C_{uc}，C_{us}，C_{rc}，C_{rs}，C_{ic}，C_{is}。

根据上述 5 个开普勒参数、偏近点角 E、卫星星历数据的参考时刻 t_{oe} 和 9 个摄动参数共计 16 个参数可以计算出卫星在轨道坐标系中的位置坐标，再转换到 ECEF 坐标系下，得到所需要的卫星位置信息，通过对卫星位置相对于卫星信号发射时间进行简单的微分可以得到卫星的速度信息。

1. 计算卫星位置

1）计算归一化时间 t_k

因为卫星的星历数据都是相对于参考时刻 t_{oe} 的，所以需要将观测时刻 t 做如下归一化：

$$t_k = t - t_{oe} \tag{7.25}$$

式中：t_k 的单位是秒，并且要将 t_k 的绝对值控制在一个星期内，即：如果 $t_k>302400$，$t_k=t_k-604800$；如果 $t_k<-302400$，$t_k=t_k+604800$。

2）计算卫星运行的平均角速度 n

首先计算卫星运行的理论平均角速度 n_0，卫星平均角速度为 $2\pi/T$，根据

开普勒第三定律$\frac{T^2}{a^3}=\frac{4\pi^2}{GM}$得

$$n_0=\sqrt{\frac{GM}{a^3}} \tag{7.26}$$

同时，星历数据还传送了修正项 Δn，则最终使用的平均角速度为

$$n=n_0+\Delta n \tag{7.27}$$

3）计算卫星在 t_k 时刻的平近点角 M

平近点角和时间线性关系为

$$M=M_0+nt_k \tag{7.28}$$

式中：t_k 为归一化时间；n 为修正后的平均角速度。

4）计算卫星在 t_k 时刻的偏近点角 E

将平近点角 M 和卫星轨道的偏心率 e_s 代入，得到偏近点角 E 为

$$E=M+e_s\sin E \tag{7.29}$$

再对上式进行迭代计算至 $|E_k-E_{k-1}|<10^{-12}$，迭代初值 E_0 可设为 M，其中 e_s 由广播星历给出，一般来说 10 次以内的迭代就足够精确了。

5）计算卫星的地心向径 r

$$r=a(1-e_s\cos E) \tag{7.30}$$

6）计算卫星在归一化时刻的真近点角 f

$$f=\arctan\left(\frac{\sqrt{1-e_s^2}\sin E}{\cos E-e_s}\right) \tag{7.31}$$

7）计算升交点角距 Φ

$$\Phi=f+\omega \tag{7.32}$$

式中：f 为归一化时刻的真近点角；ω 为卫星轨道的近地点角距，来自星历参数。

8）计算摄动校正项 $\delta\mu$、δr 和 δi，同时修正 Φ_k、r 和 i

升交点角距修正项：

$$\delta\mu=C_{\mathrm{uc}}\cos(2\Phi)+C_{\mathrm{us}}\sin(2\Phi) \tag{7.33}$$

卫星地心向径修正项：

$$\delta r=C_{\mathrm{rc}}\cos(2\Phi)+C_{\mathrm{rs}}\sin(2\Phi) \tag{7.34}$$

卫星轨道倾角修正项：

$$\delta i=C_{\mathrm{ic}}\cos(2\Phi)+C_{\mathrm{is}}\sin(2\Phi) \tag{7.35}$$

式中的 $\{C_{\mathrm{uc}}, C_{\mathrm{us}}, C_{\mathrm{rc}}, C_{\mathrm{rs}}, C_{\mathrm{ic}}, C_{\mathrm{is}}\}$ 均来自卫星星历数据，然后用这些修正项更新升交点角距 Φ、卫星地心向径 r 和卫星轨道倾角 i：

$$\Phi_k = \Phi + \delta\mu \tag{7.36}$$

$$r_k = r + \delta r \tag{7.37}$$

$$i_k = i_0 + i_{\text{dot}} t_k + \delta i \tag{7.38}$$

9）计算卫星在椭圆轨道直角坐标系中的位置坐标

在以地心为原点、以椭圆长轴为 X 轴的椭圆直角坐标系里，卫星的坐标位置为

$$\boldsymbol{P}_s = \begin{bmatrix} r_k \cos\Phi_k \\ r_k \sin\Phi_k \\ 0 \end{bmatrix} \tag{7.39}$$

10）计算卫星轨道在归一化时刻的升交点赤经 Ω

$$\Omega_k = \Omega_e + (\dot{\Omega} - \omega_e) t_k - \omega_e t_{oe} \tag{7.40}$$

式中：Ω_e 来自于星历数据，其意义并不是在参考时刻的升交点赤经，而是始于格林尼治子午圈到卫星轨道升交点的准经度；$\dot{\Omega}$ 是升交点赤经的变化率；ω_e 是地球自转角速率。

11）计算卫星在 ECEF 坐标系中的坐标

将卫星在轨道直角坐标系内的坐标经旋转变换到 ECEF 坐标系。

令

$$x_k = r_k \cos\Phi_k,\quad y_k = r_k \sin\Phi_k \tag{7.41}$$

则

$$\boldsymbol{P}_e = \begin{bmatrix} E_x \\ E_y \\ E_z \end{bmatrix} = \boldsymbol{R}_z(-\Omega_k)\boldsymbol{R}_x(-i_k)\begin{bmatrix} x_k \\ y_k \\ 0 \end{bmatrix} = \begin{bmatrix} x_k\cos\Omega_k - y_k\cos i_k\sin\Omega_k \\ x_k\sin\Omega_k + y_k\cos i_k\cos\Omega_k \\ y_k\sin i_k \end{bmatrix} \tag{7.42}$$

2. 计算卫星速度

对式（7.42）求导，得

$$\boldsymbol{V}_E = \begin{bmatrix} \dot{E}_x \\ \dot{E}_y \\ \dot{E}_z \end{bmatrix} = \begin{bmatrix} \dot{x}_k\cos\Omega_k - \dot{y}_k\cos i_k\sin\Omega_k + y_k\sin i_k\sin\Omega_k\dot{i}_k - E_k\dot{\Omega}_k \\ \dot{x}_k\sin\Omega_k + \dot{y}_k\cos i_k\cos\Omega_k - y_k\sin i_k\cos\Omega_k\dot{i}_k + E_k\dot{\Omega}_k \\ \dot{y}_k\sin i_k + y_k\cos i_k\dot{i}_k \end{bmatrix} \tag{7.43}$$

由式（7.41）、式（7.38）和式（7.40），对 t_k 求导得

$$\dot{x}_k = \dot{r}_k\cos\Phi_k - r_k(\sin\Phi_k)\dot{\Phi}_k \tag{7.44}$$

$$\dot{y}_k = \dot{r}_k\sin\Phi_k + r_k(\cos\Phi_k)\dot{\Phi}_k \tag{7.45}$$

$$\dot{i}_k = 2[C_{\text{is}}\cos(2\Phi) - C_{\text{ic}}\sin(2\Phi)]\dot{\Phi} + i_{\text{dot}} \tag{7.46}$$

$$\dot{\Omega}_k = \dot{\Omega} - \omega_e \tag{7.47}$$

对式（7.36）、式（7.37）和式（7.32）求导得到

$$\dot{\Phi}_k = [1 + 2C_{us}\cos(2\Phi) - 2C_{uc}\sin(2\Phi)]\dot{\Phi} \tag{7.48}$$

$$\dot{r}_k = ae_s\dot{E}\sin E + [2C_{rs}\cos(2\Phi) - 2C_{rc}\sin(2\Phi)]\dot{\Phi} \tag{7.49}$$

$$\dot{\Phi} = \dot{f} \tag{7.50}$$

对式（7.31）求导得到

$$\dot{f} = \frac{\sqrt{1 - e_s^2}}{1 - e_s\cos E}\dot{E} \tag{7.51}$$

最后计算 $\dot{E}$ 的表达式，对式（7.29）左右同时求导并整理得到

$$\dot{E} = \frac{n_0 + \Delta n}{1 - e_s\sin E} \tag{7.52}$$

上述推导过程需要用到式（7.27）和式（7.28）的求导结果，即

$$\dot{M} = n_0 + \Delta n \tag{7.53}$$

将上述过程倒过来，就是利用星历数据计算卫星速度的步骤。

3. 计算伪距和伪距率

根据卫星位置速度以及接收机位置速度来简单计算伪距、伪距率的步骤如下：

$$\begin{bmatrix} \Delta x \\ \Delta y \\ \Delta z \end{bmatrix} = \begin{bmatrix} x_{sv} \\ y_{sv} \\ z_{sv} \end{bmatrix} - \begin{bmatrix} x_u \\ y_u \\ z_u \end{bmatrix} \tag{7.54}$$

式中：记 $\Delta\boldsymbol{p} = [\Delta x, \Delta y, \Delta z]^{\mathrm{T}}$ 为卫星与接收机的位置坐标差；$[x_u, y_u, z_u]^{\mathrm{T}}$ 为接收机的位置；$[x_{sv}, y_{sv}, z_{sv}]^{\mathrm{T}}$ 为卫星的位置。

$$\Delta t_{tr} = \frac{\sqrt{\Delta x^2 + \Delta y^2 + \Delta z^2}}{c} \tag{7.55}$$

式中：c 为光速。

$$\begin{bmatrix} x'_{sv} \\ y'_{sv} \\ z'_{sv} \end{bmatrix} = \begin{bmatrix} 1 & \omega_e\Delta t_{tr} & 0 \\ -\omega_e\Delta t_{tr} & 1 & 0 \\ 0 & 0 & 1 \end{bmatrix} \begin{bmatrix} x_{sv} \\ y_{sv} \\ z_{sv} \end{bmatrix} \tag{7.56}$$

式中：$[x'_{sv}, y'_{sv}, z'_{sv}]^{\mathrm{T}}$ 为卫星考虑了自转效应以后的位置坐标。

$$\begin{bmatrix} \Delta x' \\ \Delta y' \\ \Delta z' \end{bmatrix} = \begin{bmatrix} x'_{sv} \\ y'_{sv} \\ z'_{sv} \end{bmatrix} - \begin{bmatrix} x_u \\ y_u \\ z_u \end{bmatrix} \tag{7.57}$$

式中：$\Delta \boldsymbol{p}'=[\Delta x', \Delta y', \Delta z']^{\mathrm{T}}$ 为考虑了自转效应以后的卫星与接收机的位置坐标差。则卫星到接收机的大致距离为

$$d=\sqrt{(\Delta x')^2+(\Delta y')^2+(\Delta z')^2} \tag{7.58}$$

至此，考虑 GPS 的时钟修正量和电离层误差后，得到伪距为式（7.59），伪距率为式（7.60）。

$$\rho = d + cT_{\text{iono}} - c\delta t_s \tag{7.59}$$

$$\dot{\rho}^m = \frac{v_x \Delta x' + v_y \Delta y' + v_z \Delta z'}{\rho} \tag{7.60}$$

7.4.2 松耦合数据模拟

松耦合需要得到卫星接收机的位置和速度参数，本节所介绍的卫星导航数据模拟器模拟卫星接收机单点定位的解算过程，利用卫星的位置速度数据和伪距、多普勒频移观测量，通过最小二乘法来解算接收机的位置和速度，具体计算步骤如下：

1. 利用伪距观测量计算接收机位置

单模伪距观测量的数学模型：

$$\left.\begin{aligned}
\tilde{\rho}_1(x_u) &= \sqrt{(x_u - x_{s_1})^2 + (y_u - y_{s_1})^2 + (z_u - z_{s_1})^2} + cb + n_{\rho_1} \\
\tilde{\rho}_2(x_u) &= \sqrt{(x_u - x_{s_2})^2 + (y_u - y_{s_2})^2 + (z_u - z_{s_2})^2} + cb + n_{\rho_2} \\
&\vdots \\
\tilde{\rho}_m(x_u) &= \sqrt{(x_u - x_{s_m})^2 + (y_u - y_{s_m})^2 + (z_u - z_{s_m})^2} + cb + n_{\rho_m}
\end{aligned}\right\} \tag{7.61}$$

式中：m 表示卫星颗数；$[x_u, y_u, z_u]^{\mathrm{T}}$ 为用户的位置；b 是用户本地时钟和 GPST 之间的偏差；$n_\rho = c\tau_s + E_{\text{eph}} + T_{\text{iono}} + T_{\text{tron}} + MP + n_r$，表示伪距观测量中的误差。

已知量 $\tilde{\rho}_i$ 为伪距观测量和卫星坐标 $[x_{s_i}, y_{s_i}, z_{s_i}]^{\mathrm{T}}$，观测量上面的波浪号“~”表示实际观测量，是为了和后面的预测量区分开。这里卫星和用户的坐标都在 ECEF 坐标系中。

由于伪距方程是非线性方程，不能直接利用最小二乘法解算，所以，需要先将伪距方程线性化才能利用最小二乘法。在实际中，最常用的线性化方法就是利用一阶泰勒级数展开。

假设接收机的坐标和本地钟差有一个起始值 $\boldsymbol{x}_0=[x_0, y_0, z_0, b_0]^{\mathrm{T}}$，那么基于这个起始值将伪距方程进行一阶泰勒级数展开，就会得到

$$\widetilde{\rho}_i(x_u)=\rho_i(x_0)+\frac{\partial\rho_i}{\partial x_u}\bigg|_{x_0}(x_u-x_0)+\frac{\partial\rho_i}{\partial y_u}\bigg|_{y_0}(y_u-y_0)+ \\ \frac{\partial\rho_i}{\partial z_u}\bigg|_{z_0}(z_u-z_0)+\frac{\partial\rho_i}{\partial b}\bigg|_{b_0}(b-b_0)+\mathrm{HOT}+n_{\rho_i} \tag{7.62}$$

式中：$i=1, 2, \cdots, m$；HOT 是高阶泰勒级数项，且

$$\rho_i(x_0)=\sqrt{(x_0-x_{s_i})^2+(y_0-y_{s_i})^2+(z_0-z_{s_i})^2}+cb_0 \tag{7.63}$$

$$\frac{\partial\rho_i}{\partial x_0}\bigg|_{x_0}=-\frac{x_0-x_{s_i}}{\sqrt{(x_0-x_{s_i})^2+(y_0-y_{s_i})^2+(z_0-z_{s_i})^2}} \tag{7.64}$$

$$\frac{\partial\rho_i}{\partial y_0}\bigg|_{y_0}=-\frac{y_0-y_{s_i}}{\sqrt{(x_0-x_{s_i})^2+(y_0-y_{s_i})^2+(z_0-z_{s_i})^2}} \tag{7.65}$$

$$\frac{\partial\rho_i}{\partial z_0}\bigg|_{z_0}=-\frac{z_0-z_{s_1}}{\sqrt{(x_0-x_{s_i})^2+(y_0-y_{s_i})^2+(z_0-z_{s_i})^2}} \tag{7.66}$$

$$\frac{\partial\rho_i}{\partial b}\bigg|_{b_0}=c \tag{7.67}$$

$\rho_i(x_0)$ 用当前的位置、钟差和卫星位置算出，往往被称作预测伪距量，注意与真实的伪距观测量分开。此处下标“i”表示不同的卫星。

定义如下矢量：

$$\boldsymbol{u}_i=\left[\frac{\partial\rho_i}{\partial x_u}\bigg|_{x_0}, \frac{\partial\rho_i}{\partial y_u}\bigg|_{y_0}, \frac{\partial\rho_i}{\partial z_u}\bigg|_{z_0}, 1\right], \\ \mathrm{d}\boldsymbol{x}_0=[(x_u-x_0), (y_u-y_0), (z_u-z_0), c(b-b_0)]^{\mathrm{T}} \tag{7.68}$$

式中：$\boldsymbol{u}_i$ 的前三个元素构成的矢量一般称作方向余弦向量，这里记作 $\boldsymbol{DC}_i=\left[\frac{\partial\rho_i}{\partial x_u}\bigg|_{x_0}, \frac{\partial\rho_i}{\partial y_u}\bigg|_{y_0}, \frac{\partial\rho_i}{\partial z_u}\bigg|_{z_0}\right]$，该矢量是从用户位置到卫星的单位方向向量在 ECEF 坐标系中的表示。每一个卫星都有自己的方向余弦向量。

将式（7.62）稍作整理并略去高阶项，得到

$$\rho_i(x_u)-\rho_i(x_0)=\boldsymbol{u}_i\cdot\mathrm{d}\boldsymbol{x}_0+n_{\rho_i} \tag{7.69}$$

式中：等号左边就是用观测到的伪距量减去利用初始点预测的伪距量，一般把这个差叫作伪距残差，用来$\partial\rho_i$ 表示。伪距残差的数学表达式如等号右边所示，可以看出伪距残差已经可以表示为线性方程的形式了。但需要注意的是，这里的线性化只是在一阶泰勒级数意义上的近似。严格来说，式中不能用等号，而只能用近似号。随着迭代次数增加，线性化的结果会越来越精确。

式（7.69）是对一个卫星的伪距观测量所做的线性化，对 m 个观测量同

时进行线性化，就得到如下的线性方程组：

$$\left.\begin{aligned}\partial\rho_1 &= \boldsymbol{u}_1 \cdot \mathrm{d}\boldsymbol{x}_0 + n_{\rho_1}\\ \partial\rho_2 &= \boldsymbol{u}_2 \cdot \mathrm{d}\boldsymbol{x}_0 + n_{\rho_2}\\ &\vdots\\ \partial\rho_m &= \boldsymbol{u}_m \cdot \mathrm{d}\boldsymbol{x}_0 + n_{\rho_m}\end{aligned}\right\} \tag{7.70}$$

将式（7.70）写成矩阵的形式，得到

$$\partial\boldsymbol{\rho} = \boldsymbol{H}\mathrm{d}\boldsymbol{x}_0 + \boldsymbol{n}_\rho \tag{7.71}$$

式中：$\partial\boldsymbol{\rho}=[\partial\rho_1,\ \partial\rho_2,\ \cdots,\ \partial\rho_m]^{\mathrm{T}}$，$\boldsymbol{H}=[\boldsymbol{u}_1,\ \boldsymbol{u}_2,\ \cdots,\ \boldsymbol{u}_m]^{\mathrm{T}}$，$\boldsymbol{n}_\rho=[n_{\rho_1},\ n_{\rho_2},\ \cdots,\ n_{\rho_m}]^{\mathrm{T}}$，其各自的维数分别为 $m\times1$、$m\times4$ 和 $m\times1$。

式（7.71）的最小二乘估计为

$$\mathrm{d}\boldsymbol{x}_0=(\boldsymbol{H}^{\mathrm{T}}\boldsymbol{H})^{-1}\boldsymbol{H}^{\mathrm{T}}\partial\boldsymbol{\rho} \tag{7.72}$$

如果将矩阵 $(\boldsymbol{H}^{\mathrm{T}}\boldsymbol{H})^{-1}\boldsymbol{H}^{\mathrm{T}}$ 写成如下形式：

$$(\boldsymbol{H}^{\mathrm{T}}\boldsymbol{H})^{-1}\boldsymbol{H}^{\mathrm{T}}=\begin{bmatrix}h_{11} & h_{12} & \cdots & h_{1m}\\ h_{21} & h_{22} & \cdots & h_{2m}\\ h_{31} & h_{32} & \cdots & h_{3m}\\ h_{41} & h_{42} & \cdots & h_{4m}\end{bmatrix} \tag{7.73}$$

则可以证明：

$$\sum_{i=1}^{m}h_{1i}=0,\quad \sum_{i=1}^{m}h_{2i}=0,\quad \sum_{i=1}^{m}h_{3i}=0,\quad \sum_{i=1}^{m}h_{4i}=1 \tag{7.74}$$

即矩阵 $(\boldsymbol{H}^{\mathrm{T}}\boldsymbol{H})^{-1}\boldsymbol{H}^{\mathrm{T}}$ 的前 3 个行向量的元素之和为 0，第 4 个行向量的元素之和为 1。因为 $(\boldsymbol{H}^{\mathrm{T}}\boldsymbol{H})^{-1}\boldsymbol{H}^{\mathrm{T}}$ 的前 3 个行向量是计算用户位置的 x，y，z，所以由式可以知道伪距观测量中的公共误差项不会对位置解算产生影响。而 $(\boldsymbol{H}^{\mathrm{T}}\boldsymbol{H})^{-1}\boldsymbol{H}^{\mathrm{T}}$ 的第 4 个行向量是计算用户钟差，所以伪距观测量中的公共误差项会影响钟差的解算。这个结论是理论推导得出来的，而且和我们的直观观察相吻合。

式（7.72）得到的是通过一次线性化后初始化和真实点之间的修正量，将这个修正量用来更新初始点，得到修正后的解，即

$$\boldsymbol{x}_1=\boldsymbol{x}_0+\mathrm{d}\boldsymbol{x}_0 \tag{7.75}$$

然后再用 $\boldsymbol{x}_1$ 作为起始点来重复式（7.70）~式（7.75）的过程，得到新的修正量 $\mathrm{d}\boldsymbol{x}_1$ 来更新上一次的解。

上述过程用通用的方式来描述，对第 k 次更新来说，其过程为

$$\mathrm{d}\boldsymbol{x}_{k-1}=(\boldsymbol{H}_{k-1}^{\mathrm{T}}\boldsymbol{H}_{k-1})^{-1}\boldsymbol{H}_{k-1}^{\mathrm{T}}\partial\boldsymbol{\rho}_{k-1} \tag{7.76}$$

$$\boldsymbol{x}_k = \boldsymbol{x}_{k-1} + \mathrm{d}\boldsymbol{x}_{k-1} \tag{7.77}$$

式中：$\boldsymbol{H}$ 和$\partial\boldsymbol{\rho}$ 都被加上了下标，是因为每一次更新 $\boldsymbol{x}_k$ 以后都要重新计算每颗卫星的方向余弦向量以及其对应的伪距残差。

更新终结的条件是通过判断 $\|\mathrm{d}\boldsymbol{x}_k\|$，即

$$\|\mathrm{d}\boldsymbol{x}_k\| < \text{预定门限} \tag{7.78}$$

其中预定门限是预先设定的一个阈值。当 $\|\mathrm{d}\boldsymbol{x}_k\|$ 小于该阈值时，就认为可以停止更新了。一般来说，如果设置起始点为地心，那么只需要约 5 次迭代就可以收敛到满意的精度。随着迭代次数的增多，$\|\mathrm{d}\boldsymbol{x}_k\|$ 的值越来越小，线性化的精度就越来越高。

在迭代终结的时刻，$\|\mathrm{d}\boldsymbol{x}_k\|$ 的值可以非常小，比如小于 1cm。这时需要注意的是，这并不意味着得到的用户位置和钟差的误差已经小于 1cm 了。$\|\mathrm{d}\boldsymbol{x}_k\|$ 的收敛只是意味着我们已经找到了使最小二乘法的代价函数最小的解，并不是说代价函数已经趋近于 0，所以用户的位置和钟差的误差还可能比较大。因此，试图通过增大迭代次数的方法来提高精度是行不通的。

在进行迭代计算时，还必须考虑地球自转的影响。GPS 卫星信号从太空传播到地球表面需要 60~80ms，在这段时间内地球转过了一定角度。这个角度很小，但考虑到地球的半径非常大，所以带来的定位误差不可忽视。

地球自转的角速度为 ω_e，每一次迭代时得到的预测伪距量除以光速就得到信号传播的时间 Δt_{tr}，于是在信号传输过程中地球转过的角度为

$$a_k = \omega_e \Delta t_{\mathrm{tr}} \tag{7.79}$$

这里 a_k 的下标表示第 k 次迭代，也就是说，每一次迭代都需要重新计算 a_k。

由于地球绕着 ECEF 坐标系的 z 轴旋转，所以由 a_k 可以计算转换矩阵如下：

$$\boldsymbol{R}_{a_k} = \begin{bmatrix} \cos a_k & \sin a_k & 0 \\ -\sin a_k & \cos a_k & 0 \\ 0 & 0 & 1 \end{bmatrix} \tag{7.80}$$

将该转换矩阵和通过星历数据计算得到的卫星坐标相乘，就得到了考虑自转效应以后的卫星坐标，即

$$\begin{bmatrix} x'_{sv} \\ y'_{sv} \\ z'_{sv} \end{bmatrix} = \begin{bmatrix} \cos a_k & \sin a_k & 0 \\ -\sin a_k & \cos a_k & 0 \\ 0 & 0 & 1 \end{bmatrix} \begin{bmatrix} x_{sv} \\ y_{sv} \\ z_{sv} \end{bmatrix} \tag{7.81}$$

然后利用 $[x'_{sv},\ y'_{sv},\ z'_{sv}]^{\mathrm{T}}$ 来计算卫星的方向余弦向量和预测的伪距量。

2. 利用多普勒观测量计算接收机速度

本节利用最小二乘法来求解接收机的速度和钟漂量。当接收机能获取 m

颗卫星的多普勒观测量时，可以列出如下的方程组：

$$\left.\begin{aligned}f_{d_1} &= \boldsymbol{DC}_1 \cdot (\boldsymbol{v}_{s_1} - \boldsymbol{v}_u) + c\dot{b} + n_{d_1}\\ f_{d_2} &= \boldsymbol{DC}_2 \cdot (\boldsymbol{v}_{s_2} - \boldsymbol{v}_u) + c\dot{b} + n_{d_2}\\ &\vdots\\ f_{d_m} &= \boldsymbol{DC}_m \cdot (\boldsymbol{v}_{s_m} - \boldsymbol{v}_u) + c\dot{b} + n_{d_m}\end{aligned}\right\} \tag{7.82}$$

式中：f_{d_1} 是第 i 颗卫星的多普勒测量（m/s）；$\boldsymbol{DC}_i$ 是第 i 颗卫星的方向余弦向量，一般是当位置求解的迭代过程收敛时得到的；v_{s_i} 是第 i 颗卫星的速度。需要注意的是，f_d 的单位是 m/s，但基带跟踪环输出的多普勒频率值是以赫兹或弧度为单位的。如果以赫兹为单位，则需要乘以载波波长；如果以弧度为单位，则还需要乘以 2π，载波波长数值用 $\boldsymbol{\lambda} = c/f_{\text{carrier}}$ 来计算。式（7.82）中共有四个待解的未知量，分别为用户的钟漂量 $c\dot{b}$ 和速度矢量 $\boldsymbol{v}_\text{u} = [v_x,\ v_y,\ v_z]^\text{T}$。为方便描述，统一使用一个矢量 $\boldsymbol{x}_v = [v_x,\ v_y,\ v_z,\ c\dot{b}]^\text{T}$ 表示。将式中的卫星速度项稍作整理，移到等号左边得到：

$$\left.\begin{aligned}f_{d_1} - \boldsymbol{DC}_1 \cdot \boldsymbol{v}_{s_1} &= - \boldsymbol{DC}_1 \cdot \boldsymbol{v}_u + c\dot{b} + n_{d_1}\\ f_{d_2} - \boldsymbol{DC}_2 \cdot \boldsymbol{v}_{s_2} &= - \boldsymbol{DC}_2 \cdot \boldsymbol{v}_u + c\dot{b} + n_{d_2}\\ &\vdots\\ f_{d_m} - \boldsymbol{DC}_m \cdot \boldsymbol{v}_{s_m} &= - \boldsymbol{DC}_m \cdot \boldsymbol{v}_u + c\dot{b} + n_{d_m}\end{aligned}\right\} \tag{7.83}$$

上式很容易理解：卫星作为高速运动的飞行器，其高速的运动贡献了多普勒频移中的大部分，所以必须将这部分去掉，剩下的部分就可以完全由用户的运动和本地钟漂决定，当然噪声项依然保留其中。一般把（$f_{d_s} - \boldsymbol{DC}_i \cdot \boldsymbol{v}_{s_i}$）称作线性化的多普勒观测量。

当用户静止不动时，因为 $\boldsymbol{v}_u = [0,\ 0,\ 0]^\text{T}$，则

$$(-\boldsymbol{DC}_i \cdot \boldsymbol{v}_u) = 0, \quad i = 1,\ 2,\ \cdots,\ m \tag{7.84}$$

此时，式（7.83）右边完全由本地钟漂和噪声项决定。本地钟漂对所有卫星的观测量来说是一个公共项，而噪声项相对来说比较小。此时如果在同一时刻对多颗卫星的线性化的多普勒观测量进行观察，会发现它们的值会非常接近。这一特性在实际系统调试时非常有用。

如果定义

$$
\boldsymbol{f}'_d = \begin{bmatrix} f_{d_1} - \boldsymbol{DC}_1 \cdot \boldsymbol{v}_{s_1} \\ f_{d_2} - \boldsymbol{DC}_2 \cdot \boldsymbol{v}_{s_2} \\ \vdots \\ f_{d_m} - \boldsymbol{DC}_m \cdot \boldsymbol{v}_{s_m} \end{bmatrix}, \quad \boldsymbol{H} = \begin{bmatrix} -\boldsymbol{DC}_1 & 1 \\ -\boldsymbol{DC}_2 & 1 \\ \vdots & \\ -\boldsymbol{DC}_m & 1 \end{bmatrix}, \quad \boldsymbol{n}_d = \begin{bmatrix} n_{d_1} \\ n_{d_2} \\ \vdots \\ n_{d_m} \end{bmatrix} \tag{7.85}
$$

则可以写成矩阵的形式，即

$$
\boldsymbol{f}'_d = \boldsymbol{H}\boldsymbol{x}_v + \boldsymbol{n}_d \tag{7.86}
$$

将式（7.86）与式（7.61）相比，会发现式（7.86）已经是标准的线性状态观测方程了，所以对其求解和对位置的解算不同，速度解算无须迭代，可以直接用最小二乘法求解：

$$
\boldsymbol{x}_v = (\boldsymbol{H}^{\mathrm{T}}\boldsymbol{H})^{-1}\boldsymbol{H}^{\mathrm{T}}\boldsymbol{f}'_d \tag{7.87}
$$

式（7.87）中体现 $(\boldsymbol{H}^{\mathrm{T}}\boldsymbol{H})^{-1}\boldsymbol{H}^{\mathrm{T}}$ 的性质在此处依然成立，所以所有多普勒观测量中的公共误差项都不会影响用户速度的解算，而只会影响钟漂的解算。

7.4.3　几何精度因子

通过对 7.2 节中伪距观测量定位的算法分析，同时根据最小二乘法中状态误差的协方差矩阵，可以得到此时的位置误差的协方差矩阵为

$$
\mathrm{var}\{\delta\boldsymbol{x}_u\} = (\boldsymbol{H}^{\mathrm{T}}\boldsymbol{H})^{-1}\boldsymbol{H}^{\mathrm{T}}\boldsymbol{R}\boldsymbol{H}(\boldsymbol{H}\boldsymbol{H}^{\mathrm{T}})^{-1} \tag{7.88}
$$

这里用 $\delta\boldsymbol{x}_u$ 是为了和上节中的每次迭代的更新量 $\mathrm{d}\boldsymbol{x}_i$ 区分开：$\boldsymbol{R}$ 是伪距观测量中的噪声向量的协方差阵，一般假设不同卫星的观测噪声是相互独立的，所以 $\boldsymbol{R}$ 是对角矩阵，用 $\mathrm{diag}\{\sigma_1^2, \sigma_2^2, \cdots, \sigma_m^2\}$ 来表示。很显然，σ_i^2 是噪声功率，衡量了第 i 颗卫星伪距观测量的好坏。得 $\boldsymbol{R}=\sigma^2\boldsymbol{I}$，$\boldsymbol{I}$ 为 m 阶单位矩阵。

将 $\boldsymbol{R}=\sigma^2\boldsymbol{I}$ 代入式（7.88）可得到

$$
\mathrm{var}\{\delta\boldsymbol{x}_u\} = (\boldsymbol{H}^{\mathrm{T}}\boldsymbol{H})^{-1}\boldsymbol{H}^{\mathrm{T}}\sigma^2\boldsymbol{I}\boldsymbol{H}(\boldsymbol{H}\boldsymbol{H}^{\mathrm{T}})^{-1} = \sigma^2(\boldsymbol{H}\boldsymbol{H}^{\mathrm{T}})^{-1} \tag{7.89}
$$

将 $(\boldsymbol{H}\boldsymbol{H}^{\mathrm{T}})^{-1}$ 用 $[\hbar_{i,j}]$ 来记，其中 $\hbar_{i,j}$ 表示该矩阵的第 i 行第 j 列元素，于是

$$
\begin{cases} \mathrm{var}\{\delta x_u\} = \sigma^2\hbar_{1,1} \\ \mathrm{var}\{\delta y_u\} = \sigma^2\hbar_{2,2} \\ \mathrm{var}\{\delta z_u\} = \sigma^2\hbar_{3,3} \\ \mathrm{var}\{\delta b\} = \sigma^2\hbar_{4,4} \end{cases} \tag{7.90}
$$

从式（7.88）到式（7.90）可以看出，$(\boldsymbol{H}\boldsymbol{H}^{\mathrm{T}})^{-1}$ 矩阵对角线上的元素在一定程度上反映了定位结果的精确度。故精度因子为

位置精度因子（PDOP）$= \sqrt{\hbar_{1,1}+\hbar_{2,2}+\hbar_{3,3}}$

钟差精度因子（TDOP）= $\sqrt{\hbar_{4,4}}$

几何精度因子（GDOP）= $\sqrt{\hbar_{1,1}+\hbar_{2,2}+\hbar_{3,3}+\hbar_{4,4}}$

水平位置精度因子（HDOP）= $\sqrt{\hbar_{1,1}+\hbar_{2,2}}$

垂直位置精度因子（VDOP）= $\sqrt{\hbar_{3,3}}$

精度因子可以看作从观测量中的测量误差到状态估计误差的线性映射。在观测量误差都相同的情况下，较大的精度因子会引起较大的状态估计误差，而较小的精度因子会使状态估计的误差更小。从精度因子的定义可以看出，精度因子和实际的观测量噪声无关，而仅仅与（$\boldsymbol{HH}^{\mathrm{T}}$）$^{-1}$ 有关，（$\boldsymbol{HH}^{\mathrm{T}}$）$^{-1}$ 直接由 $\boldsymbol{H}$ 矩阵算出。

7.4.4 卫星误差模拟

1. 电离层误差

电离层是地球大气层被太阳射线电离的部分，距离地表面的高度为 50~1000km，它是地球磁层的内界。在太阳光的强烈照射下，电离层中的中性气体分子被电离，从而产生了大量的正离子和自由电子，这些正离子与自由电子对导航电波的传播产生了影响。

当 GPS 卫星信号穿越电离层时，存在一定的时延，时延与遇到的自由电子数量成正比。电子密度受当地时间、磁纬度、太阳黑子周期等因素的影响。

我们所使用的电离层修正模型，是 Klobuchar 电离层时延模型。卫星用户电离层修正算法的组成需要用户的大致经纬度位置，以及相对于每个卫星的方位角和仰角。

计算步骤如下：

（1）计算地球中心角。

$$\psi = 0.0137/(El + 0.11) - 0.022 \tag{7.91}$$

式中：El 为卫星仰角。

（2）计算电离层穿刺点地球投影的大地纬度。

$$\phi_I = \phi_U + \psi\cos Az \tag{7.92}$$

式中：ϕ_U 为卫星接收机纬度，Az 为卫星方位角。

（3）计算电离层穿刺点地球投影的大地经度。

$$\lambda_I = \lambda_U + \left(\psi\frac{\sin Az}{\cos\phi_I}\right) \tag{7.93}$$

式中：λ_U 为卫星接收机经度。

（4）找到电离层穿刺点地球投影的地磁纬度。

$$\phi_m = \phi_I + 0.064\cos(\lambda_I - 1.617) \tag{7.94}$$

（5）找到电离层穿刺点的当地时间。

$$t = 4.32 \times 10^4 \lambda_I + T_{\text{GPS}} \tag{7.95}$$

式中：T_{GPS} 为卫星接收机时间。

（6）计算电离层映射函数。

$$F = 1 + 16(0.53 - El)^3 \tag{7.96}$$

（7）计算电离层时延。

$$x = \frac{2\pi(t - 50400)}{\underbrace{\sum_{n=0}^{3} \beta_n \phi_m^n}_{\text{PER}}} \tag{7.97}$$

式中：PER 为模型余弦函数的周期，当 PER 大于 72000 时，PER 取 72000；β_n 为电离层参数，来源于卫星星历。当 $|x|>1.57$ 时，电离层时延取

$$T_{\text{iono}} = F \times (5 \times 10^{-9}) \tag{7.98}$$

否则，电离层时延取

$$T_{\text{iono}} = F\left[5 \times 10^{-9} + A\left(1 - \frac{x^2}{2} + \frac{x^4}{24}\right)\right] \tag{7.99}$$

式中，A 为模型余弦函数的幅值，且 $A = \sum_{n=0}^{3} \alpha_n \phi_m^n$，$\alpha_n$ 为电离层参数，来源于卫星星历。

2. 对流层误差

卫星信号穿过对流层和平流层时，其传播速度将发生变化，信号的传播路径将发生弯曲，而且该种变化的 80%源于对流层。因此，常将对流层和平流层对卫星信号的影响称作对流层效应。对流层是离地面高度 50km 以下的大气层，且是一种非电离大气层。

对流层延迟由干分量和湿分量两部分组成。一般是利用数学模型，根据气压温度、湿度等气象数据的地面观测值来估计对流层误差并加以改正。常用的模型有 Hopfield 模型、Saastamoinen 模型等。

对流层分析系统的主要目的是估计可转化为综合水汽的湿对流层延迟，从而作为数值天气和气候模型的有价值的输入。本节所介绍的对流层模型为 Hopfield 模型。Hopfield 模型中将对流层的延迟分为两部分：干延迟，湿延迟。干延迟和湿延迟的计算公式如下所示：

$$\left.\begin{aligned}\delta_d^z &= 1.552\times10^{-5}\times\frac{P_0}{T_0}\times(H_d-h)\\ H_d &= 40136+147.72(T_0-273.16)\end{aligned}\right\}\tag{7.100}$$

$$\delta_w^z = 7.46512\times10^{-2}\times\frac{e_w}{T_0^2}\times(H_w-h)\tag{7.101}$$

式中：P_0 为地面气压；T_0 为地面温度；e_w 为地面水气压；H_d 为干大气层定高；H_w 为湿大气层定高，一般取 $H_w=11000\text{m}$，也可根据地点和温度取其他值；h 为观测站在大气水准面上的高度。

则 Hopfield 模型中的对流层延迟为 $\delta^z=\delta_d^z+\delta_m^z$。

3. 卫星时钟修正量

在卫星导航系统中，精准的时钟是至关重要的，如果时钟误差为 1μs，那么它将导致 300m 的距离误差。因而，全面考虑到每一种可能的误差来源，提高时钟精度就显得十分重要。卫星接收机接收来自卫星的信号，其传输时间正比于伪距测量观测值。那么传输时间与伪距观测量的关系为

$$t_r=\rho/c\tag{7.102}$$

式中：t_r 为信号从卫星到接收机的传播时间（s）；ρ 为伪距观测量（m）；c 为光速（m/s）。

卫星信号发射时间可以表示为

$$t_{sv}=t_m-t_t\tag{7.103}$$

式中：t_{sv} 为卫星信号发射时间（s）；t_m 为信号接收时刻；t_t 为卫星信号发出时刻。

卫星钟差可由导航电文包含的多项式因子计算得到

$$\Delta t_{sv}=a_{f_0}+a_{f_1}(t-t_{oc})+a_{f_2}(t-t_{oc})^2\tag{7.104}$$

式中：Δt_{sv} 为卫星时钟修正值；a_{f_0} 为卫星钟差；a_{f_1} 为微小误差；a_{f_2} 为微小频漂；t_{oc} 为时钟参考点，（$t-t_{oc}$）的值应修正到周内时计数限定范围内。

利用上面提及的卫星钟差，信号传播时间的修正值为

$$t=t_{sv}-\Delta t_{sv}-\Delta t_r\tag{7.105}$$

式中：Δt_r 为相对论修正值，可表示为

$$\Delta t_r=-4.442807633\times10^{-10}e\sqrt{a}\sin E_k\tag{7.106}$$

式中：e 为卫星轨道的离心率；a 为半长轴；E_k 为偏近点角。

卫星钟差可以定义为

$$\delta t_s=\Delta t_{sv}+\Delta t_r\tag{7.107}$$

伪距观测量的修正方程为

$$\rho_{\text{corrected}} = \rho_{\text{measured}} + c\delta t_s \tag{7.108}$$

7.5　制导炮弹组合导航系统半实物仿真试验

制导炮弹组合导航系统半实物仿真试验结果如图 7-8～图 7-11 所示，位置误差在 2m 以内；速度误差在 0.2m/s 以内，姿态角误差在 2°以内，攻角侧滑角收误差在 2°以内。

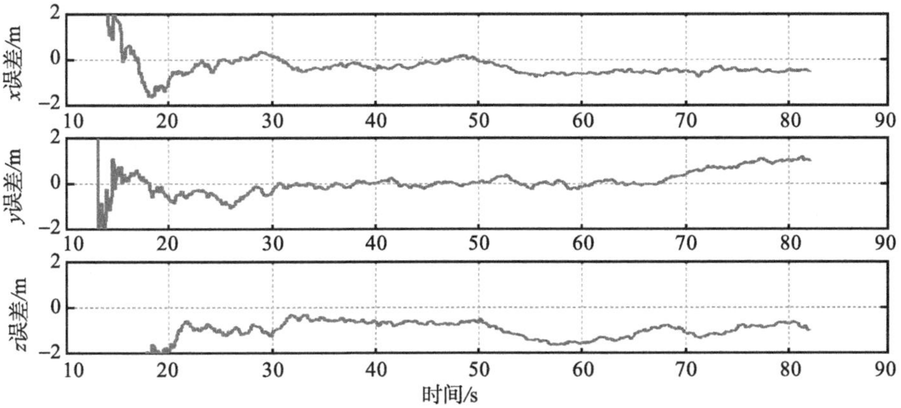

图 7-8　半实物仿真试验位置误差

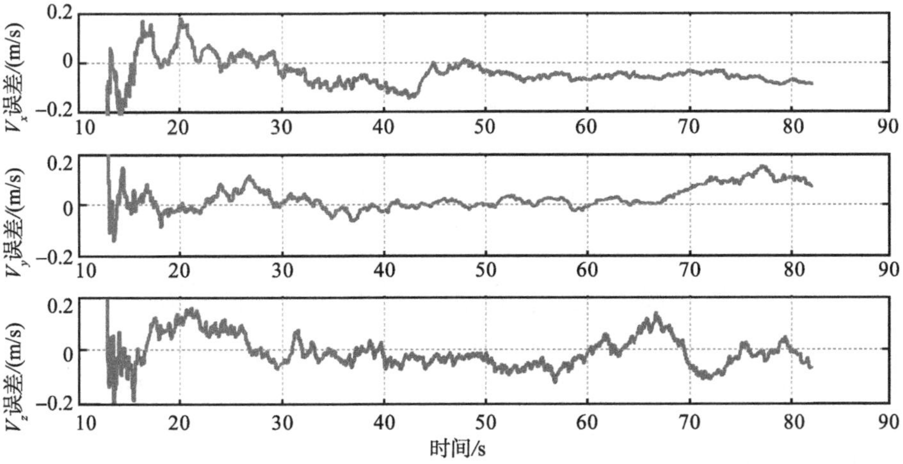

图 7-9　半实物仿真试验速度误差

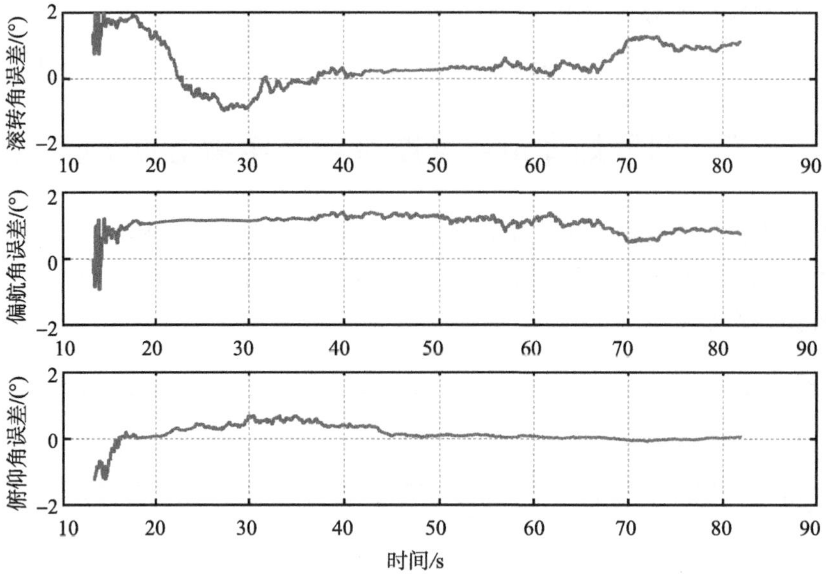

图 7-10　半实物仿真试验姿态误差

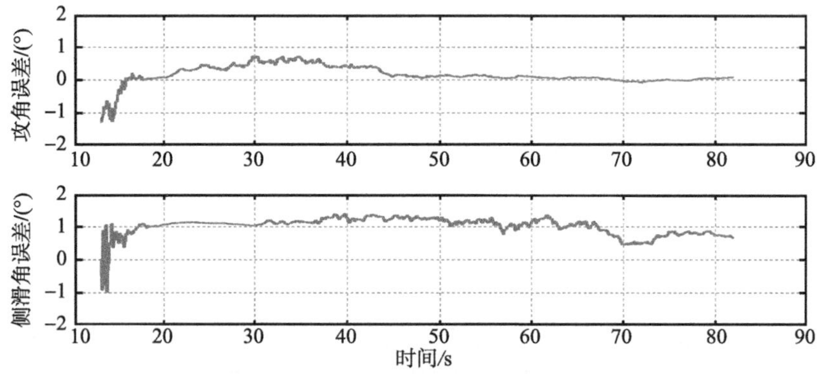

图 7-11　半实物仿真试验攻角和侧滑角误差

7.6　制导炮弹组合导航系统跑车试验

制导炮弹组合导航系统跑车试验的目的是验证组合导航软件实现的可靠性和稳定性、验证组合导航算法的精度。跑车试验的主惯导采用西安中科华芯的 90 激光陀螺导航系统，技术指标如表 7-1 所示，跑车路线的总体图和部分细节如图 7-12 所示。

表 7-1 90 激光陀螺导航系统技术指标

主要参数	技术指标
自对准航向精度	≤0.03°（1σ）
自对准姿态精度	≤0.01°（1σ）
自对准时间	8min
横滚角测量范围	-180°~+180°
俯仰角测量范围	-90°~+90°
航向角测量范围	0°~360°
航向角测量精度	≤0.03°/h（1σ）
姿态测量精度	≤0.01°/h（1σ）
水平位置测量精度	<3m（1σ）（卫星信号有效）
高度测量精度	<3m（1σ）（卫星信号有效）
速度测量精度	<0.3m/s（1σ）（卫星信号有效）
纯惯性导航定位精度	0.6n mile/h（CEP）

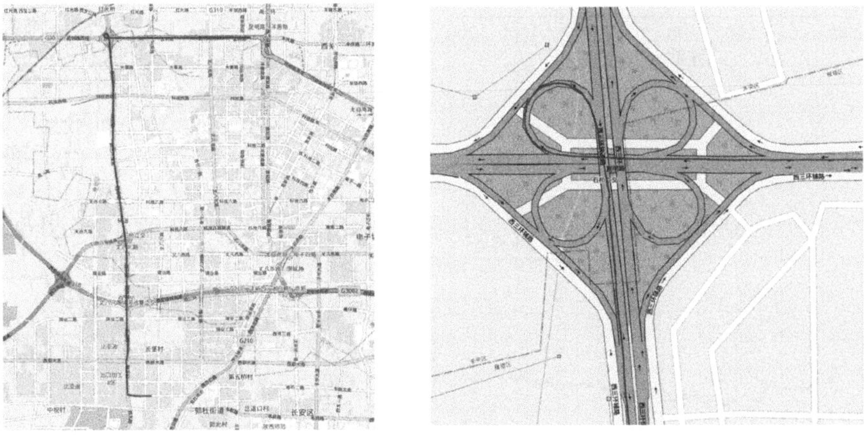

图 7-12 跑车总体图和部分细节

通过与主惯导数据对比，如图 7-13~图 7-23 所示，位置与主惯导位置误差约 5m 以内，速度与主惯导速度误差约 0.2m/s 以内，俯仰角和横滚角与主惯导误差约 0.5°。航向角最大误差为 14°，主要由陀螺误差和滤波器不可观测性导致，机动后能够收敛。

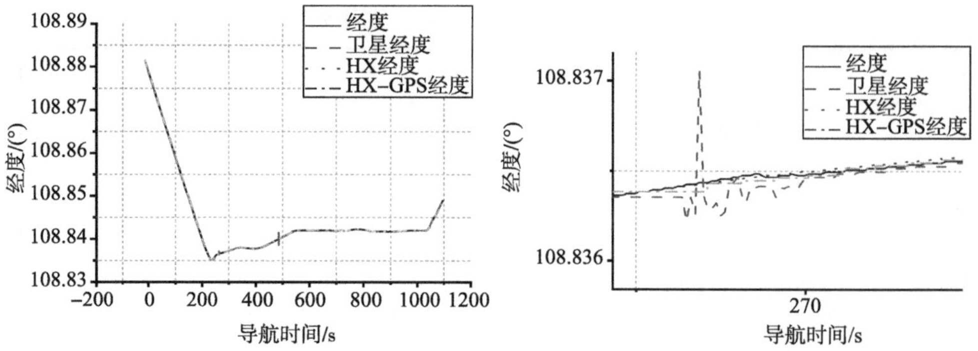

图 7-13　组合导航经度比较

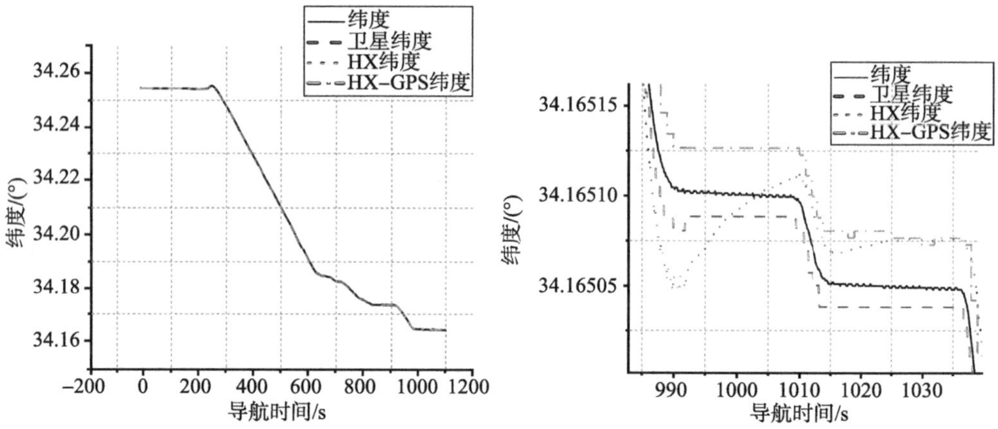

图 7-14　组合导航纬度比较

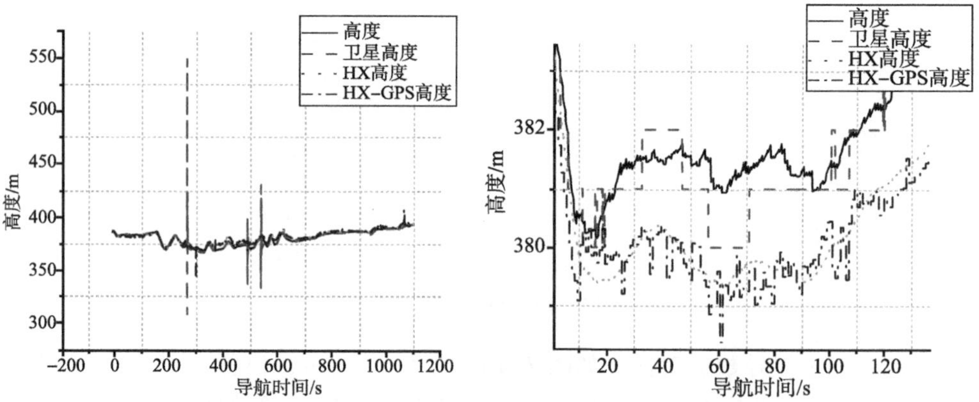

图 7-15　组合导航高度比较

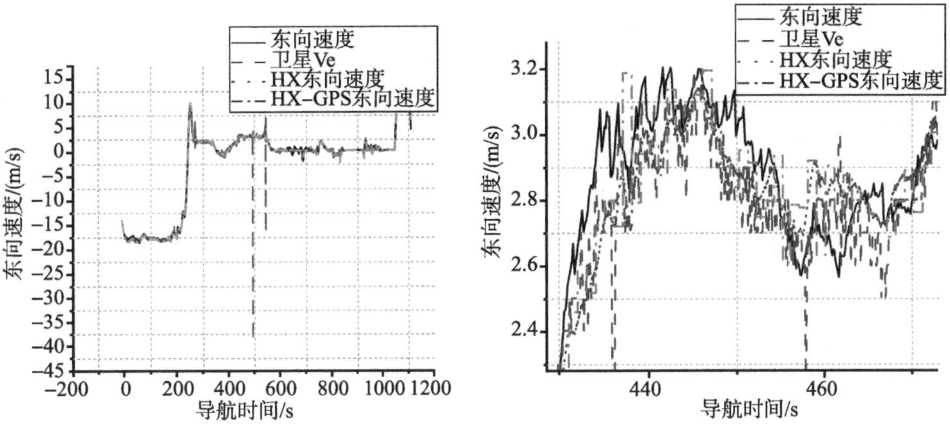

图 7-16　组合导航东向速度比较

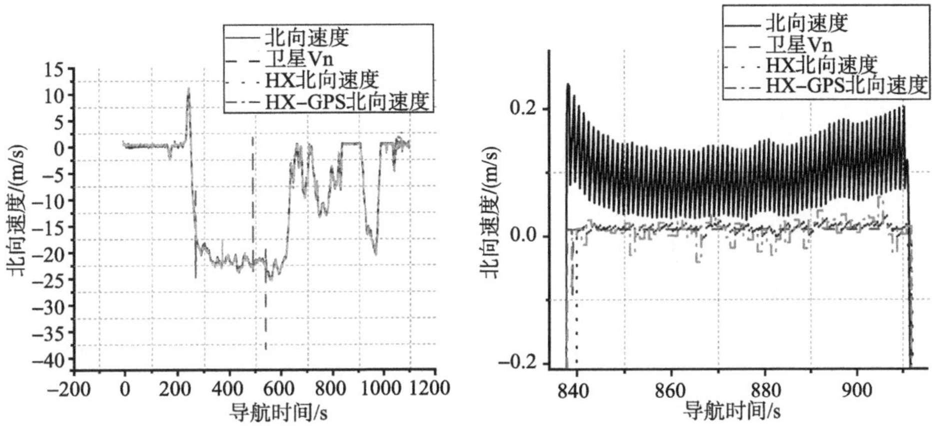

图 7-17　组合导航北向速度比较

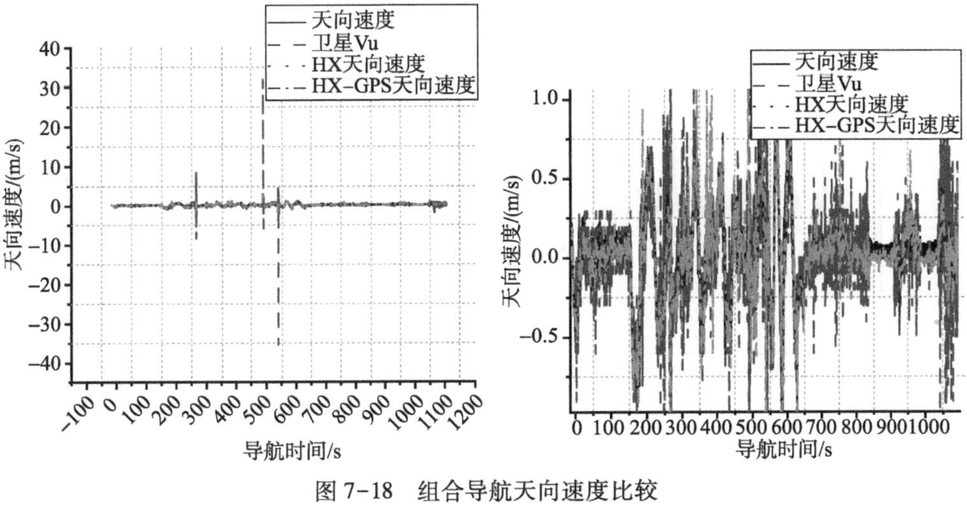

图 7-18　组合导航天向速度比较

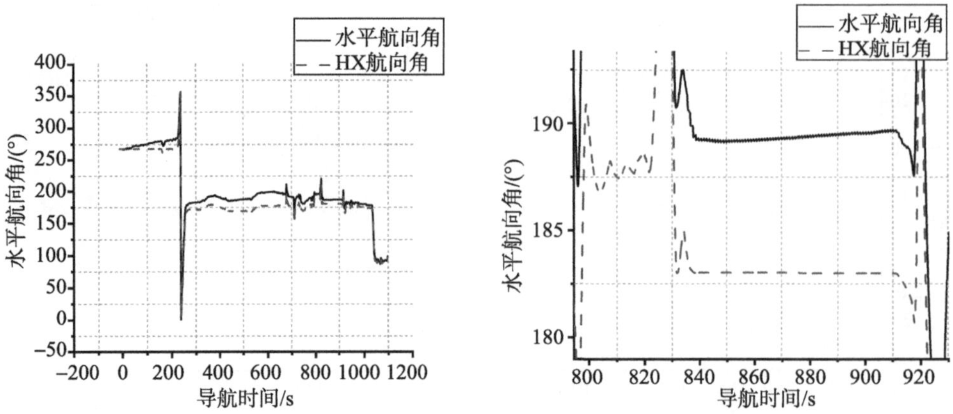

图 7-19 组合导航航向角比较

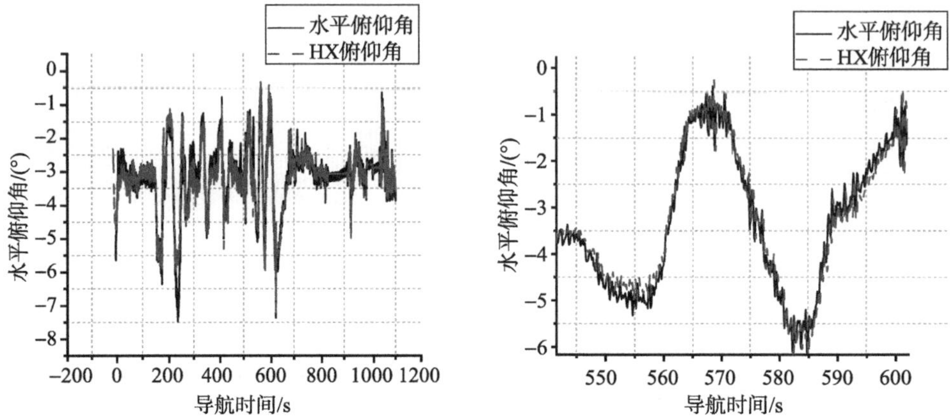

图 7-20 组合导航俯仰角比较

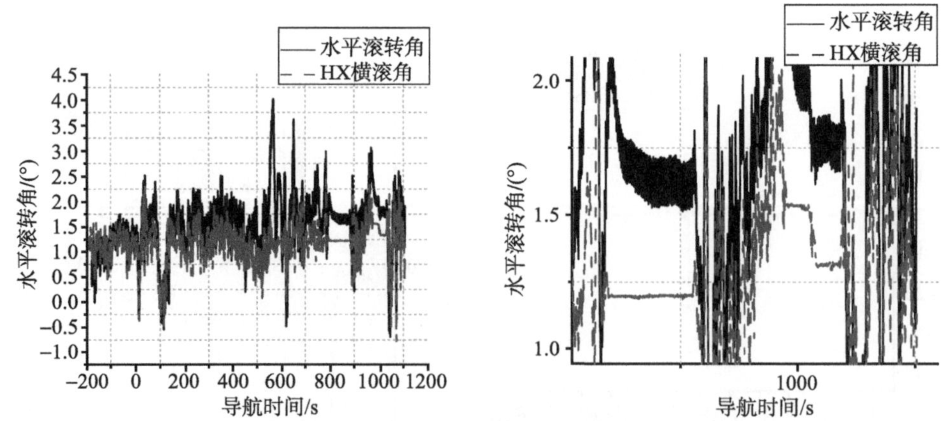

图 7-21 组合导航滚转角比较

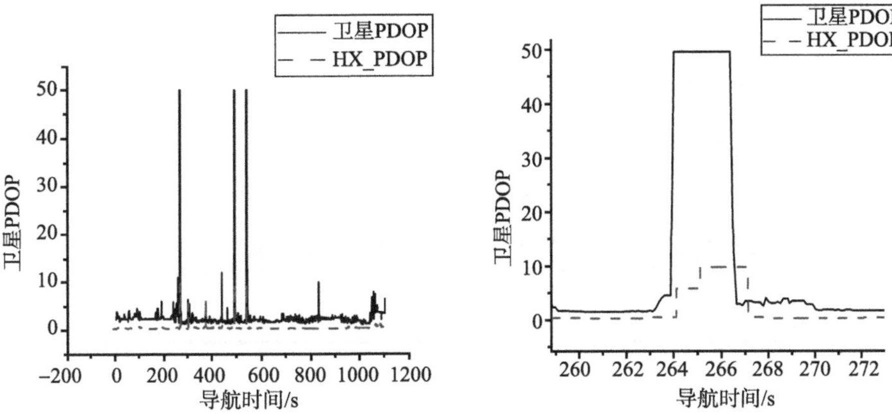

图 7-22　卫星接收机 PDOP 比较

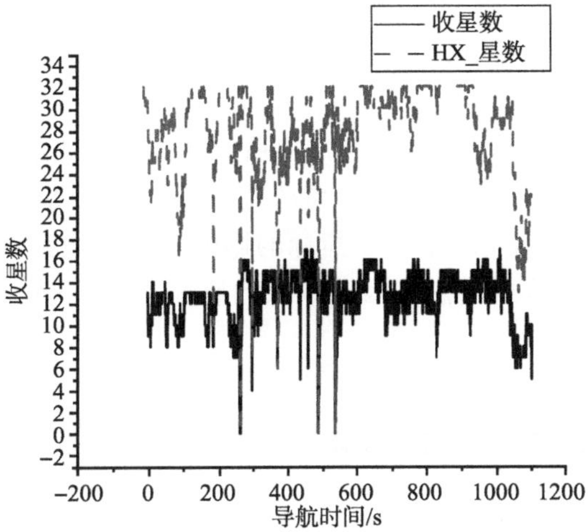

图 7-23　卫星接收机卫星数比较

第8章 制导炮弹弹道重构和精度评估技术

制导炮弹飞行过程中，SINS/GNSS 组合导航系统能够在飞行过程中进行实时导航解算，但在进行组合导航状态估计时，受到计算实时性的影响，组合导航解算能够估计的状态量少，导航结果的精度也会受到较大限制。另外，由于制导炮弹发射时的冲击影响，IMU 的精度将发生变化，需要评估 IMU 的精度变化。因此，本章研究基于内测信息的事后处理技术，通过事后处理技术对制导炮弹进行弹道重构，得到制导炮弹高精度飞行轨迹和飞行中 IMU 指标精度，评估制导炮弹发射冲击前后对 IMU 指标的影响。制导炮弹的可用内测信息有 SINS 信息和 GNSS 接收机信息，因此本章的研究内容围绕 SINS/GNSS 组合导航事后数据处理展开。

8.1 基于内测信息的制导炮弹弹道重构流程

制导炮弹基于内测信息的弹道重构的可用信息包括 SINS 信息和 GNSS 信息，SINS/GNSS 组合导航事后数据处理流程如图 8-1 所示。

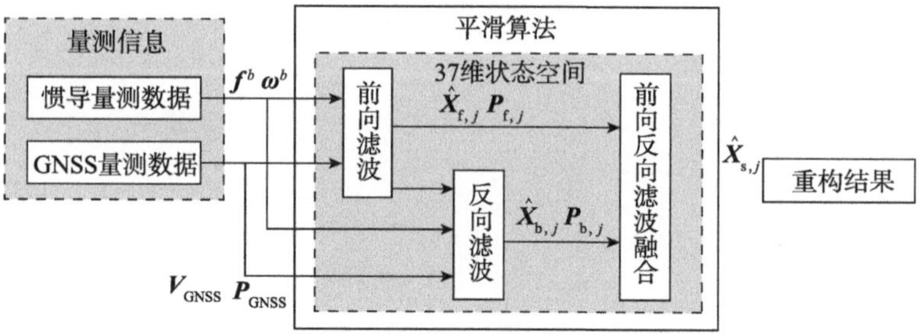

图 8-1 SINS/GNSS 组合导航事后数据处理流程

在建立事后处理状态空间模型的基础上，首先利用 IMU 的加速度和角速度信息进行惯导解算，将获得的速度位置信息与 GNSS 接收机信息同步作差，将速度位置差值作为事后处理状态空间模型卡尔曼滤波方程的观测量进行前向卡尔曼滤波。其次，利用前向卡尔曼滤波过程中获得的协方差矩阵和状态转移矩阵，再进行后向卡尔曼滤波，而后以估计方差的逆为权值，对前向滤波和后向滤波两个滤波过程得到的结果进行加权融合，从而使估计方差比两个滤波过程估计方差都小，前向卡尔曼滤波、后向卡尔曼滤波和信息融合三个过程合称为最优平滑。最后根据信息融合后的最优平滑结果对 INS 输出的位置、速度和姿态进行校正，作为系统最终输出的导航信息。

8.2　事后处理状态空间模型

在制导炮弹真实发射和飞行过程中，受到制导炮弹弹载计算机计算平台算力的限制，组合导航系统的卡尔曼滤波器的维数不宜过高，否则可能造成计算时间过长，无法在有限的计算时间内得到准确的计算结果，严重时还可能导致程序跑飞。通常认为卡尔曼滤波的计算量与状态向量维数的三次方成正比，当状态维数增大时，卡尔曼滤波的计算量也会急剧增大。因此，制导炮弹的组合导航系统中采用了 15 维卡尔曼滤波器。但在事后处理技术中，可以对内测信息进行离线计算，没有实时性要求，并且计算平台的算力也更强，因此可以选取更多状态向量，设计更高维数的组合导航方程，以此来获得更高精度的制导炮弹弹道。

制导炮弹的实时组合导航系统模型采用的 15 维状态向量分别为失准角误差（3 维）、速度误差（3 维）、位置误差（3 维）、陀螺仪零偏（3 维）和加速度计零偏（3 维），由于事后处理的目的为获得更高精度的制导炮弹弹道，可以对其状态进行扩充，本节将制导炮弹的组合导航系统扩充为 37 阶系统，建立组合导航的离线后处理 37 维状态空间模型。

8.2.1　事后处理状态空间模型状态向量

1. 空间杆臂误差

定义制导炮弹惯组中心相对于地心 O_e 的矢量为 $\boldsymbol{R}$，卫星接收机天线相位中心相对于地心的矢量为 $\boldsymbol{r}$，天线相位中心相对于惯组的矢量为 $\delta\boldsymbol{l}$，如图 8-2 所示，记为空间杆臂误差。

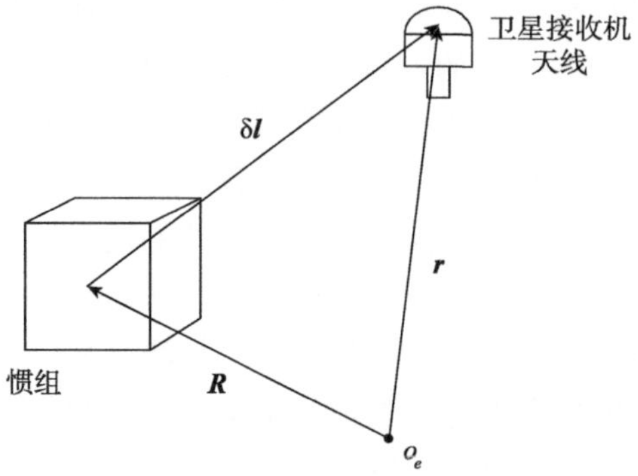

图 8-2　惯组与卫星接收机天线之间的杆臂

由图 8-2 可知，$\boldsymbol{R}$、$\boldsymbol{r}$ 和 $\delta\boldsymbol{l}$ 三者之间的矢量关系满足：

$$\boldsymbol{r}=\boldsymbol{R}+\delta\boldsymbol{l} \tag{8.1}$$

由于在载体中，卫星天线和惯组之间的安装位置一般相对固定不动，即有

$$\left.\frac{\mathrm{d}(\delta\boldsymbol{l})}{\mathrm{d}t}\right|_b=\boldsymbol{0} \tag{8.2}$$

将式（8.1）在地心地固系（e 系）下求导，得

$$\left.\frac{\mathrm{d}\boldsymbol{r}}{\mathrm{d}t}\right|_e=\left.\frac{\mathrm{d}\boldsymbol{R}}{\mathrm{d}t}\right|_e+\left.\frac{\mathrm{d}(\delta\boldsymbol{l})}{\mathrm{d}t}\right|_e=\left.\frac{\mathrm{d}\boldsymbol{R}}{\mathrm{d}t}\right|_e+\left.\frac{\mathrm{d}(\delta\boldsymbol{l})}{\mathrm{d}t}\right|_b+\boldsymbol{\omega}_{eb}\times\delta\boldsymbol{l} \tag{8.3}$$

将式（8.2）代入式（8.3），得

$$\left.\frac{\mathrm{d}\boldsymbol{r}}{\mathrm{d}t}\right|_e=\left.\frac{\mathrm{d}\boldsymbol{R}}{\mathrm{d}t}\right|_e+\boldsymbol{\omega}_{eb}\times\delta\boldsymbol{l} \tag{8.4}$$

式中：$\boldsymbol{V}_{SD}=\left.\frac{\mathrm{d}\boldsymbol{r}}{\mathrm{d}t}\right|_e$ 为卫星天线的地速；$\boldsymbol{V}_{ID}=\left.\frac{\mathrm{d}\boldsymbol{R}}{\mathrm{d}t}\right|_e$ 为惯导系统的地速。则式（8.4）为

$$\boldsymbol{V}_{SD}=\boldsymbol{V}_{ID}+\boldsymbol{\omega}_{eb}\times\delta\boldsymbol{l} \tag{8.5}$$

将式（8.5）投影到发射系下，可得

$$\boldsymbol{V}_{SD}^g=\boldsymbol{V}_{ID}^g+\boldsymbol{R}_b^g(\boldsymbol{\omega}_{eb}^b\times\delta\boldsymbol{l}^b) \tag{8.6}$$

定义发射系下的惯导速度与卫星速度之间的速度误差为杆臂速度误差 $\delta\boldsymbol{V}_L^g$，则有

$$\delta\boldsymbol{V}_L^g=\boldsymbol{V}_{ID}^g-\boldsymbol{V}_{SD}^g=-\boldsymbol{R}_b^g(\boldsymbol{\omega}_{eb}^b\times\delta\boldsymbol{l}^b)=-\boldsymbol{R}_b^g(\boldsymbol{\omega}_{eb}^b\times)\delta\boldsymbol{l}^b \tag{8.7}$$

定义发射系下的惯导位置与卫星位置之间的位置误差为杆臂位置误差 $\delta\boldsymbol{P}_{GL}^g$，则有

$$\delta\boldsymbol{P}_{GL}^g=\boldsymbol{P}_I^g-\boldsymbol{P}_S^g=-\boldsymbol{R}_b^g\delta\boldsymbol{l}^b \tag{8.8}$$

2. 时间不同步误差

在制导炮弹惯性/卫星组合导航系统中，惯性和卫星两类传感器的时间滞后一般并不相同，定义惯组与卫星传感器之间的采样时延为 δt，记为时间不同步误差，如图 8-3 所示。

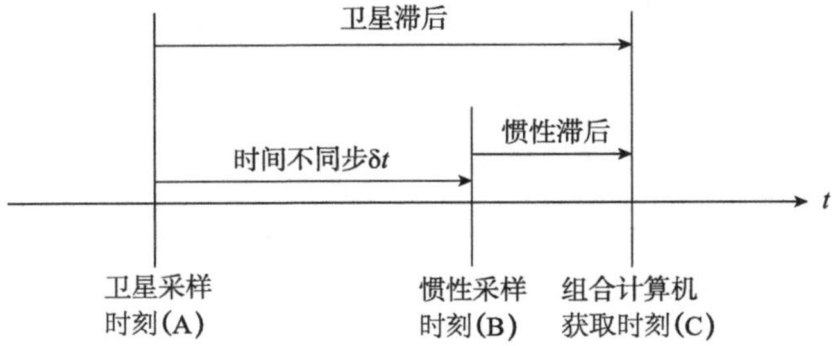

图 8-3　惯组与卫星接收机之间的时间不同步

由图 8-3 可知，在发射系下，惯导速度和卫星速度之间的关系应为

$$\boldsymbol{V}_S^g + \boldsymbol{a}^g\delta t = \boldsymbol{V}_I^g \tag{8.9}$$

式中：$\boldsymbol{a}^g$ 为载体在不同步时间附近的平均线加速度，它可以通过惯导在两相邻时间 $T=t_m-t_{m-1}$ 内的速度平均变化来近似，即

$$\boldsymbol{a}^g \approx \frac{\boldsymbol{v}_{I(m)}^g - \boldsymbol{v}_{I(m-1)}^g}{T} \tag{8.10}$$

一般情况下，可将时间不同步误差 δt 视为常值参数。

由式（8.9）可计算得惯导和卫星导航之间的速度不同步误差 $\delta\boldsymbol{V}_{\delta t}^g$ 为

$$\delta\boldsymbol{V}_{\delta t}^g = \boldsymbol{V}_I^g - \boldsymbol{V}_S^g = \boldsymbol{a}^g\delta t \tag{8.11}$$

两者之间的位置不同步误差 $\delta\boldsymbol{P}_{\delta t}^g$ 为

$$\delta\boldsymbol{P}_{\delta t}^g = \boldsymbol{P}_I^g - \boldsymbol{P}_S^g = \boldsymbol{V}_I^g\delta t \tag{8.12}$$

3. 惯性测量组件误差

参考 7.3.1 节，对于陀螺组件，不考虑随机噪声时其测量误差模型为

$$\delta\boldsymbol{\omega}_{ib}^b = \widetilde{\boldsymbol{\omega}}_{ib}^b - \boldsymbol{\omega}_{ib}^b \approx \boldsymbol{M}_g\boldsymbol{\omega}_{ib}^b + \boldsymbol{\varepsilon}^b \tag{8.13}$$

式中：$\widetilde{\boldsymbol{\omega}}_{ib}^b$ 为陀螺实际测量角速度输出；$\boldsymbol{\omega}_{ib}^b$ 为陀螺理论角速度输出；$\boldsymbol{M}_g$ 为陀螺仪一次项相关的误差矩阵；$\boldsymbol{\varepsilon}^b$ 为陀螺零偏。

参考 7.3.1 节，对于加速度计组件，不考虑二次项相关误差以及随机噪声时，其测量误差模型为

$$\delta\boldsymbol{f}_{sf}^b = \widetilde{\boldsymbol{f}}_{sf}^b - \boldsymbol{f}_{sf}^b \approx \boldsymbol{M}_a\boldsymbol{f}_{sf}^b + \boldsymbol{\nabla}^b \tag{8.14}$$

式中：$\boldsymbol{f}_{\mathrm{sf}}^{b}$为加速度计的比力理论值；$\tilde{\boldsymbol{f}}_{\mathrm{sf}}^{b}$为加速度计的测量输出值；$\boldsymbol{M}_a$ 为加速度计一次项相关的误差矩阵；$\boldsymbol{\nabla}^b$ 为加速度计零偏。

需要说明的是，在不以捷联惯性测量组件壳体作为姿态参考基准使用的情况下，为确保标定时加速度计一次项相关的误差矩阵$\boldsymbol{M}_a$ 的唯一可解性，可将标定误差矩阵约束为三角矩阵且对角线元素均取正值，由矩阵论的 QR 分解理论知此约束总是可行且唯一的，最简单的方法就是理想载体坐标系 b 和实际载体坐标系 b'之间的转换矩阵 $\boldsymbol{R}_b^{b'}$ 为单位阵且 $\boldsymbol{M}_a$ 为三角矩阵，因此在进行组合导航的离线后处理时，可以将$\boldsymbol{M}_a$ 取为三角矩阵。但是值得注意的是，在$\boldsymbol{M}_a$ 存在约束的情况下，陀螺的一次项相关的误差矩阵$\boldsymbol{M}_g$ 就不能再限定为三角矩阵。因此，在构建制导炮弹导航系统状态空间模型的时候，可以将陀螺仪一次项相关的误差矩阵$\boldsymbol{M}_g$ 取为 9 维的 3×3 矩阵，将加速度计一次项相关的误差矩阵$\boldsymbol{M}_a$ 取为 3×3 的三角矩阵（6 维）。

8.2.2 事后处理状态空间模型卡尔曼滤波方程

在制导炮弹 15 维导航系统模型的基础上，将上述空间杆臂误差（3 维）、时间不同步误差（1 维）、陀螺仪一次项相关的误差矩阵（9 维）、加速度计一次项相关的误差矩阵（6 维）和 GNSS 速度误差（3 维）扩充为状态，建立制导炮弹导航系统的 37 阶系统。

选择速度和位置误差作为观测量，建立制导炮弹 SINS/GNSS 组合导航系统速度/位置量测方程如下：

$$\begin{aligned}\boldsymbol{Z}_v &= \tilde{\boldsymbol{V}}_I^g - \tilde{\boldsymbol{V}}_S^g \\ &= (\boldsymbol{V}_I^g + \delta\boldsymbol{V}_I^g) - [\boldsymbol{V}_I^g + \boldsymbol{R}_b^g(\boldsymbol{\omega}_{eb}^b \times)\delta\boldsymbol{l}^b + \boldsymbol{a}^g\delta t + \delta\boldsymbol{V}_S^g] + \boldsymbol{V}_v \\ &= \delta\boldsymbol{V}_I^g - \boldsymbol{R}_b^g(\boldsymbol{\omega}_{eb}^b \times)\delta\boldsymbol{l}^b - \boldsymbol{a}^g\delta t - \delta\boldsymbol{V}_S^g + \boldsymbol{V}_v\end{aligned} \tag{8.15}$$

$$\begin{aligned}\boldsymbol{Z}_p &= \tilde{\boldsymbol{P}}_{\mathrm{SINS}}^g - \tilde{\boldsymbol{P}}_{\mathrm{GPS}}^g = (\boldsymbol{P}_{\mathrm{INS}}^g + \delta\boldsymbol{P}^g) - (\boldsymbol{P}_{\mathrm{INS}}^g + \boldsymbol{R}_b^g\delta\boldsymbol{l}^b + \boldsymbol{V}_{\mathrm{INS}}^g\delta t) + \boldsymbol{V}_p \\ &= \delta\boldsymbol{P}^g - \boldsymbol{R}_b^g\delta\boldsymbol{l}^b - \boldsymbol{V}_{\mathrm{INS}}^g\delta t + \boldsymbol{V}_p\end{aligned} \tag{8.16}$$

式中：$\tilde{\boldsymbol{V}}_I^g$ 为 SINS 计算速度；$\tilde{\boldsymbol{V}}_S^g$ 为 GNSS 计算速度；$\tilde{\boldsymbol{P}}_I^g$ 为 SINS 计算位置；$\tilde{\boldsymbol{P}}_S^g$ 为 GNSS 计算位置；$\boldsymbol{V}_v$ 为卫星接收机速度测量白噪声；$\boldsymbol{V}_p$ 为位置测量白噪声。

制导炮弹 SINS/GNSS 组合导航系统模型选择采用的 37 维误差状态向量为

$$\boldsymbol{X} = [\boldsymbol{\phi}^g \quad \delta\boldsymbol{V}^g \quad \delta\boldsymbol{P}^g \quad \boldsymbol{\varepsilon}^b \quad \boldsymbol{\nabla}^b \quad \delta\boldsymbol{l}^b \quad \delta t \quad \boldsymbol{M}_g \quad \boldsymbol{M}_a \quad \delta\boldsymbol{V}_S^g]^{\mathrm{T}} \tag{8.17}$$

其中，

$$\boldsymbol{M}_g = \begin{bmatrix} \boldsymbol{M}_g(:,\ 1) \\ \boldsymbol{M}_g(:,\ 2) \\ \boldsymbol{M}_g(:,\ 3) \end{bmatrix} \quad \boldsymbol{M}_a = \begin{bmatrix} \boldsymbol{M}_a(:,\ 1) \\ \boldsymbol{M}_a(2:\ 3,\ 2) \\ \boldsymbol{M}_a(3,\ 3) \end{bmatrix} \tag{8.18}$$

选择速度和位置误差作为观测量，建立如下组合导航状态空间模型：

$$\left.\begin{aligned} &\dot{\boldsymbol{X}} = \boldsymbol{F}\boldsymbol{X} + \boldsymbol{G}\boldsymbol{W} \\ &\boldsymbol{Z} = \begin{bmatrix} \widetilde{\boldsymbol{V}}^g_{\text{INS}} - \widetilde{\boldsymbol{V}}^g_{\text{GPS}} \\ \widetilde{\boldsymbol{P}}^g_{\text{INS}} - \widetilde{\boldsymbol{P}}^g_{\text{GPS}} \end{bmatrix} = \boldsymbol{H}\boldsymbol{X} + \boldsymbol{V} \end{aligned}\right\} \tag{8.19}$$

整理发射系下导航误差方程、空间杆臂误差方程、时间不同步误差方程和惯性器件测量误差方程，可得

$$\boldsymbol{F} = \begin{bmatrix} -\boldsymbol{\Omega}^g_{ag} & \boldsymbol{0}_{3\times3} & \boldsymbol{0}_{3\times3} & -\boldsymbol{R}^g_b & \boldsymbol{0}_{3\times3} & \boldsymbol{0}_{3\times4} & -\boldsymbol{R}^g_b[\omega^b] & \boldsymbol{0}_{3\times6} & \boldsymbol{0}_{3\times3} \\ \boldsymbol{F}^g & -2\boldsymbol{\Omega}^g_{ag} & \boldsymbol{G}_P & \boldsymbol{0}_{3\times3} & \boldsymbol{R}^g_b & \boldsymbol{0}_{3\times4} & \boldsymbol{0}_{3\times9} & \boldsymbol{R}^g_b[\boldsymbol{f}^b] & \boldsymbol{0}_{3\times3} \\ \boldsymbol{0}_{3\times3} & \boldsymbol{I}_{3\times3} & \boldsymbol{0}_{3\times3} & \boldsymbol{0}_{3\times3} & \boldsymbol{0}_{3\times3} & \boldsymbol{0}_{3\times4} & \boldsymbol{0}_{3\times9} & \boldsymbol{0}_{3\times6} & \boldsymbol{0}_{3\times3} \\ \boldsymbol{0}_{3\times3} & \boldsymbol{0}_{3\times3} & \boldsymbol{0}_{3\times3} & \boldsymbol{0}_{3\times3} & \boldsymbol{0}_{3\times3} & \boldsymbol{0}_{3\times4} & \boldsymbol{0}_{3\times9} & \boldsymbol{0}_{3\times6} & \boldsymbol{0}_{3\times3} \\ \boldsymbol{0}_{3\times3} & \boldsymbol{0}_{3\times3} & \boldsymbol{0}_{3\times3} & \boldsymbol{0}_{3\times3} & \boldsymbol{0}_{3\times3} & \boldsymbol{0}_{3\times4} & \boldsymbol{0}_{3\times9} & \boldsymbol{0}_{3\times6} & \boldsymbol{0}_{3\times3} \\ \boldsymbol{0}_{3\times3} & \boldsymbol{0}_{3\times3} & \boldsymbol{0}_{3\times3} & \boldsymbol{0}_{3\times3} & \boldsymbol{0}_{3\times3} & \boldsymbol{0}_{3\times4} & \boldsymbol{0}_{3\times9} & \boldsymbol{0}_{3\times6} & \boldsymbol{0}_{3\times3} \\ \boldsymbol{0}_{19\times3} & \boldsymbol{0}_{19\times3} & \boldsymbol{0}_{19\times3} & \boldsymbol{0}_{19\times3} & \boldsymbol{0}_{19\times3} & \boldsymbol{0}_{19\times4} & \boldsymbol{0}_{19\times9} & \boldsymbol{0}_{19\times6} & \boldsymbol{0}_{19\times3} \end{bmatrix} \tag{8.20}$$

$$\boldsymbol{G} = \begin{bmatrix} -\boldsymbol{R}^g_b & \boldsymbol{0}_{3\times3} \\ \boldsymbol{0}_{3\times3} & \boldsymbol{R}^g_b \\ \boldsymbol{0}_{31\times3} & \boldsymbol{0}_{31\times3} \end{bmatrix} \tag{8.21}$$

$$\boldsymbol{W} = \begin{bmatrix} \boldsymbol{w}^b_g \\ \boldsymbol{w}^b_a \end{bmatrix} \tag{8.22}$$

$$\boldsymbol{H} = \begin{bmatrix} \boldsymbol{0}_{3\times3} & \boldsymbol{I}_{3\times3} & \boldsymbol{0}_{3\times3} & \boldsymbol{0}_{3\times6} & -\boldsymbol{R}^g_b(\boldsymbol{\omega}^b_{eb}\ \times) & -\boldsymbol{a}^g & \boldsymbol{0}_{3\times15} & -\boldsymbol{I}_{3\times3} \\ \boldsymbol{0}_{3\times3} & \boldsymbol{0}_{3\times3} & \boldsymbol{I}_{3\times3} & \boldsymbol{0}_{3\times6} & -\boldsymbol{R}^g_b & -\boldsymbol{V}^g_I & \boldsymbol{0}_{3\times15} & \boldsymbol{0}_{3\times3} \end{bmatrix} \tag{8.23}$$

$$\boldsymbol{V} = \begin{bmatrix} \boldsymbol{V}_v \\ \boldsymbol{V}_p \end{bmatrix} \tag{8.24}$$

式中：$\boldsymbol{w}^b_g$ 和 $\boldsymbol{w}^b_a$ 分别为陀螺仪的角速度和加速度计比力测量白噪声；$\boldsymbol{V}_p$ 和 $\boldsymbol{V}_v$ 分别为卫星接收机位置测量与速度测量白噪声；其余部分含义在第 5 章已经给出。

8.3 最优平滑算法

在第 5 章对发射系下制导炮弹组合导航的研究中，使用了卡尔曼滤波器对导航系统状态进行估计，滤波时利用当前时刻以及以前时刻的所有量测信息对当前状态进行估计，而当待求的状态估值的时刻处于可用观测数据的时间间隔之内时，称为平滑问题。平滑除了利用滤波所用的量测信息外，还利用了当前时间以后的部分或所有量测信息，平滑算法是一种事后处理的估计方法，是在已经得到的滤波结果的基础上进行的，通过对已有的滤波结果进行修正，可以得到更加平滑的估计曲线。

8.3.1 最优平滑算法原理

利用量测序列 $\overline{\boldsymbol{Z}}_M=\{\boldsymbol{Z}_1,\ \boldsymbol{Z}_2\cdots\boldsymbol{Z}_k\cdots\boldsymbol{Z}_M\}$ 计算 j 时刻的状态 $\hat{\boldsymbol{X}}_j$ 的最佳估计值 $\hat{\boldsymbol{X}}_{j/k}$，根据状态估计时刻 j 与量测时刻 k 之间的先后关系，分为三种情形：

（1）若 $j<k$ 称为最优平滑；

（2）若 $j=k$ 称为最优估计；

（3）若 $j>k$ 称为最优预测。

通过事后处理技术对制导炮弹进行弹道重构，是典型的最优平滑问题。根据待估计值和量测值的具体时间关系，最优平滑又可以分为三类：固定点平滑、固定区间平滑和固定滞后平滑。

1. 固定点平滑

需要被估计状态是某个固定的 $k=j$ 时刻点，固定点平滑是利用不断增加的已得到滤波估计来计算固定时刻的平滑估计值，固定点平滑解算原理图如图 8-4 所示。

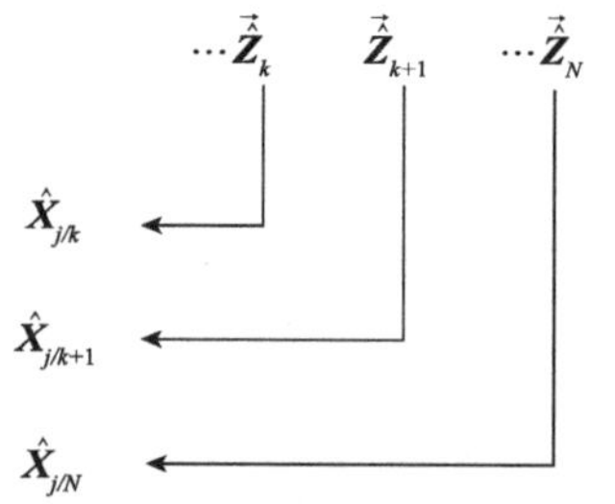

图 8-4 固定点平滑解算原理图

2. 固定区间平滑

令 N 为固定区间长度，利用整个区间的滤波估计值 $\hat{\boldsymbol{X}}_0\cdots\hat{\boldsymbol{X}}_k\cdots\hat{\boldsymbol{X}}_N$ 依次估计 $N-1, N-2$，…0 时刻的平滑估计值。若被估计状态 $\boldsymbol{X}_j$ 在量测时间区间内取遍所有值，则称其为固定区间平滑。

3. 固定滞后平滑

如果被估计状态 $\boldsymbol{X}_j$ 与滤波估计值之间总存在固定的时间间隔滞后量 n，则称为固定滞后平滑，固定滞后平滑输出为 $\hat{\boldsymbol{X}}_{1/n+1}$，$\hat{\boldsymbol{X}}_{2/n+2}\cdots$，固定滞后平滑解算原理图如图 8-5 所示。

以上所介绍的固定区间平滑算法在制导炮弹弹道重构中具有重要的应用价值。固定区间平滑在前向卡尔曼滤波的基础上再实施方向滤波，充分利用了量测信息来估计状态，能提高滤波精度。

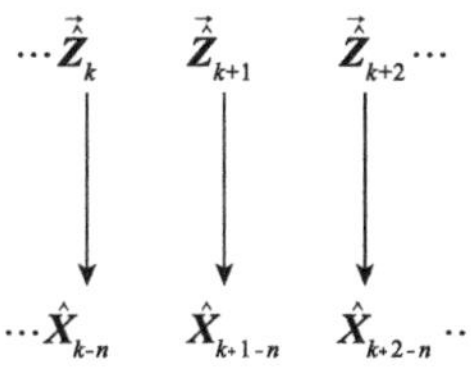

图 8-5　固定滞后平滑解算原理图

8.3.2　最优平滑算法数学模型

状态空间模型同式（8.19），为了描述方便，本节重写如下：

$$\left.\begin{aligned}\boldsymbol{X}_k &= \boldsymbol{\Phi}_{k/k-1}\boldsymbol{X}_{k-1} + \boldsymbol{\Gamma}_{k-1}\boldsymbol{W}_{k-1}\\ \boldsymbol{Z}_k &= \boldsymbol{H}_k\boldsymbol{X}_k + \boldsymbol{V}_k\end{aligned}\right\} \tag{8.25}$$

固定区间平滑算法包括正向滤波和反向滤波两个部分，其中正向滤波过程利用 j 时刻以前的量测对正向滤波状态 $\boldsymbol{X}_j$ 按照离散卡尔曼滤波的公式进行估计，滤波公式为

$$\left.\begin{aligned}&\hat{\boldsymbol{X}}_{\mathrm{f},\ k/k-1} = \boldsymbol{\Phi}_{k/k-1}\hat{\boldsymbol{X}}_{\mathrm{f},\ k-1}\\ &\hat{\boldsymbol{X}}_{\mathrm{f},\ k} = \hat{\boldsymbol{X}}_{\mathrm{f},\ k/k-1} + \boldsymbol{K}_{\mathrm{f},\ k}(\boldsymbol{Z}_k - \boldsymbol{H}_k\hat{\boldsymbol{X}}_{\mathrm{f},\ k/k-1})\\ &\boldsymbol{K}_{\mathrm{f},\ k} = \boldsymbol{P}_{\mathrm{f},\ k/k-1}\boldsymbol{H}_k^{\mathrm{T}}(\boldsymbol{H}_k\boldsymbol{P}_{\mathrm{f},\ k/k-1}\boldsymbol{H}_k^{\mathrm{T}} + \boldsymbol{R}_k)^{-1} \quad (k = 1,\ 2,\ \cdots,\ j)\\ &\boldsymbol{P}_{\mathrm{f},\ k/k-1} = \boldsymbol{\Phi}_{k/k-1}\boldsymbol{P}_{\mathrm{f},\ k-1}\boldsymbol{\Phi}_{k/k-1}^{\mathrm{T}} + \boldsymbol{\Gamma}_{k-1}\boldsymbol{Q}_{k-1}\boldsymbol{\Gamma}_{k-1}^{\mathrm{T}}\\ &\boldsymbol{P}_{\mathrm{f},\ k} = (\boldsymbol{I} - \boldsymbol{K}_{\mathrm{f},\ k}\boldsymbol{H}_k)\boldsymbol{P}_{\mathrm{f},\ k/k-1}\end{aligned}\right\} \tag{8.26}$$

式中：下标 f 代表前向滤波，当 $k=j$ 时，可以获得 $\boldsymbol{X}_j$ 的正向最优估计 $\hat{\boldsymbol{X}}_{\mathrm{f},\ k}$，以及对应的均方差矩阵 $\boldsymbol{P}_{\mathrm{f},\ k}$。

正向滤波完成后，按照逆向的顺序进行反向滤波，利用 j 时刻之后的量测序列对 $\boldsymbol{X}_{j+1}$ 进行反向估计。将模型式（8.25）进行变形，如式（8.27）所示：

$$\left.\begin{aligned}\boldsymbol{X}_k &= \boldsymbol{\Phi}_{k+1/k}^{-1}\boldsymbol{X}_{k+1} - \boldsymbol{\Phi}_{k+1/k}^{-1}\boldsymbol{\Gamma}_k\boldsymbol{W}\\ \boldsymbol{Z}_k &= \boldsymbol{H}_k\boldsymbol{X}_k + \boldsymbol{V}_k\end{aligned}\right\} \tag{8.27}$$

记

$$\boldsymbol{\Phi}_{k/k+1}^{*} = \boldsymbol{\Phi}_{k+1/k}^{-1} \tag{8.28}$$

$$\boldsymbol{\Gamma}_k^{*} = -\boldsymbol{\Phi}_{k+1/k}^{-1}\boldsymbol{\Gamma}_k \tag{8.29}$$

则反向滤波状态空间模型为

$$\left.\begin{aligned}\boldsymbol{X}_k &= \boldsymbol{\Phi}_{k/k+1}^{*}\boldsymbol{X}_{k+1} + \boldsymbol{\Gamma}_k^{*}\boldsymbol{W}_k\\ \boldsymbol{Z}_k &= \boldsymbol{H}_k\boldsymbol{X}_k + \boldsymbol{V}_k\end{aligned}\right\} \tag{8.30}$$

在进行后向滤波之前，需要按照式（8.31）对地球自转角速率、载体速

度、陀螺仪常值偏置和时间不同步误差进行取反：

$$\left.\begin{aligned}&\boldsymbol{\omega}_{ie}=-\boldsymbol{\omega}_{ie}\\&\boldsymbol{V}=-\boldsymbol{V}\\&\boldsymbol{\varepsilon}^{b}=-\boldsymbol{\varepsilon}^{b}\\&\delta t=-\delta t\end{aligned}\right\}\tag{8.31}$$

根据模型式（8.30），对 $\boldsymbol{X}_{j+1}$ 进行反向估计，反向滤波公式为

$$\left.\begin{aligned}&\hat{\boldsymbol{X}}_{\mathrm{b},\ k/k+1}=\boldsymbol{\Phi}_{k/k+1}^{*}\hat{\boldsymbol{X}}_{\mathrm{b},\ k+1}\\&\boldsymbol{P}_{\mathrm{b},\ k/k+1}=\boldsymbol{\Phi}_{k/k+1}^{*}\boldsymbol{P}_{\mathrm{b},\ k+1}(\boldsymbol{\Phi}_{k/k+1}^{*})^{\mathrm{T}}+\boldsymbol{\Gamma}_{k}^{*}\boldsymbol{Q}_{k}(\boldsymbol{\Gamma}_{k}^{*})^{\mathrm{T}}\\&\boldsymbol{K}_{\mathrm{b},\ k}=\boldsymbol{P}_{\mathrm{b},\ k/k+1}\boldsymbol{H}_{k}^{\mathrm{T}}(\boldsymbol{H}_{k}\boldsymbol{P}_{\mathrm{b},\ k/k+1}\boldsymbol{H}_{k}^{\mathrm{T}}+\boldsymbol{R}_{k})^{-1}(k=M-1,\ M-2,\ \cdots,\ j)\\&\hat{\boldsymbol{X}}_{\mathrm{b},\ k}=\hat{\boldsymbol{X}}_{\mathrm{b},\ k/k+1}+\boldsymbol{K}_{\mathrm{b},\ k}(\boldsymbol{Z}_{k}-\boldsymbol{H}_{k}\hat{\boldsymbol{X}}_{\mathrm{b},\ k/k+1})\\&\boldsymbol{P}_{\mathrm{b},\ k}=(\boldsymbol{I}-\boldsymbol{K}_{\mathrm{b},\ k}\boldsymbol{H}_{k})\boldsymbol{P}_{\mathrm{b},\ k/k+1}\end{aligned}\right\}\tag{8.32}$$

式中：下标 b 表示反向滤波，当 $k=j$ 时，可以获得状态 $\boldsymbol{X}_j$ 的反向最优一步预测 $\hat{\boldsymbol{X}}_{\mathrm{b},\ j/j+1}$，以及对应的均方差阵 $\boldsymbol{P}_{\mathrm{b},\ j/j+1}$。

由前向和反向滤波，可以得到以下模型：

$$\left.\begin{aligned}&\hat{\boldsymbol{X}}_{\mathrm{f},\ j}=\boldsymbol{X}_j+\boldsymbol{V}_{\mathrm{f},\ j}\\&\hat{\boldsymbol{X}}_{\mathrm{b},\ j/j+1}=\boldsymbol{X}_j+\boldsymbol{V}_{\mathrm{b},\ j/j+1}\end{aligned}\right\}\tag{8.33}$$

其中误差分布符合如下模型：

$$\left.\begin{aligned}&\boldsymbol{V}_{\mathrm{f},\ j}\sim N(0,\ \boldsymbol{P}_{\mathrm{f},\ j})\\&\boldsymbol{V}_{\mathrm{b},\ j/j+1}\sim N(0,\ \boldsymbol{P}_{\mathrm{b},\ j/j+1})\\&\mathrm{Cov}(\boldsymbol{V}_{\mathrm{f},\ j},\ \boldsymbol{V}_{\mathrm{b},\ j/j+1})=0\end{aligned}\right\}\tag{8.34}$$

由信息融合公式，得到状态 $\boldsymbol{X}_j$ 的最优平滑值以及其误差的均方差阵公式为

$$\boldsymbol{P}_{\mathrm{s},\ j}=(\boldsymbol{P}_{\mathrm{f},\ j}^{-1}+\boldsymbol{P}_{\mathrm{b},\ j/j+1}^{-1})^{-1}\tag{8.35}$$

$$\hat{\boldsymbol{X}}_{\mathrm{s},\ j}=\boldsymbol{P}_{\mathrm{s},\ j}(\boldsymbol{P}_{\mathrm{f},\ j}^{-1}\hat{\boldsymbol{X}}_{\mathrm{f},\ j}+\boldsymbol{P}_{\mathrm{b},\ j/j+1}^{-1}\hat{\boldsymbol{X}}_{\mathrm{b},\ j/j+1})\tag{8.36}$$

当 j 取遍 1，2，3，…，M 时，便完成了固定区间平滑。

实际应用时，为提升运算速度，可以只保存状态估计值与均方差阵的对角线元素，并以滤波 $\hat{\boldsymbol{X}}_{\mathrm{b},\ j}$，$\boldsymbol{P}_{\mathrm{b},\ j}$ 值代替反向一步预测值 $\hat{\boldsymbol{X}}_{\mathrm{b},\ j/j+1}$，$\boldsymbol{P}_{\mathrm{b},\ j/j+1}$，则信息融合公式可变为

$$\boldsymbol{P}_{\mathrm{s},\ j}^{(i)}=(1/\boldsymbol{P}_{\mathrm{f},\ j}^{(i)}+1/\boldsymbol{P}_{\mathrm{b},\ j}^{(i)})^{-1}\tag{8.37}$$

$$\hat{\boldsymbol{X}}_{\mathrm{s},\ j}^{(i)}=\boldsymbol{P}_{\mathrm{s},\ j}^{(i)}(\hat{\boldsymbol{X}}_{\mathrm{f},\ j}^{(i)}/\boldsymbol{P}_{\mathrm{b},\ j}^{(i)}+\hat{\boldsymbol{X}}_{\mathrm{b},\ j}^{(i)}/\boldsymbol{P}_{\mathrm{f},\ j}^{(i)})\tag{8.38}$$

式中：i 代表状态向量 $\hat{\boldsymbol{X}}$ 或者均方差阵 $\boldsymbol{P}$ 对角线的第 i 个分量。此种方法也能达到足够的精度。

综上所述，可以看出固定区间平滑算法有如下特点：

（1）固定区间平滑计算过程相对于滤波过程是逆向的。因此，固定区间平滑算法在惯性导航系统对准精度评估一类的关注系统初始状态的情境中，最终结果的读取方向与通常正向滤波方式得到的估计值的读取方向相反。

（2）固定区间平滑算法利用了正向滤波得到的数据。因此，平滑算法需要在正向滤波过程中实时存储数据，所存储的数据为状态估计值 $\hat{\boldsymbol{X}}_{f,k}$ 和均方差阵 $\boldsymbol{P}_{f,k}$ 和一步预测均方差阵 $\boldsymbol{P}_{f,k/k-1}$。

8.4 数字仿真试验

采用 4.2.2 节的仿真弹道，根据 8.2 节中建立的制导炮弹 37 维 SINS/GPS 组合导航系统状态空间模型，以及 8.3 节介绍的后处理算法，对制导炮弹进行弹道重构。设置三维空间杆臂误差为 0.5m，0m，0m；惯组与卫星传感器之间的时间不同步误差为 1ms；设置陀螺仪漂移误差为 150°/h，180°/h，230°/h，加速度计漂移误差为 10mg，15mg，15mg。仿真试验曲线见图 8-6～图 8-20 所示：从仿真结果可以看出，正反向滤波融合后，误差曲线收敛更快，并且更加平滑。与只进行前向滤波相比，经过正反向滤波融合后，三轴姿态角误差、速度误差和位置误差对比融合前的前向滤波结果都有减小。

表 8-1 给出了详细的误差，其中 RMSE 表示仿真结果的每个时间点与标准弹道的均方根误差。从表 8-1 可以看出，弹道重构后的三轴姿态角误差、速度误差和位置误差相比于 37 维正向滤波都有不同程度的减小。炮弹正向滤波误差为 4.73m，弹道重构算法位置误差为 2.21m。这里要说明的是，从图 8-6～图 8-20 可以看出，正向滤波过程对于惯性器件零偏的估计收敛较慢，当惯性器件的零偏为定值时，正向滤波最后时刻的估计值即是最佳估计结果，此时进行反向滤波和融合也无法提高估计精度。但是考虑到制导炮弹惯性器件存在零偏稳定性较差的问题，其零偏在飞行过程中并不一定是定值，因此本章仍然考虑将融合后的结果作为每个时刻的估计值，并且相比于正向滤波估计的陀螺漂移，估计误差的 RMSE 误差从 320.75°/h、335.80°/h、294.45°/h 降低至 41.83°/h、14.79°/h、27.41°/h；加速度计漂移误差从 7.31mg、13.79mg、23.68mg 降低至 0.45mg、1.51mg、1.79mg。

表 8-1　炮弹组合导航系统和弹道重构算法数字仿真结果对比

误差项	正向滤波		弹道重构	
	RMSE	标准差	RMSE	标准差
俯仰角误差/(°)	0.69	0.64	0.38	0.31
横滚角误差/(°)	2.78	2.68	0.65	0.57

续表

误差项	正向滤波		弹道重构	
	RMSE	标准差	RMSE	标准差
偏航角误差/(°)	2.32	1.85	0.73	0.50
速度 V_x 误差/(m/s)	0.19	0.18	0.11	0.10
速度 V_y 误差/(m/s)	0.24	0.23	0.13	0.11
速度 V_z 误差/(m/s)	0.30	0.29	0.12	0.12
位置 x 误差/m	2.54	2.29	1.17	1.10
位置 y 误差/m	3.08	2.96	1.82	1.43
位置 z 误差/m	2.54	2.47	1.35	1.28
陀螺仪 x 漂移误差/((°)/h)	320.75	285.92	41.83	29.10
陀螺仪 y 漂移误差/((°)/h)	335.80	328.59	14.79	13.65
陀螺仪 z 漂移误差/((°)/h)	294.45	287.29	27.41	25.83
加速度计 x 漂移误差/mg	7.31	7.28	0.45	0.35
加速度计 y 漂移误差/mg	13.79	13.52	1.51	0.47
加速度计 z 漂移误差/mg	23.68	22.64	1.79	1.44

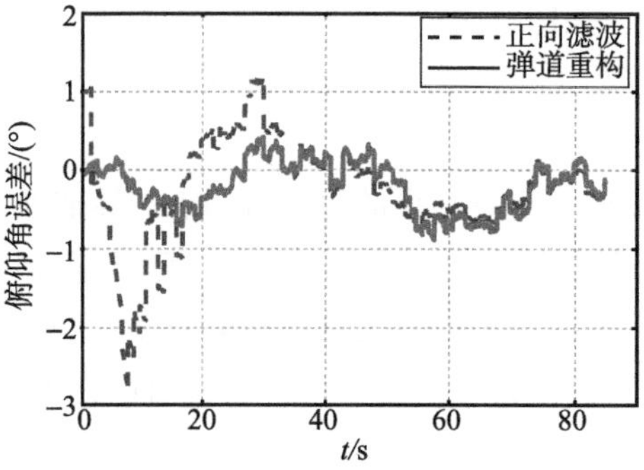

图 8-6　发射系俯仰角误差

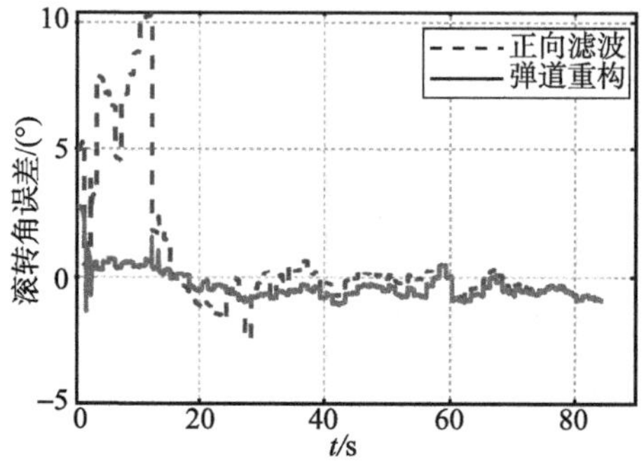

图 8-7　发射系滚转角误差

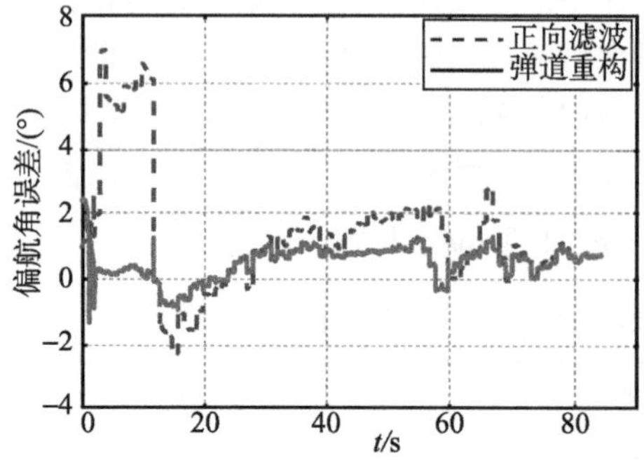

图 8-8　发射系偏航角误差

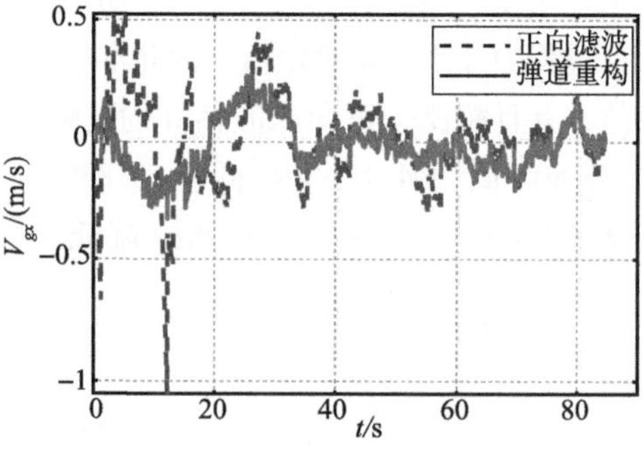

图 8-9　发射系速度 V_x 误差

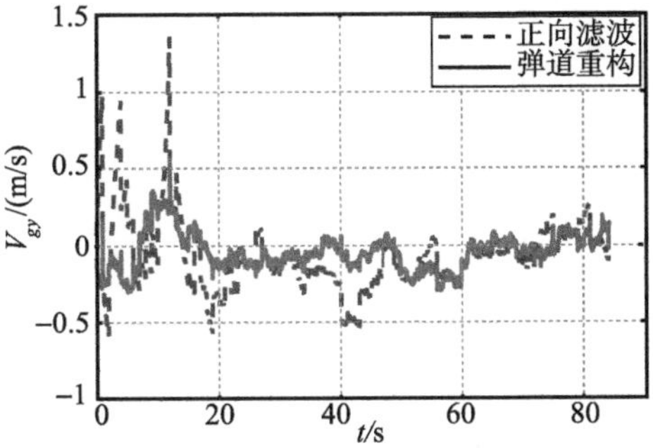

图 8-10　发射系速度 V_y 误差

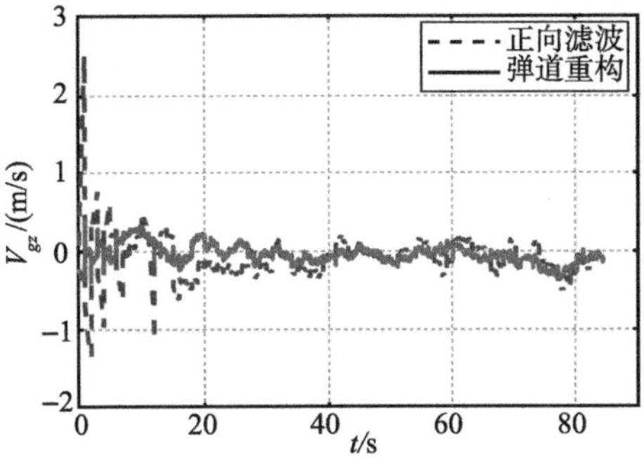

图 8-11　发射系速度 V_z 误差

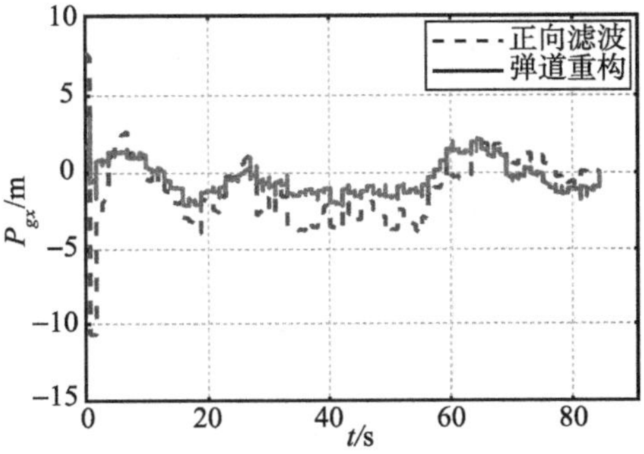

图 8-12　发射系位置 x 误差

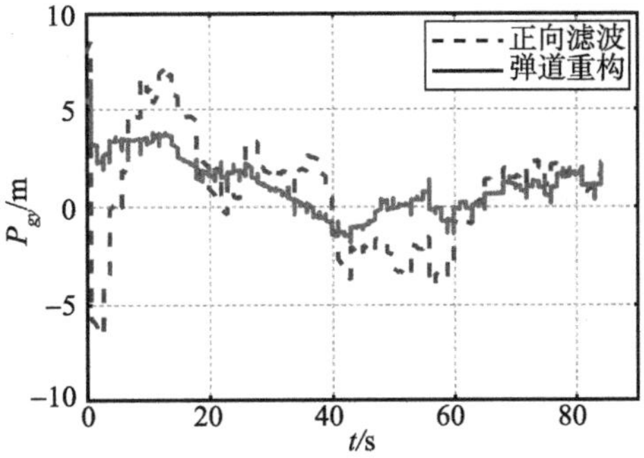

图 8-13　发射系位置 y 误差

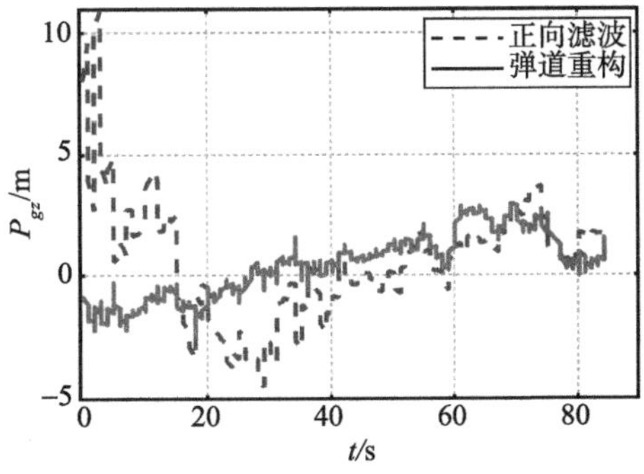

图 8-14　发射系位置 z 误差

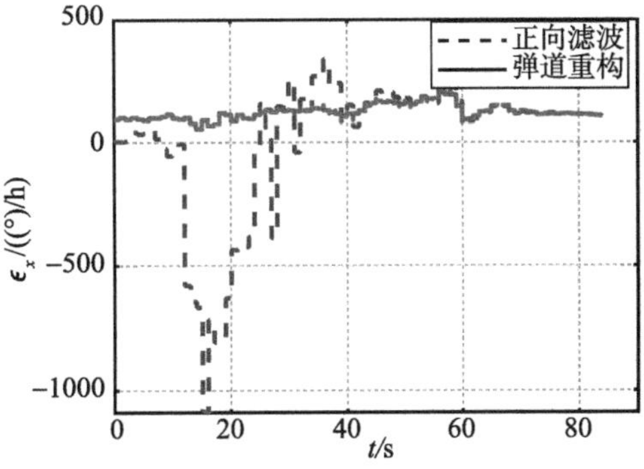

图 8-15　陀螺仪 x 漂移估计

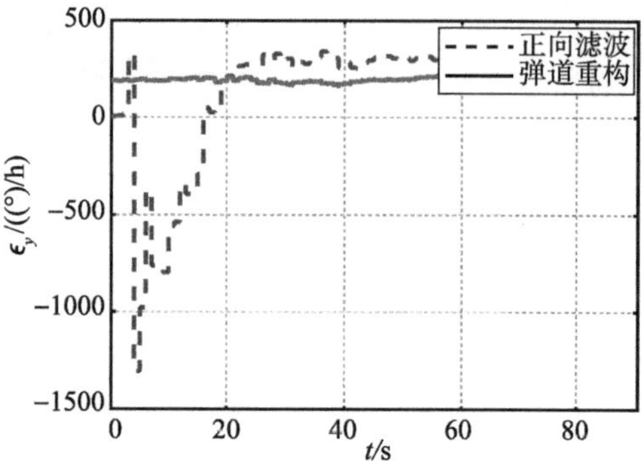

图 8-16　陀螺仪 y 漂移估计

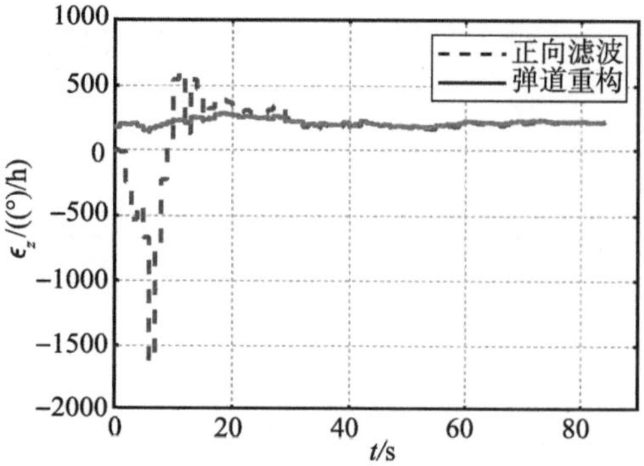

图 8-17　陀螺仪 z 漂移估计

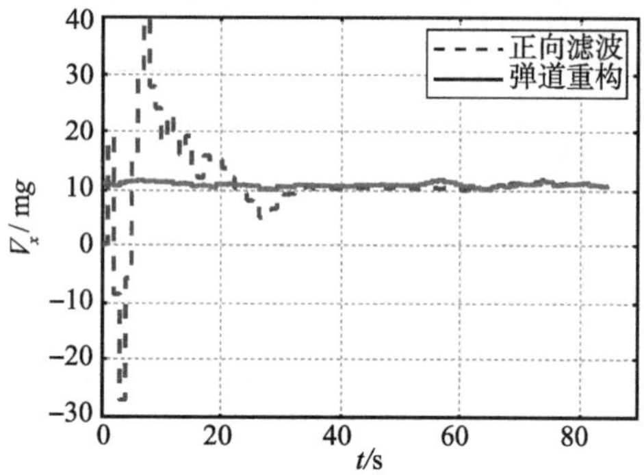

图 8-18　加速度计 x 漂移估计

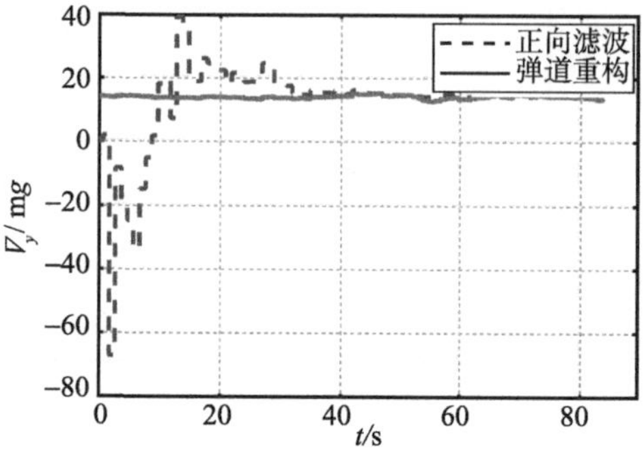

图 8-19　加速度计 y 漂移估计

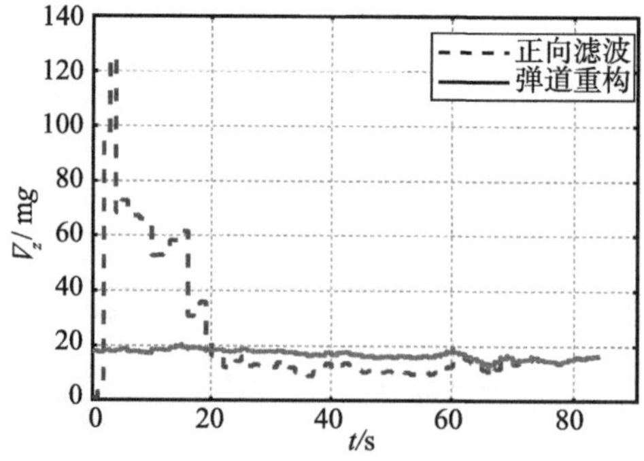

图 8-20　加速度计 z 漂移估计

参考文献

［1］孙世岩，姜尚，梁伟阁，等．制导炮弹导引控制一体化设计技术［M］．北京：科学出版社，2021.

［2］孙世岩，王炳，吴昊．舰炮发展历程与未来发展探究［J］．火炮发射与控制学报，2022，43（1）：91-96.

［3］姜尚，孙东彦，高伟鹏，等．舰炮制导弹药发展趋势与作战使用研究［J］．飞航导弹，2021（7）：101-107.

［4］任武能，史淑娟，余达太．从历次局部战争看美军精确制导弹药的发展［J］．导弹与航天运载技术，2006（5）：58-61.

［5］雷鸣，王曙光，陈栋，等．大口径舰炮精确制导弹药发展趋势研究［J］．舰船电子工程，2021，41（6）：1-4，13.

［6］李翔，李法忠．国外舰炮制导弹药的发展现状及特点分析［J］．舰船科学技术，2020，42（3）：176-179.

［7］涂林峰．舰炮也疯狂（一）制导弹药的出现［J］．兵器知识，2020（8）：72-75.

［8］涂林峰．舰炮也疯狂（二）对陆攻击之 GPS/INS 制导炮弹［J］．兵器知识，2020（10）：78-80.

［9］熊佳．中国兵器馆之火炮篇［J］．兵器知识，2015（1）：35-42.

［10］殷杰．从珠海航展看国产外贸 155 毫米车载加榴炮的进步［J］．坦克装甲车辆，2019（1）：26-29.

［11］汪守利，金小锋，王磊，等．用于制导炮弹的一体化导航控制器设计［J］．遥测遥控，2017，38（5）：49-54.

［12］马献怀．155mm 舰炮装备技术发展探讨［J］．火炮发射与控制学报，2013（2）：99-102.

［13］白毅，仲海东，秦雅娟，等．国外制导炮弹发展综述［J］．飞航导弹，2013（5）：33-38，49.

［14］岳松堂．国外陆军精确制导弹药发展分析［J］．现代军事，2015（11）：56-62.

［15］赵保全，李真，李文武，等．大口径舰炮制导弹药发展及关键技术分析［J］．飞航导

弹，2020（7）：7-12.
[16] 赵保全，王绍慧，邹博安．美国神剑制导炮弹发展分析［J］．飞航导弹，2020（8）：91-96.
[17] 杨军．国外精确制导弹药现状及发展趋势［J］．中国军转民，2020（2）：74-79.
[18] 侯淼，阎康，王伟．远程制导炮弹技术现状及发展趋势［J］．飞航导弹，2017（10）：86-90.
[19] 王琦，穆希辉，路桂娥．美军制导弹药发展现状及趋势［J］．飞航导弹，2015（8）：12-17.
[20] 马晓平，廖欣，陈兵．电磁发射超高速制导炮弹国内外研究现状综述［J］．空天防御，2021，4（2）：87-92.
[21] 黄伟，高敏．精确制导组件发展及关键技术综述［J］．飞航导弹，2016（8）：56-58，70.
[22] 曹红锦．美国精确制导组件技术发展现状分析［J］．四川兵工学报，2015，36（9）：22-25.
[23] 胡春晓，余光其．舰炮武器系统动态精度海上测试方法与精度条件分析［J］．指挥控制与仿真，2020，42（2）：84-88.
[24] 马伟明，鲁军勇，李湘平．电磁发射超高速一体化弹丸［J］．国防科技大学学报，2019，41（4）：1-10.
[25] 李湘平，鲁军勇，冯军红，等．电磁发射弹丸飞行弹道仿真［J］．国防科技大学学报，2019，41（4）：25-32.
[26] 鲁军勇，冯军红，李开，等．超高速制导弹丸研究综述［J］．哈尔滨工程大学学报，2021，42（10）：1418-1427.
[27] 冯凯强．制导弹药用 MEMS-INS/GNSS 组合导航系统关键技术研究［D］．太原：中北大学，2019.
[28] 李清洲，付丽萍，梁新建，等．浅析 MEMS 惯性技术在制导弹药中的应用［J］．导航与控制，2012，11（1）：74-78.
[29] 刘俊，曹慧亮，石云波，等．高过载微惯性器件研究现状［J］．导航与控制，2020，19（Z1）：223-236.
[30] 于华男，张勇，马小艳．制导弹药用 MEMS 惯性导航系统发展与关键技术综述［C］．惯性技术发展动态发展方向研讨会文集，2011：32-36.
[31] 李晓阳，王伟魁，汪守利，等．MEMS 惯性传感器研究现状与发展趋势［J］．遥测遥控，2019，40（6）：1-13.
[32] 卞玉民，胡英杰，李博，等．MEMS 惯性传感器现状与发展趋势［J］．计测技术，2019，39（4）：50-56.
[33] 李永，赵正平．MEMS 陀螺仪的研究现状与进展［J］．微纳电子技术，2021，58（9）：757-768.
[34] 李永，赵正平．MEMS 陀螺仪的研究现状与进展（续）［J］．微纳电子技术，2021，58

(10)：851-859，934.

[35] 刘富，舒展，谢维华．卫星导航对抗能力现状及发展趋势［J］．导航定位学报，2020，8（6）：1-5.

[36] 赵新曙，刘淳．GPS 军用信号安全防护和密码管理［J］．现代导航，2020，11（1）：14-19.

[37] 刘栋梁，陆静，郑紫霞，等．美国军用卫星导航用户装备发展现状及趋势［J］．全球定位系统，2022，47（1）：121-126.

[38] Gray N. High G MEMS IMUs and common guidance smart ideas for overwhelming firepower [R]. Armament Research, Development & Engineering Center, 2001.

[39] Panhorst D W, LeFevre V, Rider L K. Micro electro-mechanical systems (MEMS), inertial measurements unit (IMU) common guidance program [J]. Ferroelectrics, 2006, 342 (1): 205-211.

[40] Barbour N, Schmidt G. Inertial sensor technology trends [J]. IEEE Sensors Journal, 2001, 1 (4): 332-339.

[41] Faulkner N M, Cooper S J, Jeary P A. Integrated MEMS/GPS navigation systems [C]. 2002 IEEE Position Location and Navigation Symposium, 2002: 306-313.

[42] Habibi S, Cooper S J, Stauffer J M, et al. Gun hard inertial measurement unit based on MEMS capacitive accelerometer and rate sensor [C]. 2008 IEEE/ION Position Location and Navigation Symposium, 2008: 232-237.

[43] Coskren D, Easterly T, Polutchko R. More bang, less buck low-cost GPS/INS guidance for navy munitions launches [J]. GPS WORLD, 2005, 16 (9): 22.

[44] Warnasch A, Killen A. Low cost, high *g*, micro electro-mechanical systems (MEMS), inertial measurements unit (IMU) program [C]. 2002 IEEE Position Location and Navigation Symposium, 2002: 299-305.

[45] Gustafson D, Hopkins R, Barbour N, et al. A micromechanical INS/GPS system for guided projectiles [C]. Proceedings of the 51st Annual Meeting of the Institute of Navigation, 1995: 447-455.

[46] Anderson R S, Hanson D S, Kourepenis A S. Evolution of low-cost MEMS inertial system technologies [C]. Proceedings of the 14th International Technical Meeting of the Satellite Division of the Institute of Navigation, 2001: 1332-1342.

[47] Schmidt G T. INS/GPS technology trends, advances in navigation sensors and integration technology [J]. NATO RTO Lecture Series, 2004: 232.

[48] Chen K, Zhang L Y, Liu M X, et al. Strapdown inertial navigation algorithm for hypersonic boost-glide vehicle [C]. 21st AIAA International Space Planes and Hypersonics Technologies Conference, 2017: 2174.

[49] Kourepenis A, Connelly J, Sitomer J. Low cost MEMS inertial measurement unit [C]. Proceedings of the 2004 National Technical Meeting of the Institute of Navigation, 2004:

246-251.

[50] Connelly J, Brand G, Connelly J, et al. Advances in micromechanical systems for guidance, navigation and control [C]. Guidance, Navigation, and Control Conference, 1997: 3829.

[51] Dowdle J, Thorvaldsen T, Kourepenis A, et al. A GPS/INS guidance system for navy 5-in. projectiles [C]. Guidance, Navigation, and Control Conference, 1997: 3694.

[52] Sitomer J L, Kourepenis A, Connelly J H. Micromechanical inertial guidance navigation and control systems in gun launched projectiles [C]. Guidance, Navigation, and Control Conference and Exhibit, 1999: 4074.

[53] Connelly J H, Kourepenis A, Marinis T. Micromechanical sensors in tactical GN&C applications [C]. AIAA Guidance, Navigation, and Control Conference and Exhibit, 2000: 4381.

[54] Barbour N, Hopkins R, Kourepenis A, et al. Inertial MEMS system applications [R]. Charles Stark Draper Lab Inc Cambridge MA, 2010.

[55] Stewart R, Thede R, Couch P, et al. High G MEMS accelerometer for compact kinetic energy missile (CKEM) [C]. PLANS 2004. Position Location and Navigation Symposium, 2004: 20-25.

[56] Pryputniewicz R J. Survivability of MEMS packages at high-g loads [J]. International Journal of Optomechatronics, 2014, 8 (4): 391-399.

[57] Soehren W, Schipper B, Lund C. A MEMS-based guidance, navigation, and control unit [C]. 2002 IEEE Position Location and Navigation Symposium, 2002: 189-195.

[58] Karnick D, Ballas G, Koland L, et al. Honeywell gun-hard inertial measurement unit (IMU) development [C]. 2004 IEEE Position Location and Navigation Symposium, 2004: 49-55.

[59] Karnick D, Troske T, Secord M, et al. Honeywell Gun-hard Inertial Measurement Unit (IMU) Development [C]. Proceedings of the 2007 National Technical Meeting of the Institute of Navigation, 2007: 718-724.

[60] Froyum K, Goepfert S, Henrickson J, et al. Honeywell micro electro mechanical systems (MEMS) inertial measurement unit (IMU) [C]. Proceedings of the 2012 IEEE/ION Position, Location and Navigation Symposium, 2012: 831-836.

[61] Buck T M, Wilmot J, Cook M J. A high G, MEMS based, deeply integrated, INS/GPS, guidance, navigation and control flight management unit [C]. Proceedings of IEEE/ION PLANS, 2006: 772-794.

[62] Nielson J, Keefer J, McCullough B. SAASM: Rockwell Collins'next generation GPS receiver design [C]. IEEE 2000 Position Location and Navigation Symposium, 2000: 98-105.

[63] Wells L L. The projectile GRAM SAASM for ERGM and Excalibur [C]. IEEE 2000 Position Location and Navigation Symposium, 2000: 106-111.

[64] Gustafson D, Dowdle J, Flueckiger K. A high anti-jam GPS-based navigator [C]. Proceedings of the 2000 National Technical Meeting of the Institute of Navigation, 2000: 495-503.

[65] Burd J. High-G Ruggedization Methods for Gun Projectile Electronics [C]. Proceedings of the 12th International Technical Meeting of the Satellite Division of the Institute of Navigation, 1999: 1133-1142.

[66] Scaysbrook I W, Cooper S J, Whitley E T. A miniature, gun-hard MEMS IMU for guided projectiles, rockets and missiles [C]. 2004 Position Location and Navigation Symposium, 2004: 26-34.

[67] Gripton A. The application and future development of a MEMS SiVSG for commercial and military inertial products [C]. 2002 IEEE Position Location and Navigation Symposium, 2002: 28-35.

[68] Sheard K, Scaysbrook I, Cox D. MEMS sensor and integrated navigation technology for precision guidance [C]. 2008 IEEE/ION Position, Location and Navigation Symposium, 2008: 1145-1151.

[69] Jean-Michel S. Current capabilities of MEMS capacitive accelerometers in a harsh environment [J]. IEEE Aerospace and Electronic Systems Magazine, 2006, 21 (11): 29-32.

[70] Fairfax L D, Fresconi F E. Loosely-coupled GPS/INS state estimation in precision projectiles [C]. Proceedings of the 2012 IEEE/ION Position, Location and Navigation Symposium, 2012: 620-624.

[71] Silvestro M, Ilvedson C, DiPrizito F, et al. A closed loop simulation environment for GPS/INS guidance systems [C]. AIAA Modeling and Simulation Technologies Conference and Exhibit, 2007: 6467.

[72] Lucia D J. Estimation of the local vertical state for a guided munition shell with an embedded GPS/micro-mechanical inertial navigation system [D]. Massachusetts Institute of Technology, 2018.

[73] Gustafson D E, Lucia D J. Autonomous local vertical determination for guided artillery shells [C]. Proceedings of the 52nd Annual Meeting of the Institute of Navigation, 1996: 213-221.

[74] 权海洋，杨栓虎，陈效真，等．高端 MEMS 固体波动陀螺的发展与应用 [J]. 导航与控制，2017 (6): 74-82.

[75] 张坚，王新宇，阳洪，等．弹载测姿测量系统抗高过载技术研究 [J]. 压电与声光，2021，43 (2): 270-273.

[76] 陈胜政，杨波，宋宇航，等．制导炮弹姿态测量技术综述 [J]. 探测与控制学报，2021，43 (4): 9-13.

[77] 刘昕．舰炮制导炮弹姿态测量方法研究 [J]. 装备制造技术，2015 (1): 77-78.

[78] 尚剑宇，邓志红，付梦印，等．制导炮弹转速测量技术研究进展与展望 [J]. 自动化学报，2016，42 (11): 1620-1629.

[79] 尚剑宇．高动态环境下制导炮弹姿态测量方法研究 [D]. 北京：北京理工大学，2018.

[80] 高丽珍，张晓明，李杰．旋转制导弹药姿态测试技术研究现状分析 [J]. 兵器装备工程

学报，2018，39（12）：73-77.

[81] 盛娟红．基于惯性测量单元（IMU）的弹体姿态数据处理算法研究［D］．南京：南京理工大学，2018.

[82] 李小燕．弹载 SINS/GPS 组合导航系统空中对准方法研究［D］．太原：中北大学，2019.

[83] 王聪．滑翔增程炮弹 GPS/SINS 组合导航空中对准方法研究［D］．哈尔滨：哈尔滨工业大学，2018.

[84] 曹阳．基于位置敏感探测器和 GPS/SINS 的弹体测姿定位技术研究［D］．南京：南京理工大学，2020.

[85] 马春艳，刘莉，杜小菁，等．末制导炮弹初始滚转角的确定［J］．弹箭与制导学报，2005（2）：356-358.

[86] 佘浩平，杨树兴，倪慧．GPS/INS 组合制导弹药空中对准的初始滚转角估计新算法［J］．兵工学报，2011，32（10）：1265-1270.

[87] 杨登红，李东光，申强，等．基于锁相跟踪和惯组的旋转弹滚转角估计方法［J］．北京理工大学学报，2015，35（8）：810-815.

[88] 杨登红，李东光，申强，等．基于三阶锁相环的旋转弹滚转姿态测量方法［J］．哈尔滨工程大学学报，2016，37（2）：261-265.

[89] 杨启帆，王江，范世鹏，等．基于弹道弯曲角速度单矢量的制导炮弹滚转角空中粗对准方法［J］．兵工学报，2022：1-10.

[90] 徐云．制导炮弹用 MINS/GNSS 组合导航系统的若干关键技术研究［D］．南京：南京理工大学，2016.

[91] 徐云，王宇，朱欣华，等．制导炮弹用 MINS/GPS 滚转角在线对准方法［J］．探测与控制学报，2015，37（6）：46-50.

[92] 史凯，霍鹏飞，祁克玉．基于科氏加速度的旋转弹滚转角测量方法［J］．探测与控制学报，2013，35（3）：46-50.

[93] 史凯，徐国泰，钱荣朝，等．单加速度计高旋弹滚转角测量系统误差模型［J］．探测与控制学报，2016，38（1）：61-65.

[94] 屈新芬，李世玲，徐林．INS/GPS 组合系统初始滚转角空中粗对准方法［J］．探测与控制学报，2015，37（4）：58-61.

[95] 孙友，路遥，赵耀，等．一种过载控制辅助实现快速估算滚转角的方法［J］．航天控制，2018，36（2）：25-29.

[96] 桂延宁，杨燕．基于太阳方位角原理的炮弹飞行姿态遥测［J］．兵工学报，2003（2）：250-252.

[97] 马国梁．高转速弹丸磁强计/太阳方位角传感器组合测姿方法［J］．南京理工大学学报，2013，37（1）：139-144.

[98] 王佳，李健．基于数字式红外传感器的姿态测量盲区补偿法［J］．传感器与微系统，2014，33（1）：15-17.

[99] Dowdle J, Kourepenis A, Appleby B. A miniature micro-mechanical INS/GPS for 5-inch navy munitions [C]. Guidance, Navigation, and Control Conference and Exhibit, 1998: 4404.

[100] Park H Y, Kim K J, Lee J G, et al. Roll angle estimation for smart munitions [J]. IFAC Proceedings Volumes, 2007, 40 (7): 49-54.

[101] Lee H S, Park H Y, Kim K J, et al. Roll angle estimation for smart munitions under GPS jamming environment [J]. IFAC Proceedings Volumes, 2008, 41 (2): 9499-9504.

[102] Kreichauf R, Lindquist E. Estimation of the roll angle in a spinning guided munition shell [C]. Proceedings of IEEE/ION PLANS, 2006: 1-5.

[103] Huang A K H, French L A. Attitude determination by using horizon and sun sensors [C]. Pacific International Conference on Aerospace Science and Technology, 1993 (NASA/CR-1993-204371).

[104] Rogers J, Costello M, Hepner D. Roll orientation estimator for smart projectiles using thermopile sensors [J]. Journal of Guidance, Control, and Dynamics, 2011. 34 (3): 688-697.

[105] Rogers J, Costello M. A low-cost orientation estimator for smart projectiles using magnetometers and thermopiles [J]. Navigation, 2012. 59 (1): 9-24.

[106] Don M, Grzybowski D, Christian I R. Roll angle estimation using thermopiles for a flight controlled mortar [C]. Aeroballistic Range Association Meeting, 2011.

[107] Wilson M. Onboard attitude determination for gun-launched projectiles [C]. 43rd AIAA Aerospace Sciences Meeting and Exhibit, 2005: 1217.

[108] Luo J H, WallaceV V, Tseng H W, et al. Single antenna GPS measurement of roll rate and roll angle of spinning platform: US9429660 [P]. 2016-08-30.

[109] WallaceV V, Cafarella J, Tseng H W, et al. GPS-based measurement of roll rate and roll angle of spinning platforms: US7994971 [P]. 2011-08-09.

[110] Deng Z L, Shen Q, Deng Z W. Roll angle measurement for a spinning vehicle based on GPS signals received by a single-patch antenna [J]. Sensors, 2018, 18 (10): 3479.

[111] Han Y X, Mei Y S, Yu J Q, et al. The application of integral filter in guided projectile to determine the initial roll angle [C]. IEEE Proceedings of the 32nd Chinese Control Conference, 2013: 5111-5115.

[112] Han Y X, Yu J Q, Mei Y S, et al. Roll angle measurement system of guided projectile based on scanning laser beam [C]. Proceedings of the 32nd Chinese Control Conference, 2013.

[113] 邱荣剑. 地磁传感器测量弹体滚转姿态方法研究 [J]. 四川兵工学报, 2014, 35 (10): 103-106.

[114] 郭兴玲, 袁靖. 一种快速响应的高精度滚转角解算模块 [J]. 测试技术学报, 2019, 33 (5): 376-380.

[115] 史金光, 韩艳, 刘世平, 等. 制导炮弹飞行姿态角的一种组合测量方法 [J]. 弹道学报, 2011, 23 (3): 37-42.

[116] 鲍亚琪, 陈国光, 吴坤, 等. 基于磁强计和 MEMS 陀螺的弹箭全姿态探测 [J]. 兵

工学报，2008（10）：1227-1231.
[117] 曹红松，冯顺山，赵捍东，等．地磁陀螺组合弹药姿态探测技术研究［J］．弹箭与制导学报，2006（3）：142-145.
[118] 赵捍东，曹红松，朱基智，等．基于磁强计和陀螺的姿态测量方法［J］．中北大学学报（自然科学版），2010，31（6）：631-635.
[119] 毛泽华，曹红松，王昊宇，等．地磁/陀螺复合测姿的模块化分析误差补偿方法［J］．探测与控制学报，2011，33（3）：60-64.
[120] 赵捍东，李志鹏，王芳．基于惯性/地磁的弹体组合测姿方法［J］．探测与控制学报，2016，38（3）：47-51.
[121] 高丽珍．基于地磁/MEMS 陀螺信息融合的旋转弹药姿态估计技术［D］．太原：中北大学，2021.
[122] 刘阳，李怀建，杜小菁．一种基于自适应滤波的 GPS 滚转角估计方法［J］．北京航空航天大学学报，2020，46（6）：1177-1183.
[123] 莫明岗．旋转制导炮弹用惯性导航系统空中对准方法研究［D］．哈尔滨：哈尔滨工业大学，2020.
[124] 王晗瑜，申强，胡宝远，等．一种弹道修正弹 SINS 任意滚转角快速粗对准方法［J］．宇航学报，2022，43（8）：1080-1087.
[125] 胡小平．导弹飞行力学基础［M］．长沙：国防科技大学出版社，2006.
[126] 秦永元．惯性导航［M］．北京：科学出版社，2014.
[127] 严恭敏，翁浚．捷联惯导算法与组合导航原理［M］．西安：西北工业大学出版社，2019.
[128] 程鹏飞，成英燕，秘金钟，等．中国国家大地坐标系建立的理论与实践［M］．北京：测绘出版社，2016
[129] 王庆宾，赵东明．地球重力场基础［M］．北京：测绘出版社，2016.
[130] 边少锋，李厚朴．大地测量计算机代数分析［M］．北京：科学出版社，2018.
[131] 王建强．弹道学中重力场模型重构理论与方法［M］．武汉：中国地质大学出版社，2018.
[132] 赵文策，高家智．运载火箭弹道与控制理论基础［M］．北京：机械工业出版社，2020.
[133] 程进，刘金．半实物仿真技术基础及应用实践［M］．北京：中国宇航出版社，2020.
[134] 潘加亮，熊智，赵慧，等．发射系下 SINS/GPS/CNS 多组合导航系统算法及实现［J］．中国空间科学技术，2015，35（2）：9-16.
[135] 熊智，潘加亮，林爱军，等．发射系下 SINS/GPS/CNS 组合导航系统联邦粒子滤波算法［J］．南京航空航天大学学报，2015，47（3）：319-323.
[136] 殷德全，熊智，施丽娟，等．发射系下 SINS/GPS 组合导航系统的算法研究［J］．兵工自动化，2017，36（10）：6-10.
[137] 严恭敏，邓瑀．传统组合导航中的实用 Kalman 滤波技术评述［J］．导航定位与授时，2020，7（2）：50-64.

[138] 刘丽丽，林雪原，郁丰，等．一种 SINS/CNS/GNSS 组合导航滤波算法［J］. 大地测量与地球动力学，2021，41（7）：676-681.

[139] Noureldin A，Karamat T B，Georgy J . Fundamentals of inertial navigation，satellite-based positioning and their integration［M］. Berlin：Springer-Verlag，2013.

[140] Savage P G. Strapdown inertial navigation integration algorithm design part 1：Attitude algorithms［J］. Journal of Guidance，Control，and Dynamics，1998，21（1）：19-28.

[141] Savage P G. Strapdown inertial navigation integration algorithm design part 2：Velocity and position algorithms［J］. Journal of Guidance，Control，and Dynamics，1998，21（2）：208-221.

[142] 陈凯，张通，刘尚波．捷联惯导与组合导航原理［M］. 西安：西北工业大学出版社，2021.

[143] 陈凯，刘尚波，沈付强．高超声速助推-滑翔飞行器组合导航技术［M］. 北京：中国宇航出版社，2021.

[144] 沈付强．高超声速助推滑翔飞行器 SINS/GNSS 组合导航算法［D］. 西安：西北工业大学，2021.

[145] 陈凯，卫凤，张前程，等．基于飞行力学的惯导轨迹发生器及其在半实物仿真中的应用［J］. 中国惯性技术学报，2014，22（4）：486-491.

[146] 陈凯，董凯凯．临近空间飞行器导航中重力模型研究［C］. 中国惯性技术学会第七届学术年会论文集，2015：118-122.

[147] 陈凯，董凯凯，陈朋印，等．半实物仿真中三轴转台姿态运动相似性研究［J］. 机械科学与技术，2016，35（12）：1950-1955.

[148] 陈凯，王翔，刘明鑫，等．坐标转换理论及其在半实物仿真姿态矩阵转换中的应用［J］. 指挥控制与仿真，2017，39（2）：118-122.

[149] 陈凯，殷娜，刘明鑫．临近空间飞行器两种捷联惯导算法的等价性［J］. 航天控制，2018，36（5）：42-46.

[150] 陈凯，沈付强，孙晗彦，等．高超声速飞行器发射坐标系导航算法［J］. 宇航学报，2019，40（10）：1212-1218.

[151] 陈凯，沈付强，裴森森，等．临近空间飞行器导航坐标系的等价性研究［C］. 惯性技术发展动态发展方向研讨会文集——惯性传感器技术与应用，2020：227-233.

[152] 陈凯，裴森森，周钧，等．高超声速飞行器发射坐标系导航算法综述［J］. 战术导弹技术，2021（4）：52-60.

[153] 陈凯，张林渊，董凯凯．一种助推-滑翔式临近空间飞行器的捷联惯性导航方法：201710109888.6［P］. 2019-10-18.

[154] 陈凯，刘明鑫，殷娜．一种基于单轴旋转调制的惯性天文组合导航系统及计算方法：201810583488.3［P］. 2018-11-02.

[155] 陈凯，孙晗彦，张宏宇，等．一种基于发射坐标系的捷联惯导数值更新方法：201910329315.3［P］. 2019-07-26.

[156] 陈凯，裴森森，曾诚之，等．一种发射惯性坐标系下的紧耦合导航方法：202110611333.8 [P]. 2021-06-29.

[157] 陈凯，房琰，刘尚波，等．一种基于运动矢量的制导炮弹空中姿态辨识方法：202210262936.6 [P]. 2022-04-15.

[158] 陈凯，房琰，刘尚波，等．一种基于旋转调制法的制导炮弹空中姿态辨识方法：202210285182.6 [P]. 2022-06-28.

[159] 陈凯，沈付强，周钧，等．一种在发射坐标系下的飞行器姿态对准方法及系统：202011482413.X [P]. 2022-08-16.

[160] 陈凯，房琰，梁文超，等．一种基于发射坐标系的制导炮弹空中姿态辨识方法：202210781118.7 [P]. 2022-11-08.

[161] 陈凯，沈付强，樊浩，等．一种中高空超声速靶标导航方法：201910564031.2 [P]. 2019-09-17.

[162] 陈凯，沈付强，周钧，等．一种发射方位角计算方法及系统：202011500047.6 [P]. 2021-04-13.

[163] 陈凯，房琰，梁文超，等．一种基于发射坐标系的制导炮弹组合导航方法：202210760064.6 [P]. 2022-09-02.

[164] 陈凯，房琰，梁文超，等．一种基于雷达测距的发射坐标系组合导航方法：202211425680.2 [P]. 2022-11-15.

[165] Chen K, Sun H Y, Zhang H Y, et al. Method for updating strapdown inertial navigation solutions based on launch-centered earth-fixed frame: US20200386574 [P]. 2020-12-10.

[166] Chen K, Zhou J, Shen F Q, et al. Hypersonic boost-glide vehicle strapdown inertial navigation system/global positioning system algorithm in a launch-centered earth-fixed frame [J]. Aerospace Science and Technology, 2020, 98: 105679.

[167] Chen K, Pei S S, Zeng C Z, et al. SINS/BDS tightly coupled integrated navigation algorithm for hypersonic vehicle [J]. Scientific Reports, 2022, 12 (1): 1-15.

[168] Chen K, Shen F Q, Zhou J, et al. Simulation platform for SINS/GPS integrated navigation system of hypersonic vehicles based on flight mechanics [J]. Sensors, 2020, 20 (18): 5418.

[169] Chen K, Shen F Q, Zhou J, et al. SINS/BDS integrated navigation for hypersonic boost-glide vehicles in the launch-centered inertial frame [J]. Mathematical Problems in Engineering, 2020, 2020 (Pt.41): 7503272.1-7503272.16.

[170] Chen K, Pei S S, Shen F Q, et al. Tightly coupled integrated navigation algorithm for hypersonic boost-glide vehicles in the LCEF frame [J]. Aerospace, 2021, 8 (5): 124.

[171] Chen K, Zeng C Z, Pei S S, et al. Normal gravity model for inertial navigation of a hypersonic boost-glide vehicle [J]. Journal of Zhejiang University-SCIENCE A, 2022, 23 (1): 55-67.

[172] Chen K, Zhou J, Liu X, et al. SINS/GPS integrated navigation algorithm for supersonic aerial

targets in the LCEF frame [C]. Proceedings of 2020 International Conference on Guidance, Navigation and Control, ICGNC 2020, Tianjin, China, October 23-25, 2020. Springer Nature, 2021, 644: 315.

[173] Chen K, Chen P Y, Liu M X. Evaluation of hypersonic vehicle SINS navigation solution in the hardware-in-the-loop simulation [C]. 2016 IEEE Chinese Guidance, Navigation and Control Conference, 2016: 1769-1773.